· 高等学校计算机基础教育教材精选 ·

Visual FoxPro实验指导与试题解析

史胜辉 彭志娟 主编
李跃华 姚莹 副主编
陈建平 王杰华 主审

清华大学出版社
北京

内容简介

Visual FoxPro既是程序设计语言，又是关系数据库管理系统，操作性强，学生学习特别是上机经常遇到很多问题。本教材结合编者多年的教学经验和现在本科生的学习情况，对实验内容和组织方式进行了精心设计。本教材的试用版已在校内试用两年，效果很好。内容包括：1)实验内容与习题，实验内容精炼并覆盖江苏省等级考试知识点，习题包括4个综合练习，根据等级考试试题类型分类设置而成，对重难点进行了解析。2)实验步骤与习题解答，提供实验内容的详细参考步骤和习题的参考答案。3)VFP典型算法解析，列举了常见典型算法的VFP代码实现。

教材内容丰富，实用性、针对性强，是学习Visual FoxPro的一本好参考书，适合高校师生或计算机等级考试培训班使用。

图书在版编目(CIP)数据

Visual FoxPro实验指导与试题解析/史胜辉，彭志娟主编．—北京：清华大学出版社，2010.1
(高等学校计算机基础教育教材精选)
ISBN 978-7-302-21509-7

Ⅰ．①V… Ⅱ．①史… ②彭… Ⅲ．①关系数据库—数据库管理系统，Visual FoxPro—程序设计—高等学校—教学参考资料 Ⅳ．①TP311.138

中国版本图书馆CIP数据核字(2009)第215477号

责任编辑：袁勤勇 薛 阳
责任校对：时翠兰
责任印制：何 芊

出版发行：清华大学出版社 **地 址**：北京清华大学学研大厦A座
http://www.tup.com.cn **邮 编**：100084
社 总 机：010-62770175 **邮 购**：010-62786544
投稿与读者服务：010-62776969，c-service@tup.tsinghua.edu.cn
质 量 反 馈：010-62772015，zhiliang@tup.tsinghua.edu.cn
印 装 者：北京嘉实印刷有限公司
经 销：全国新华书店
开 本：185×260 **印 张**：14.25 **字 数**：329千字
版 次：2010年1月第1版 **印 次**：2010年1月第1次印刷
印 数：1～4000
定 价：20.00元

本书如存在文字不清、漏印、缺页、倒页、脱页等印装质量问题，请与清华大学出版社出版部联系调换。联系电话：010-62770177转3103 产品编号：035294-01

出版说明

在教育部关于高等学校计算机基础教育三层次方案的指导下，我国高等学校的计算机基础教育事业蓬勃发展。经过多年的教学改革与实践，全国很多学校在计算机基础教育这一领域中积累了大量宝贵的经验，取得了许多可喜的成果。

随着科教兴国战略的实施以及社会信息化进程的加快，目前我国的高等教育事业正面临着新的发展机遇，但同时也必须面对新的挑战。这些都对高等学校的计算机基础教育提出了更高的要求。为了适应教学改革的需要，进一步推动我国高等学校计算机基础教育事业的发展，我们在全国各高等学校精心挖掘和遴选了一批经过教学实践检验的优秀的教学成果，编辑出版了这套教材。教材的选题范围涵盖了计算机基础教育的三个层次，面向各高校开设的计算机必修课、选修课，以及与各类专业相结合的计算机课程。

为了保证出版质量，同时更好地适应教学需求，本套教材将采取开放的体系和滚动出版的方式(即成熟一本、出版一本，并保持不断更新)，坚持宁缺毋滥的原则，力求反映我国高等学校计算机基础教育的最新成果，使本套丛书无论在技术质量上还是文字质量上均成为真正的“精选”。

清华大学出版社一直致力于计算机教育用书的出版工作，在计算机基础教育领域出版了许多优秀的教材。本套教材的出版将进一步丰富和扩大我社在这一领域的选题范围、层次和深度，以适应高校计算机基础教育课程层次化、多样化的趋势，从而更好地满足各学校由于条件、师资和生源水平、专业领域等的差异而产生的不同需求。我们热切期望全国广大教师能够积极参与到本套丛书的编写工作中来，把自己的教学成果与全国的同行们分享；同时也欢迎广大读者对本套教材提出宝贵意见，以便我们改进工作，为读者提供更好的服务。

我们的电子邮件地址是：jiaoh@tup.tsinghua.edu.cn；联系人：焦虹。

清华大学出版社

前言

本教材以提高学习效率和等级考试通过率为目标，精心设计每个实验内容，并配备了适量的习题，对重点难点设置了提示和解析。"注重实用，以学生为本，立足实际，内容完整，组织科学"是本教材的特色，主要体现在以下两个方面。

内容方面：本书由上、下两篇组成，上篇为实验内容与综合练习，下篇为实验步骤、习题解答与典型算法解析。实验内容根据江苏省高校计算机等级考试上机题要求精心设计并做了适当补充，习题分单元组织，便于复习。

体系结构：以往的实验教材多数把实验题目和实验步骤混编在一起，这种组织方式不利于学生思考问题，也不利于教学。因此，本教材把实验题目和步骤独立编写，使学生看得清楚，做得明白。主要表现在以下几方面。

1）实验内容同实验步骤分开，有利于学生主动学习、独立思考。

2）按照江苏省等级考试机试题型分单元组织内容，便于阶段学习和测试。

3）为培养编程思想、提高读写程序的能力，特别设置了典型算法程序解析，供学生课余学习模仿。

本教材共 11 章、29 个实验、4 个综合练习和典型算法解析。第 1、8 章及实验步骤由史胜辉编写，第 2、5 章及第 9 章对应的实验步骤和综合练习 3 由姚滢编写，第 3、4 章及第 9 章对应的实验步骤、综合练习 1、综合练习 2 和典型算法解析由彭志娟编写，第 6、7 章及第 9 章对应的实验步骤和综合练习 4 由李跃华编写。在教材编写过程中王春明、顾卫标、施佺、杨伟、周建美、华进、何海棠、陈晓勇等几位老师给予了大力支持，在此表示感谢。

编　者

2009 年 10 月

目录

上篇　实验内容与习题

下篇　实验步骤与习题解答

上篇　实验内容与习题

第1章 Visual FoxPro概述和项目管理器

实验1.1 Visual FoxPro集成环境

【实验目的】

- 熟悉Visual FoxPro(VFP)的集成环境。
- 了解系统菜单的结构。
- 掌握常用工具栏的使用。
- 掌握命令窗口的相关操作方法。
- 掌握命令窗口中输入和执行命令的方法。
- 掌握正确配置VFP操作环境的方法。

【实验准备】

1）复习Visual FoxPro操作环境的相关知识点。

2）将实验素材jxgl整个目录复制到D:根目录下。

【实验内容】

1."文件"菜单的使用

1）从"开始"菜单启动Visual FoxPro。

2）利用"文件"菜单新建一个项目，项目名称为vfpprj，并将此项目保存在D:\VFP目录中。

3）关闭当前项目vfpprj。

4）打开D:\jxgl目录中的项目jxgl.pjx。

5）利用"文件"菜单中的"退出"选项退出VFP系统。

2."窗口"菜单的使用

1）隐藏命令窗口。

2）显示命令窗口。

3. 常用命令的使用

1）显示在 D:\jxgl 目录中的所有文件列表。

2）清除主窗口中的信息。

3）利用“?”命令在主窗口中输出“123456”。

4）执行两次“??”命令将“123”和“456”输出在主窗口中的同一行。

5）利用 MD 命令在 D 盘建立一个 temp 目录，并查看是否已经建立此目录。

6）将 D:\jxgl\bj.dbf 文件复制到 D:\temp 目录中，并查看 D:\temp 目录中是否有 bj.dbf 文件。

7）使用 SET DEFAULT TO 命令设置当前工作目录为 D:\jxgl。

8）用 QUIT 命令退出 VFP。

4. 配置 VFP 运行环境

1）设置在状态栏显示时钟。

2）设置默认工作目录（即当前目录）为 D:\jxgl。

第2章 Visual FoxPro 程序设计语言基础

实验 2.1 常量、变量和函数

【实验目的】

- 熟悉 Visual FoxPro 的各种数据类型。
- 掌握各种类型常量的表示方法。
- 掌握变量的创建与赋值方法。
- 掌握 Visual FoxPro 常用系统函数的功能和使用方法。

【实验准备】

1）复习常量、变量和函数的相关知识点。

2）启动 Visual FoxPro 软件，关闭 Visual FoxPro 主窗口中“命令”窗口以外的窗口。

【实验内容】

1. 常量的表示方法

1）数值型常量

① 清除主窗口中的信息。

② 在主窗口中显示 12。

③ 在主窗口中显示－123.45。

④ 在主窗口中显示 1.23×10^{10}。

提示：对于特大或特小的数，可以用浮点表示法。

2）货币型常量

① 在主窗口中显示货币值 100.20。

② 在主窗口中显示货币值 1000。

3）字符型常量

① 在主窗口中显示“张三”。

② 在主窗口中显示“98570”。

③ 在主窗口中显示“abcd'12'ef”。

注意：单引号为字符串的组成部分。

4）逻辑型常量

① 在主窗口中显示逻辑真。

② 在主窗口中显示逻辑假。

5）日期型常量和日期时间型常量

① 在主窗口中显示日期：2009-9-2。

② 在主窗口中显示日期时间：2009-9-2 10:11。

③ 在主窗口中显示空日期。

2. 变量的创建与赋值

1）简单变量的创建与赋值

创建方法有两种：使用赋值运算符“＝”或 STORE 命令。

① 清除主窗口中的信息。

② 用两种方法创建一个字符型的变量 cVar，赋值为“VFP”，并在主窗口中显示 cVar 的值。

③ 创建两个数值型变量 n1 和 n2，赋值都为 1，并在主窗口中显示 n1 和 n2 的值。

④ 创建变量 n3，将变量 n1 的值赋给 n3，并在主窗口中显示 n3 的值。

2）数组的定义与赋值

① 清除主窗口中的信息。

② 定义一个有 3 个数组元素的一维数组 a。

③ 给数组 a 的 3 个元素分别赋值为 1、2、3。

④ 在主窗口中用一行显示数组 a 的 3 个元素值。

⑤ 给数组 a 的全部元素赋值为 1。

⑥ 在主窗口中显示数组 a 的第一个元素值。

⑦ 定义一个 6 行 3 列的二维数组 ab。

⑧ 给数组 ab 第 1 行第 2 列的元素赋值为“vfp”，并在主窗口中显示。

⑨ 给数组 ab 的全部元素赋值为“visual”。

⑩ 将数组 ab 的第一个元素赋值给变量 cd，并在主窗口中显示 cd 的值。

3. 常用函数

1）数值函数

① 清除主窗口中的信息。

② 求－45 的绝对值，并在主窗口中显示。

③ 给变量 x 赋值为 20，变量 y 赋值为 10，求 x－y 的绝对值，并在主窗口中显示。

④ 分别求 10、20、30 中的最大数和最小数，并在主窗口中显示。

⑤ 分别对 3.6 和－12.6 取整，并在主窗口中显示。

⑥ 用 MOD()函数求 23 除以－5 的余数，并在主窗口中显示。

思考： 用 MOD()函数分别求 23 除以 5 的余数、－23 除以 5 的余数和－23 除以－5 的余数，比较它们的结果。

⑦ 将 123.567 调整到小数点右边 2 位，小数位数固定为 4 位，并在主窗口中显示。

⑧ 求 9 的平方根，并在主窗口中显示。

⑨ 产生 1 个 0～1 之间的随机数，并在主窗口中显示。

2）字符函数

① 清除主窗口中的信息。

② 给变量 cVar 赋值“Visual FoxPro”，并去除前后空格后在主窗口中显示。

③ 给变量 cVar 赋值“Visual FoxPro”，并去除前面空格后在主窗口中显示。

④ 给变量 cVar 赋值“Visual FoxPro”，并去除后面的空格后在主窗口中显示。

⑤ 求字符“a”在字符串“babca”中首次出现的位置，并在主窗口中显示。

⑥ 分别求字符串“visual foxpro”和“中国人民银行”的长度，并在主窗口中显示。

⑦ 从字符串“abcdefgh”中截取子字符串“cdef”，并在主窗口中显示。

⑧ 从字符串“中国人民银行”中截取子字符串“人民”，并在主窗口中显示。

⑨ 从字符串“abcdefgh”左边取 5 个字符“abcde”，并在主窗口中显示。

⑩ 从字符串“中国人民银行”右边取 2 个字“银行”，并在主窗口中显示。

3）日期与时间函数

① 清除主窗口中的信息。

② 在主窗口中显示当前系统日期。

③ 在主窗口中显示当前系统时间。

④ 在主窗口中显示当前系统日期时间。

⑤ 在主窗口中显示当前系统日期中的年份。

⑥ 在主窗口中显示当前系统日期中的月份。

⑦ 在主窗口中显示当天是本月中的第几天。

⑧ 在主窗口中显示当天是一个星期中的第几天(第一天为星期日)。

4）数据类型转换函数

① 清除主窗口中的信息。

② 求字符串“ABCD”中首字母的 ASCII 码值，并在主窗口中显示。

提示： 大写字母的 ASCII 码值从 65 开始，小写字母的 ASCII 码值从 97 开始。

③ 求 ASCII 码值为 66 所对应的字符，并在主窗口中显示。

④ 将字符型数据“3.2E2”转换为对应的数值型数据，并在主窗口中显示。

⑤ 将字符型数据“A3.2E2”转换为对应的数值型数据，并在主窗口中显示。

思考： 比较④与⑤的区别。

⑥ 将数值型数据“123.4567”转换为对应的字符型数据，要求字符串长度为 7 位，小数位数为 2 位，并在主窗口中显示。

⑦ 将当前系统日期转换为以年月日顺序且无分隔符形式的字符型数据，并在主窗口中显示。

⑧ 将字符型日期“5/1/2009”转换为对应的日期型数据,并在主窗口中显示。

⑨ 将字符型日期时间“5/1/2009 08:08:30 AM”转换为对应的日期时间型数据,并在主窗口中显示。

5）其他常用函数

① 清除主窗口中的信息。

② 用 BETWEEN()函数判断 3 是否在 2 和 4 之间,将判断结果显示在主窗口中。

③ 用 TYPE()函数判断字符串“abcd+edf”的数据类型,并在主窗口中显示。

④ 用 IIF()函数判断当天是否为星期三,是则返回“是”,不是则返回“否”,将结果显示在主窗口中。

⑤ 用 MESSAGEBOX()函数设计如图 2-1 所示的对话框。

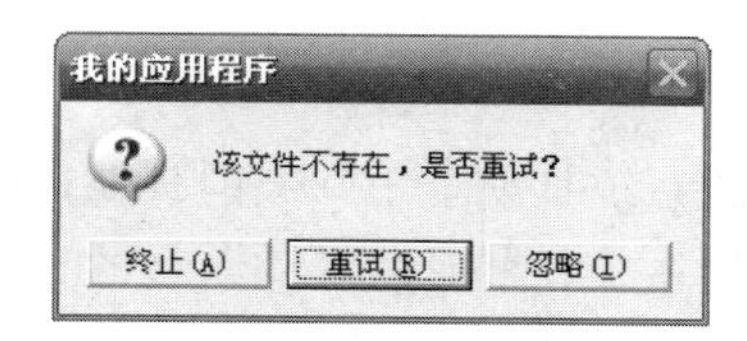

图 2-1　对话框

实验 2.2　表　达　式

【实验目的】

- 掌握各种类型运算符的运用。
- 掌握各种类型表达式的表示方法。

【实验准备】

1）复习表达式相关的知识点。

2）启动 Visual FoxPro 软件,关闭 Visual FoxPro 主窗口中“命令”窗口以外的窗口。

【实验内容】

1. 算术表达式

用算术表达式表示下列数学公式

1）$9x^3-5x^2+6x-10$

2）$\frac{2y}{(ax+by)(ax-by)}$

3) $\frac{x+\sqrt{x^2+1}}{xy}$

2. 字符表达式

1) 清除主窗口中的信息。

2) 给变量 s1 赋值为"abc ",变量 s2 赋值为"def",现定义变量 s3 和 s4,用 s1 和 s2 做表达式使 s3 的结果为"abc def",s4 的结果为"abcdef ",并在主窗口中显示 s3 和 s4 的值。

3) 用表达式判断字符串"123"是否包含在字符串"ab123cd"中,将结果显示在主窗口中。

3. 日期表达式

1) 清除主窗口中的信息。

2) 用表达式表示比当前的系统日期早 100 天的日期,并在主窗口中显示。

3) 用表达式表示比当前的系统日期时间晚 100 秒的日期时间,并在主窗口中显示。

4) 用表达式表示当前的系统日期与 2009 年 5 月 1 日相差的天数,并在主窗口中显示。

4. 关系表达式

1) 清除主窗口中的信息。

2) 按机内码顺序比较字符"a"与"B"的大小,将较大的字符显示在主窗口中。

3) 按拼音序列比较字符"中"和"国"的大小,将较小的字符显示在主窗口中。

提示:可用 IIF()函数判断大小并显示。

5. 逻辑表达式

1) 清除主窗口中的信息。

2) 用逻辑表达式表示:x+y 小于 10 且 x-y 大于 0。

3) 用逻辑表达式表示:a+b+c 大于等于 255 或 a 与 b 分别大于 90 且 c 大于 80。

4) 一个年份满足以下条件之一即为闰年:

- 能被 4 整除且不能被 100 整除;
- 能被 400 整除。

用逻辑表达式表示 2009 年是否为闰年,是则在主窗口中显示"是闰年",否则显示"不是闰年"。

提示:可用 IIF()函数返回结果,判断的条件即为逻辑表达式。

6. 名称表达式与宏替换

1) 清除主窗口中的信息。

2) 给变量 xingm 赋值为"张三",在主窗口中显示字符串"你是张三吗?",要求字符串中的姓名用变量 xingm 表示。

第3章 数据库及表的创建和使用

实验3.1 数据库的创建和使用

【实验目的】

- 掌握数据库的创建、打开、关闭、修改和删除方法。
- 掌握使用多个数据库的方法。

【实验准备】

1）复习数据库相关的知识点；预习实验内容，写出有关命令和操作步骤。

2）启动 Visual FoxPro 软件；将实验素材 jxgl 整个目录复制到 D:根目录下；执行"SET DEFAULT TO D:\jxgl"命令，设置默认路径。

3）打开项目文件"jxgl.pjx"。

【实验内容】

1. 数据库的创建

使用不同的方法，在默认路径下创建 4 个数据库文件，文件名分别是 sjk1、sjk2、sjk3 和 sjk4。

提示：创建文件（包括数据库）可以使用项目管理器、命令、菜单和工具按钮等多种方法。

思考：比较用不同方法创建数据库的异同。

2. 数据库的打开和关闭

"常用"工具栏的"数据库"下拉列表用来显示当前数据库和所有已打开的数据库。对数据库及数据库表进行操作时，数据库会隐式打开。使用 OPEN DATABASE 命令可以显式打开指定的数据库。关闭数据库可以使用项目管理器上的"关闭"按钮，也可以使用 CLOSE DATABASE 命令。使用命令，完成下列操作要求。

1）关闭所有数据库。

2）打开数据库 sjk1。

3）打开数据库 sjk2。

4）打开数据库 sjk3。

5）打开数据库 sjk4。

6）设置当前数据库为无。

7）设置当前数据库为 sjk1。

8）关闭当前数据库 sjk1。

9）设置当前数据库为 sjk2。

10）关闭当前数据库 sjk2。

提示：注意“常用”工具栏上“数据库”下拉列表显示内容的变化。

3. 数据库的修改

1）使用项目管理器打开 sjk 的数据库设计器窗口，在打开的数据库设计器中使用快捷菜单完成 js2 表的添加和移去操作，关闭数据库设计器。

2）使用命令打开 sjk 的数据库设计器窗口，使用“数据库”菜单完成 js2 表的添加和移去操作，关闭数据库设计器。

3）使用项目管理器上的“添加”和“移去”按钮，进行 js2 表的添加和删除操作。

4. 数据库的删除

1）使用项目管理器上的“移去”按钮，删除项目管理器中自己创建的 sjk1 数据库文件。

2）使用 DELE DATABASE <filename|?>命令，删除其余 3 个自己创建的数据库文件(要求被删除数据库文件已关闭)。

实验 3.2　数据库表结构的设计

【实验目的】

- 掌握使用表设计器创建和修改数据库表结构的方法。
- 掌握 CREATE TABLE-SQL 和 ALTER TABLE-SQL 命令的使用。
- 掌握数据库表字段的扩展属性和表属性的设置方法。

【实验准备】

1）复习数据库表结构相关的知识点；预习实验内容，写出有关命令和操作步骤。

2）启动 Visual FoxPro 软件；将实验素材 jxgl 整个目录复制到 D：根目录下；执行“SET DEFAULT TO D:\jxgl”命令，设置默认路径。

3）打开项目文件“jxgl. pjx”。

【实验内容】

1. 使用表设计器创建数据库表

按表 3-1 所示结构在 sjk 数据库中创建文件名为 xs1 的数据库表。

表 3-1　xs1 表结构

字段名	类型	宽度	小数位数	字段名	类型	宽度	小数位数
xsxh	C	6		csrq	D	8	
xm	C	6		zp	G	4	
xb	C	2		zydh	C	6	
bjbh	C	10		nl	N	6	0
jg	C	10					

提示：数据类型名和类型字母表示的对照表如表 3-2 所示。

表 3-2　数据类型字母对照表

类型名	字符型	货币型	数值型	浮动型	日期型	日期时间型	整型	双精度型	逻辑型	备注型	通用型
字母表示	C	Y	N	F	D	T	I	B	L	M	G

2. 使用表设计器修改数据库表

按下列要求修改 sjk 数据库中的 xs1 表。

1）将 xsxh 字段的宽度改为 8，字段名由“xsxh”改为“xh”。

2）删除 nl 字段。

3）添加一个字段名为“xdh”，类型为“字符型”，宽度为“2”的字段。

4）添加一个字段名为“jl”，类型为“备注型”的字段。

3. 使用 CREATE TABLE-SQL 命令创建表结构

1）如果 sjk 数据库未打开，则打开 sjk 数据库。按表 3-1 所示结构，使用 CREATE TABLE-SQL 命令创建名为 xs2 的表文件。

2）关闭所有打开的数据库文件。按表 3-3 所示结构，使用 CREATE TABLE-SQL 命令创建名为 cj1 的表文件。

表 3-3 cj1 表结构

字段名	类型	宽度	小数位数	字段名	类型	宽度	小数位数
xh	C	8		cj	N	5	1
kcdh	C	4		bz	M	4	

4. 使用 ALTER TABLE-SQL 命令修改表结构

按下列要求，使用命令修改 sjk 数据库下的 xs2 表。

1) 将 xsxh 字段的宽度改为 8，字段名由“xsxh”改为“xh”。

2) 删除 nl 字段。

3) 添加一个字段名为“xdh”，类型为“字符型”，宽度为“2”的字段。

4) 添加一个字段名为“jl”，类型为“备注型”的字段。

5. 数据库表字段的扩展属性和表属性

1) 使用表设计器设置数据库表字段的扩展属性

按如下要求修改 sjk 数据库下的教师表(js.dbf)的结构。

① 设置各字段标题，依次为“工号”、“姓名”、“性别”、“系代号”、“职称代号”、“出生日期”、“工作日期”、“简历”、“邮件地址”。

② 为 gh 字段设置输入格式：删除输入字段前导空格。

③ 为 gh 字段设置输入掩码：接受一个字母和 4 个数字字符。

④ 设置 csrq 字段的有效性规则和有效性信息：出生日期应该在系统当前日期之前。

⑤ 设置 xb 字段的有效性规则和有效性信息：性别只能是男或女。

⑥ 设置 xb 字段的默认值为：“男”。

⑦ 设置 gh 字段的显示类为：listbox。

⑧ 为 gh 字段添加注释：唯一标识教师的字段，可设置为教师表的主索引。

2) 使用表设计器设置数据库表的表属性

按如下要求修改 sjk 数据库下的教师表(js.dbf)结构。

① 设置 js 表的长表名：教师档案表。

② 设置 js 表的记录有效性规则和信息：工作日期必须在出生日期之后。

③ 设置 js 表的插入触发器：上午 8 点到下午 5 点(不包括 5 点)允许插入。

④ 设置 js 表的更新触发器：只能修改 zcdh 为“03”的记录。

⑤ 设置 js 表的删除触发器：只能删除 E-mail 字段值为空的记录。

⑥ 设置 js 表的表注释：教师档案表存放了教师的基本信息。

3) 使用命令设置数据库表字段的扩展属性和表属性

使用 CREATE TABLE-SQL 命令创建表，使用 ALTER TABLE-SQL 命令修改表结构时可以为数据库表设置属性，设置触发器则使用 CREATE TRIGGER 命令。在命令窗口中验证下列命令。

① CLOSE DATABASE ALL

② OPEN DATABSE sjk

③ CREATE TABLE rk1 NAME 教师任课表 (zydh C(6),kcdh C(4),gh C(5))

&& 创建表时指定长表名,在项目管理器中显示的是长表名

④ CREATE TABLE rk2 (zydh C(6),kcdh C(4) DEFAULT '04',gh C(5))

&& 创建表时指定 kcdh 字段的默认值为"04"

⑤ CREATE TABLE rk3 (zydh C(6),kcdh C(4) DEFAULT '04' CHECK kcdh>='01' and kcdh<='06' ERROR "课程代号只能介于 01 到 06 之间",gh C(5))

&& 创建表时指定 kcdh 字段的默认值、有效性规则和有效性信息

⑥ ALTER TABLE rk3 ALTER COLUMN kcdh DROP DEFAULT

&& 修改 rk3,删除 kcdh 字段的默认值设置

⑦ ALTER TABLE rk3 ALTER COLUMN kcdh DROP CHECK

&& 修改 rk3,删除 kcdh 字段的有效性设置

⑧ ALTER TABLE rk3 ALTER COLUMN kcdh SET DEFAULT '04'

&& 修改 rk3,为 kcdh 字段设置默认值

⑨ ALTER TABLE rk3 ALTER COLUMN kcdh SET CHECK kcdh>='01' and kcdh<='06' ERROR "课程代号只能介于 01 到 06 之间"

&& 修改 rk3,为 kcdh 字段设置有效性规则和信息

⑩ CREATE TRIGGER ON RK3 FOR DELETE AS .F.

&& 设置 rk3 的删除触发器为 .F.,即不允许删除记录

⑪ 查看并验证各设置后,移去并删除 rk1、rk2、rk3.

实验 3.3 数据库表记录的处理

【实验目的】

- 掌握数据库表的打开和关闭方法。
- 掌握表的浏览方法。
- 掌握数据的输入方法。
- 掌握记录的定位操作和命令。
- 掌握数据的修改、记录的删除方法。

【实验准备】

1) 复习记录的处理的相关知识点;预习实验内容,写出有关命令和操作步骤。

2) 启动 Visual FoxPro 软件;将实验素材 jxgl 整个目录复制到 D:根目录下;执行"SET DEFAULT TO D:\jxgl"命令,设置默认路径。

3) 打开项目文件"jxgl. pjx"。

【实验内容】

1. 表的打开与关闭

打开数据库表的同时会打开包含该表的数据库;关闭数据库则会关闭该数据库所包含的表。一个工作区内只能打开一张表,一张表可以在多个工作区中多次被打开。

1）使用 USE 命令打开和关闭表。

使用命令完成下述操作。

① 关闭所有打开的表。

② 在当前工作区中打开 js(教师)表。

③ 在当前工作区中打开 xs(学生)表。

④ 在 2 号工作区中打开 js 表。

⑤ 在 3 号工作区中再次打开 js 表。

⑥ 设置当前工作区为 3 号工作区。

⑦ 设置当前工作区为 4 号工作区,在 4 号工作区中再次打开 js 表,别名为“教师”。

⑧ 在当前可用最小工作区中再次打开 xs 表,别名为“学生”。

⑨ 选择当前可用最小工作区。

⑩ 在当前工作区中再次打开 xs 表。

⑪ 关闭当前工作区中打开的表。

⑫ 保持当前工作区不变,关闭 4 号工作区中的表。

⑬ 保持当前工作区不变,关闭别名为“学生”的工作区中的表。

⑭ 保持当前工作区不变,关闭别名为“C”的工作区中的表。

⑮ 设置 js 表所在工作区为当前工作区,关闭 js 表。

2）对表文件进行“新建”、“修改”、“浏览”操作时,会在当前可用最小工作区中自动打开表文件。用“文件”菜单下的“打开”命令也可以打开表。请自行练习,并注意状态栏的变化。

3）使用“数据工作期”窗口中的“打开”、“关闭”按钮也可以打开和关闭表。请自行练习。

2. 表记录的浏览

浏览表有多种方法,按要求完成下列操作。

1）借助项目管理器,浏览选定表

① 借助 jxgl 项目管理器,浏览 js 表。

② 关闭“浏览”窗口。

2）利用“显示”菜单下的“浏览”命令浏览当前工作区中的表

① 使用命令在当前工作区中打开 gz 表。

② 使用“显示”菜单下的“浏览”命令浏览 gz 表。

3）利用"数据工作期"窗口浏览 kc 表

4）使用命令浏览表

① 浏览当前工作区中打开的表。

② 在当前工作区中打开 xs 表，浏览 xs 表。

③ 关闭所有表，浏览 js 表。

④ 浏览 js 表中男教师的所有信息。

⑤ 浏览 js 表中所有教师的工号、姓名、性别信息。

⑥ 浏览 js 表中女教师的工号、姓名、性别和工作日期信息。

⑦ 浏览 js 表中女教师的所有信息，并设浏览窗口的标题为"女教师"。

⑧ 浏览当前工作区中打开的表。

⑨ 筛选出 js 表中女教师的所有记录，浏览其工号、姓名和性别信息，浏览女教师的所有信息。

⑩ 取消记录的筛选，浏览 js 表中的所有记录。

⑪ 筛选出 js 的 gh、xm、xb 字段，浏览女教师的信息，浏览全部教师信息。

⑫ 取消字段的筛选，浏览 js 表中的所有记录。

3. 表记录的输入

1）在浏览窗口中输入记录

① 浏览 js 表，在尾部追加一条新记录，参考图 3-1 输入数据。

Xm	Gh	Xb	Xdh	Zcdh	Csrq	Gzrq	Jl	Email
张 平	C0004	女	07	03	01/12/73	08/08/95	memo	zp@163.com

图 3-1　向 js 表追加一条记录

② 为新记录的 jl 字段输入数据"张平老师于 1995 年毕业于南京邮电大学计算机学院"。

③ 浏览 xs 表，在尾部追加多条记录，参考图 3-2 输入数据。

Xh	Xm	Xb	Bjbh	Jg	Csrq	Zp	Zydh	Xdh	Jl
030225	小李	男	0304100001	江苏南通	02/05/81	gen	100001	04	memo
030226	小丽	女	0304100001	江苏南通	03/05/82	gen	100001	04	memo

图 3-2　向 xs 表追加多条记录

④ 为学号为"030226"的学生记录的 zp 字段输入数据，字段的内容为"d:\jxgl\小丽.bmp"。

⑤ 将 jsb 表的所有记录追加到 js 表尾部。

2）利用 APPEND 命令追加记录

① 向 js 表中追加一条空记录；浏览 js 表，参考图 3-3 输入数据。

② 向 js 表中追加多条记录；参考图 3-4 输入数据。

③ 将 jsb 表中的记录全部追加到 js 表中。

④ 将 jsc. xls(Excel 文件)中的记录追加到 js 表中。

Gh	Xm	Xb	Xdh	Zcdh	Csrq	Gzrq	Jl	Email
J0006	黄涛	男	03	03	05/04/70	08/01/94	memo	ht@163.com

图 3-3　向 js 表追加一条记录

Gh	Xm	Xb	Xdh	Zcdh	Csrq	Gzrq	Jl	Email
C0003	张惠	女	01	03	05/04/70	08/01/99	memo	zh@163.com
F0002	李小梅	女	06	02	07/01/58	08/06/82	memo	lxm@163.com
F0003	何小华	男	03	03	05/04/72	08/01/96	memo	hxh@163.com

图 3-4　向 js 表追加多条记录

3）利用 INSERT-SQL 命令追加记录

① 执行 INSERT-SQL 命令，向 js 表中追加一条新记录，各字段值依次为'C0009'、'王海'、'男'、'03'、'01'、{^1955/03/30}、{^1977/08/08}、'南通大学客座教授'和'wyang@ntu.edu.cn'。

② 执行 INSERT-SQL 命令，向 js 表中追加一条新记录，新记录的 gh、xm、xb 字段值为'I0001'、'刘云凯'、'男'，出生日期(csrq)为 1970 年 3 月 3 日，工作日期(gzrq)为 1995 年 8 月 1 日。

4. 记录的定位

浏览表时，在"浏览"窗口中通过鼠标单击或使用光标移动键可以移动记录指针。此外，VFP 还专门提供了用于记录定位的菜单和命令。

1）使用菜单移动记录指针

浏览 xs 表，利用"表"菜单下的"转到记录"依次完成下列操作，结束后关闭浏览窗口。

① 移动记录指针到最后一条记录。

② 移动记录指针到第一条记录。

③ 移动记录指针到第五条记录。

④ 将记录指针向上移动一条记录(即第四条记录)。

⑤ 将记录指针向下移动一条记录(即第五条记录)。

⑥ 将记录指针移动到第一条性别为"女"的记录。

2）使用命令移动记录指针

浏览 xs 表，在"命令窗口"中输入正确的命令，完成下列要求。

① 移动记录指针到最后一条记录。

② 用 RECNO()函数返回当前记录指针所指记录的记录号(即当前记录号)。

③ 用 EOF()函数测试当前记录指针是否指向文件尾。

④ 将记录指针向下移动一条记录。

⑤ 返回当前记录号，测试当前记录指针是否指向文件尾。

⑥ 移动记录指针到第一条记录。

⑦ 用 RECNO()函数返回当前记录号。

⑧ 用 BOF()函数测试当前记录指针是否指向文件头。

⑨ 将记录指针向上移动一条记录。

⑩ 返回当前记录号，测试当前记录指针是否指向文件头。

⑪ 移动记录指针到第五条记录，返回当前记录号。

⑫ 将记录指针向上移动一条记录（即第四条记录），返回当前记录号。

⑬ 将记录指针向下移动一条记录（即第五条记录），返回当前记录号。

⑭ 将记录指针向上移动三条记录（即第二条记录），返回当前记录号。

⑮ 将记录指针向下移动两条记录（即第四条记录），返回当前记录号。

⑯ 将记录指针移动到第一条性别为“女”的记录。

⑰ 将记录指针移动到第二条性别为“女”的记录。

⑱ 关闭 xs 表。

5. 表数据的修改

修改个别记录的个别字段的值，可以使表处于“浏览”或“编辑”状态，在相应窗口中直接修改。为方便批量修改，VFP 还提供了专门的菜单和命令。

1）使用菜单批量修改表数据

① 修改 cj 表中 cj 字段的值：各加 10 分。

② 修改 cj 表中 cj 字段的值：将大于 100 的 cj 值改为 99。

2）使用 REPLACE 命令修改表数据

使用菜单批量修改表数据后会在命令窗口生成相应的 REPLACE 命令，如“使用菜单批量修改表数据”的两个操作对应的命令分别是“REPLACE ALL cj. cj WITH cj＋10”和“REPLACE ALL cj. cj WITH 99 FOR cj＞100”。使用 REPLACE 命令修改表数据，要求被修改的表事先已打开。使用命令完成下列要求。

① 关闭所有表。

② 打开 gz 表。

③ 浏览 gz 表。

④ 修改 gz 表所有记录的 sfgz 字段值，使其等于 yfgz 字段的值。

⑤ 修改 gz 表所有记录的 sfgz 字段值，使其等于 0。

⑥ 修改 gh 为“B0003”的记录的 jbgz 字段值，使其等于原 jbgz 字段值加 200。

⑦ 修改 gh 以“E”开头的所有记录的 jbgz 字段值，使其等于原 jbgz 字段值减 100。

⑧ 关闭 gz 表。

3）使用 UPDATE-SQL 命令修改表数据

① 为 js 表的 jl 字段输入值，性别为“男”则输入“男教师”，否则输入“女教师”。

② 浏览 js 表。

③ 为 js 表中 email 字段值为空的记录输入 email 字段值“xx@ntu. edu. cn”。

④ 将 js 表中 email 字段值为“xx@ntu. edu. cn”的所有记录的 email 字段值重新设置为空串。

⑤ 关闭 js 表。

思考： 比较 REPLACE 命令和 UPDATE-SQL 命令的异同。

6. 记录的删除

1）使用菜单删除记录

浏览 js 表，使用“表”菜单（如图 3-5 所示）依次完成下列操作。

① 逻辑删除（即设置删除标记）js 表尾部的两条记录。

② 彻底删除 js 表尾部的两条记录。

③ 逻辑删除 gh 为“H0004”和“H0005”的记录。

④ 取消对 gh 为“H0004”和“H0005”的记录的删除。

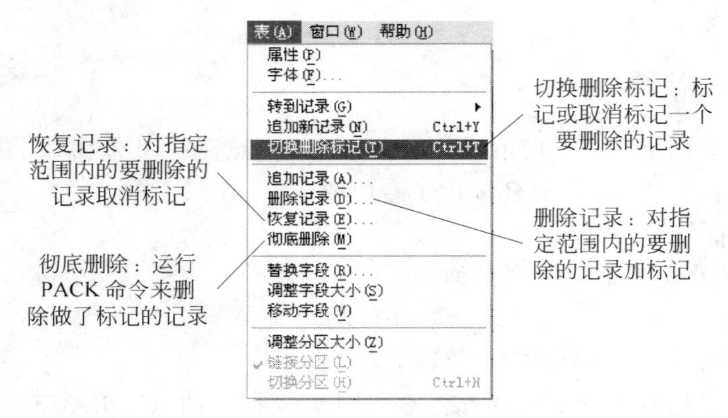

图 3-5 使用“表”菜单删除记录

2）使用命令删除记录

使用命令依次完成下列要求。

① 关闭所有表。

② 打开 js 表。

③ 逻辑删除所有记录。

④ 浏览 js 表。

⑤ 取消所有记录的删除，注意删除标记列的变化。

⑥ 逻辑删除 34 号记录，注意删除标记列的变化。

⑦ 逻辑删除 35、36、37 号记录，注意删除标记列的变化。

⑧ 逻辑删除 37 号记录以下的所有记录，注意删除标记列的变化。

⑨ 取消对 34 号记录的删除，注意删除标记列的变化。

⑩ 取消对 35、36、37 号记录的删除，注意删除标记列的变化。

⑪ 彻底删除带删除标记的所有记录。

⑫ 关闭浏览窗口，关闭 js 表。

⑬ 在 js 表关闭的状态下，逻辑删除 js 表中 gh 值以“J”开头的所有记录和 gh 值为“C0004”的记录。

⑭ 浏览当前工作区中的表，彻底删除带删除标记的记录，关闭 js 表。

7. 记录的复制

1）复制结构

命令格式：

```
COPY STRUCTURE TO 表文件名 [FIELDS 字段列表]
```

① 关闭所有表文件，打开 js 表。

② 复制 js 表结构到 jsfull，要求 jsfull 包含 js 表所有字段。

③ 查看 jsfull 表结构是否和 js 表结构相同，浏览 jsfull 表。

④ 复制 js 表结构到 jspart，要求 jspart 只包含 gh、xm、xb、xdh 4 个字段。

⑤ 查看 jspart 表结构是否只包含 js 表结构的前 4 个字段，浏览 jspart 表。

⑥ 关闭 js 表。

2）复制数据

命令格式：

```
COPY TO 文件名 [DATABASE 数据库名 [NAME 长表名]]
[FIELDS 字段列表|FIELDS LIKE 匹配式|FIELDS EXCEPT 匹配式] [范围]
[FOR 条件表达式] [SDF | XLS ]
```

① 关闭所有表文件，打开 js 表。

② 将 js 表所有记录复制到自由表 jsbackup1 中。

③ 将 js 表所有记录复制到 jsbackup 中，要求 jsbackup 是 sjk 数据库下的表，并设长表名为“教师备份表”。

④ 将 js 表中所有男教师记录复制到自由表 man_js 中。

⑤ 将 js 表中所有记录复制到表 xgjs 中，要求只包含以“x”或“g”开头的字段(gh 字段除外)。

⑥ 将 js 表中 xdh 为“05”的所有记录复制到文本文件 js05 中，要求只包括 gh、xm 和 xdh 3 个字段。

⑦ 将 js 表中所有女教师记录复制到 Excel 文件 fmale_js 中。

⑧ 关闭 js 表。

实验 3.4　数据库表的索引

【实验目的】

- 掌握创建结构复合索引的方法。
- 掌握索引的使用方法。
- 了解独立索引和非结构复合索引。

【实验准备】

1）复习索引的创建和使用的相关知识点；预习实验内容，写出有关命令和操作步骤。

2）启动 Visual FoxPro 软件；将实验素材 jxgl 整个目录复制到 D：根目录下；执行"SET DEFAULT TO D:\jxgl"命令，设置默认路径。

3）打开项目文件"jxgl. pjx"。

【实验内容】

1. 结构复合索引的创建

1）利用表设计器创建结构复合索引

为 sjk 数据库下的 js 表创建结构复合索引，要求如下。

① 创建一个索引 jsgh，要求按 gh 升序排序，且 gh 值不重复。

② 创建一个普通索引 zcdh，要求按 zcdh 降序排序。

③ 创建一个普通索引 xdh_gzrq，要求先按 xdh 排序，系代号相同时再按 gzrq 排序。

④ 创建一个唯一索引 xdh，要求按 xdh 降序排序。

2）利用 INDEX 命令创建结构复合索引

命令格式：

```
INDEX ON 索引表达式 TAG 索引名 [FOR 筛选条件表达式][ASCENDING | DESCENDING][UNIQUE
| CANDIDATE]
```

在当前工作区中打开 sjk 数据库下的 kc 表，使用 INDEX 命令为其创建结构复合索引，要求如下。

① 创建一个候选索引 kcdh，要求按 kcdh 升序排序。

② 创建一个普通索引 kss_kcdh，要求先按 kss 排序，kss 相同时再按 kcdh 排序。

③ 创建一个普通索引 sumkssxf，要求按 kss 与 xf 的算术和降序排序。

④ 创建一个普通索引 kssxf，要求先按 kss 排序，kss 相同时再按 xf 排序。

⑤ 创建一个唯一索引 kss，要求按 kss 降序排序。

⑥ 创建一个普通索引 kcdhbx，要求必修课记录按 kcdh 排序。

3）结构复合索引的修改与删除

使用"表设计器"对话框可根据需要直接修改和删除索引（"删除"按钮），请自行练习。

利用 INDEX 命令创建一个与原索引名（或索引标识）相同的索引，也可实现对原索引的修改（只能修改索引类型、索引表达式、筛选和排序方式，不可修改索引标识）。删除索引的命令格式为"DELETE TAG 索引名"和"DELETE TAG ALL"。

在当前工作区中打开 sjk 数据库下的 xs 表，使用命令完成下列要求。

① 创建一个候选索引 xh，要求按 xh 排序。

② 创建一个普通索引 zydh_jg，要求先按 zydh 排序，zydh 相同时再按 jg 排序。

③ 修改索引 zydh_jg，要求先按 jg 排序，jg 相同时再按 zydh 排序。

④ 创建普通索引 jg_zydh，要求先按 jg 排序，jg 相同时再按 zydh 排序。

⑤ 删除索引 xh。

⑥ 删除 xs 表的所有索引。

2. 结构复合索引的使用

索引的使用即设置“主控索引”，将已创建好的某个索引设置为“主控索引”，该索引就对表记录的显示、处理顺序进行控制。主控索引的设置可以通过“界面操作”和“命令”两种方式实现。

1）界面操作方式

① 设置 jsgh 索引为主控索引，浏览 js 表，查看记录是否按 gh 字段值升序排序，验证 gh 值能否重复。

② 设置 zcdh 索引为主控索引，浏览并查看 js 表记录是否按 zcdh 字段值降序排序。

③ 设置 xdh_gzrq 索引为主控索引，浏览并查看 js 表记录是否满足“先按 xdh 排序，系代号相同时再按 gzrq 排序”的要求。

④ 设置 xdh 索引为主控索引，浏览并查看 js 表是否按 xdh 降序排序，且 xdh 值相同的记录只显示了一条记录。

⑤ 取消主控索引的设置，浏览并查看 js 表是否恢复到索引起作用前的记录顺序。

2）命令方式

① 打开 kc 表并设置 kcdh 索引为主控索引，浏览并查看 kc 表记录是否按 kcdh 字段值升序排序。

② 设置 kss_kcdh 索引为主控索引，浏览并查看 kc 表记录是否满足“先按 kss 排序，kss 相同时再按 kcdh 排序”的要求。

③ 设置 sumkssxf 索引为主控索引，浏览并查看 kc 表记录是否按 kss 与 xf 的算术和降序排序。

④ 设置 kssxf 索引为主控索引，浏览并查看 kc 表记录是否先按 kss 排序，kss 相同的又按 xf 排序。

⑤ 设置 kss 索引为主控索引，浏览并查看 kc 表记录是否按 kss 降序排序，且 kss 值相同的记录只显示了一条记录。

⑥ 设置 kcdhbx 为主控索引，浏览并查看 kc 表里必修课的记录是否按 kcdh 排序。

⑦ 取消主控索引的设置，浏览并查看 kc 表是否恢复到索引起作用前的记录顺序。

3. 独立索引和非结构复合索引

在命令窗口中输入并执行下列命令：

```
1) CLOSE TABLES ALL
2) USE xs
3) INDEX ON xh TO xhsy FOR xb='女'   && 创建独立索引文件 xhsy.idx
4) INDEX ON xb TO xhsy FOR xb='女'
```

&& 独立索引文件中只能包含一个索引,执行该命令时会弹出如图 3-6 所示的对话框.单击"否"按钮

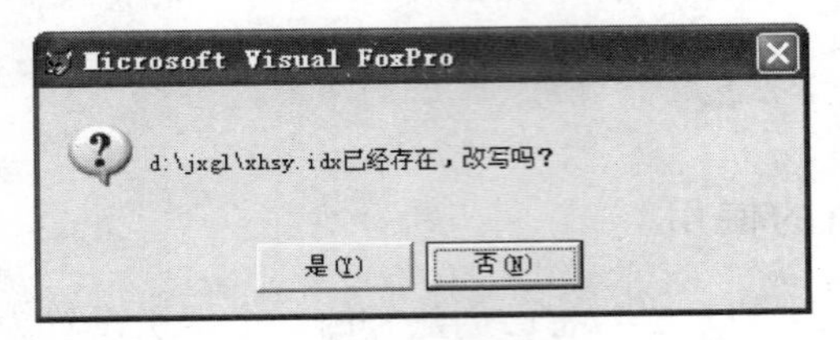

图 3-6　对话框

```
5) SET ORDER TO xhsy                && 设置独立索引 xhsy 为主控索引
6) BROW                             && 显示了 xs 表中的女学生记录且按学号升序排列
7) INDEX ON xb TAG xsxb OF xscdx
          && 创建非结构复合索引文件 xscdx.cdx,索引标识为 xsxb,记录按 xb 字段升序排列
8) SET ORDER TO xsxb                && 设置非结构复合索引 xsxb 为主控索引
9) BROW
10) INDEX ON xb+jg TAG xbjg OF xscdx
          && 往非结构复合索引文件 xscdx.cdx 中再创建一个非结构复合索引 xbjg
11) SET ORDER TO xbjg               && 设置非结构复合索引 xbjg 为主控索引
12) BROW                   && 显示的 xs 表记录先按 xb 字段排序,xb 值相同的再按 jg 排序
13) DELETE FILE xhsy.idx            && 删除独立索引文件 xhsy.idx
14) CLOSE INDEX                     && 关闭索引文件,或执行 SET INDEX TO
15) DELETE FILE xscdx.cdx           && 删除非结构复合索引文件 xscdx.cdx
16) USE
```

实验 3.5　永久性关系及参照完整性

【实验目的】

- 掌握数据库表间永久性关系的创建方法。
- 掌握参照完整性规则的设置方法。
- 掌握数据库及其对象的常用函数的使用。

【实验准备】

1) 复习永久性关系及参照完整性相关知识点;预习实验内容,写出有关命令和操作步骤。

2) 启动 Visual FoxPro 软件;将实验素材 jxgl 整个目录复制到 D:根目录下;执行"SET DEFAULT TO D:\jxgl"命令,设置默认路径。

3) 打开项目文件"jxgl.pjx"。

【实验内容】

1. 创建永久性关系

1）在 sjk 数据库中，创建学生表（xs.dbf）和成绩表（cj.dbf）之间的永久性关系。

2）在 sjk 数据库中，创建教师表（js.dbf）、任课表（rk.dbf）、课程表（kc.dbf）之间的永久性关系。

2. 设置参照完整性

1）修改 sjk 数据库，设置 xs 表和 cj 表之间的参照完整性规则：

① 在 xs 表中修改记录（xh 字段值）时，若 cj 表中有相关的记录，则自动修改 cj 表中相应的记录。

② 在 xs 表中删除记录时，若 cj 表中有相关的记录，则禁止删除 xs 表的记录。

2）修改 sjk 数据库，设置 js 表、rk 表、kc 表之间的参照完整性规则：

① 在 js 表中修改记录（gh 字段值）时，若 rk 表中有相关的记录，则自动修改 rk 表中相应的记录。

② 在 js 表中删除记录时，若 rk 表中有相关的记录，则自动删除 rk 表中相应的记录。

③ 在 rk 表中插入记录时，若 js 表中无相关的记录（gh 字段的值），则禁止在 rk 表中插入。

④ 在 kc 表中修改记录（kcdh 字段值）时，若 rk 表中有相关的记录，则自动修改 rk 表中相应的记录。

⑤ 在 kc 表中删除记录时，若 rk 表中有相关的记录，则自动删除 rk 表中相应的记录。

⑥ 在 rk 表中插入记录时，若 kc 表中无相关的记录（kcdh 字段的值），则禁止在 rk 表中插入。

⑦ 修改 kc 表和 rk 表之间的参照完整性规则，要求在 kc 表中删除记录时，若 rk 表中有相关的记录，则禁止删除 kc 表的记录。

3. 删除永久性关系

1）删除 xs 表和 cj 表之间的永久性关系。

2）删除 kc 表和 rk 表之间的永久性关系。

4. 数据库及其对象的几个常用函数

写出实现下列功能的命令或函数，并在命令窗口中执行：

1）清屏。

2）关闭所有数据库文件。

3）返回当前打开的数据库文件名。

4）打开 sjk 数据库。

5）测试“sjk 数据库是否已打开”。

6）返回当前打开的数据库文件名。

7）测试“当前是否在当前工作区中打开了一个表”。

8）打开 js 表。

9）测试“当前是否在当前工作区中打开了一个表”。

10）返回当前工作区中打开表的别名。

11）在 3 号工作区中打开 kc 表。

12）测试“当前是否在 3 号工作区中打开了一个表”。

13）返回 3 号工作区打开表的别名。

14）返回当前工作区号。

15）返回未使用工作区的最大编号。

16）返回 kc 表所在工作区号。

17）使用 DBSETPROP()函数为 js 表的 jl 字段设置注释：教师简历字段，使用 DBGETPROP()函数返回 js 表的 jl 字段的注释文本。

18）使用 DBSETPROP()函数为 js 表的 gh 字段设置标题：工号，使用 DBGETPROP()函数返回 js 表的 gh 字段的标题。

19）使用 DBSETPROP()函数为 js 表设置表注释：这是一张用来存放教师信息的数据库表，使用 DBGETPROP()函数返回 js 表的表注释。

20）在表设计器中为 js 表的 xb 字段设置默认值：“男”，设置 js 表的记录有效性规则：gzrq>csrq，再利用 DBGETPROP()函数返回 gh 字段的默认值设置和记录的有效性规则表达式。

实验 3.6　自由表的创建和使用

【实验目的】

- 掌握自由表的创建方法。
- 掌握自由表的数据处理方法。
- 掌握数据库表和自由表之间的转换方法。

【实验准备】

1）复习自由表相关的知识点；预习实验内容，写出有关命令和操作步骤。

2）启动 Visual FoxPro 软件；将实验素材 jxgl 整个目录复制到 D：根目录下；执行“SET DEFAULT TO D:\jxgl”命令，设置默认路径。

3）打开项目文件“jxgl.pjx”。

【实验内容】

1）使用“表设计器”创建自由表：图书库存表（tskc. dbf），结构如表 3-4 所示。

表 3-4　图书库存表结构

字段名	类型	宽度	小数位数	字段名	类型	宽度	小数位数
书目编号	C	4		内容简介	M	4	
书名	C	40		封面	G	4	
作者	C	8		单价	N	6	2
出版社	C	20		数量	N	6	0
附光盘否	L	1		盘点日期	D	8	

2）使用命令创建自由表：图书销售表（tsxs. dbf），结构如表 3-5 所示。

表 3-5　图书销售表结构

字段名	类型	宽度	小数位数	字段名	类型	宽度	小数位数
书目编号	C	4		金额	N	10	2
销售日期	D	8		部门代码	C	3	
数量	N	6	0				

3）浏览图书库存表，如图 3-7 所示，为“图书库存表”输入记录数据。

书目编号	书名	作者	出版社	附光盘否	内容简介	封面	单价	数量	盘点日期
A001	新编Visual FoxPro教程	单启成	苏州大学出版社	F	memo	gen	23	12	06/02/09
B001	大学计算机信息技术教程	张福炎	南京大学出版社	T	memo	gen	21	1000	06/02/09
B002	大学计算机信息技术实验指导与测试	郑国平	苏州大学出版社	F	memo	gen	21	1500	06/02/09
C001	计算机网络	谢希仁	电子工业出版社	T	memo	gen	35	10	08/08/08
C002	数据库系统概论	王珊	高等教育出版社	T	memo	gen	40	100	08/08/07

图 3-7　“图书库存表”记录数据

4）如图 3-8 所示，使用 INSERT-SQL 命令为“图书销售表”输入记录数据。

书目编号	销售日期	数量	金额	部门代码
A001	06/02/08	500	11500.00	01
B001	06/02/08	1000	21000.00	01
B002	06/02/08	1000	21000.00	01
C002	06/05/08	200	8000.00	02

图 3-8　“图书销售表”记录数据

5）将 tsxs 表“添加”到 jxgl 项目管理器的“自由表”下。

6）将 tsxs 表从 jxgl 项目管理器中“移去”并从磁盘上彻底删除。

7）在 jxgl 项目管理器中新建一个数据库文件 mysjk，将自由表 tskc. dbf 添加到 mysjk 数据库中，使用 DELETE FILE 命令删除 mysjk 数据库文件，再将 tskc. dbf 添加到 jxgl 项目管理器的“自由表”项下。

8）用“书目编号”作为索引表达式，为 tskc 表创建“候选索引”，索引名为“书目编号”（注意：自由表不能创建“主索引”）；为 tskc 表再创建一个普通索引，要求先按“出版社”排序，如果“出版社”相同，再按“单价”排序，索引名为“出版社单价”。

9）自由表的打开和关闭、记录的定位、修改和删除，索引的使用等操作和命令类似数据库表的相应操作和命令，请自行练习。

综合练习 1

一、单选题

1. 以下均为常量的是________

   A. 314、'314'、_314、-314、$ 314

   B. {12/25/2000}、'12/25/2000'、{}、$ 314、. T.

   C. . T. 、T、"T"、_T

   D. 'VFP'、"VFP"、VFP、_VFP

2. 在 VFP 中，合法的字符串是________ 。

   A. {"VFP 程序设计"}　　B. ["VFP 程序设计"]

   C. [[VFP 程序设计]]　　D. ""VFP 程序设计""

3. 用 DIMENSION ARR[3,3]命令声明了一个二维数组后，再执行 ARR＝1 命令，则________。

   A. 所有的数组元素均被赋值为 1

   B. 数组的第一个元素被赋值为 1

   C. 命令 ARR＝3 创建了一个新的内存变量，与数组无关

   D. 当存在数组 ARR 时，不可用 ARR＝3 命令创建与数组同名的内存变量

4. 以下 4 组函数，返回值的数据类型一致的是________。

   A. ALLTRIM("VFP")、ASC("B")、SPACE(8)

   B. DTOC(DATE())、DATE()、YEAR(DATE())

   C. EOF()、DBC()、RECCOUNT()

   D. STR(3.14,3,1)、DTOC(DATE())、SUBSTR("ABCD",3,1)

5. 在下列 VFP 系统函数中，其返回值为数值型数据的是________。

   A. TYPE　　B. DOW()　　C. TTOC()　　D. CHR()

6. 表达式 LEN(DTOC(DATE(),1))的值为________。

   A. 4　　B. 6　　C. 8　　D. 10

7. 函数 ATC("管理","VFP 数据库管理系统")的运算结果是________。

   A. 0　　B. 7　　C. 10　　D. . T.

8. 执行以下命令后，输出结果是________。

```
SET EXACT OFF
X= "A "
? IIF("A"=X,X+"BCD",X-"BCD")
```

   A. A　　B. BCD　　C. ABCD　　D. A BCD

9. 函数 SUBSTR("Visual FoxPro",6,5)的返回值是________。

   A. FoxPr　　B. Visua　　C. oxPro　　D. l Fox

10. x 的百分之 10 乘以 y，在 VFP 中相应的表达式为________。

A. 10%x * y　　B. x * 10/100 * y　　C. 10/100x * y　　D. (x * 10%) * y

11. 下列表达式中,合法的是________。

A. {^2009/08/01}+{^2009/01/01}　　B. DATE()+{^2009/01/01}

C. YEAR(DATE()-{^2009/01/01})　　D. DATE()-{^2009/01/01}

12. 下列表达式的结果为逻辑真值的是________。

A. "张三">"李四"　　B. DATE()-5>DATE()

C. "10">"9"　　D. "CHINE"<"CANADA"

13. 设变量 nl 代表年龄,则下列表达式中与"NOT(nl>18 AND nl<50)"等价的表达式是________。

A. nl>=50 AND nl<=18　　B. nl<=50 AND nl>=18

C. nl>=50 OR nl<=18　　D. nl<=50 OR nl>=18

14. 执行下列程序后,显示的结果为________。

```
STORE "A" TO B
STORE 1234 TO A312
? &B.312,B
```

A. 1234 A　　B. A A　　C. A 1234　　D. 1234 1234

15. 程序段如下:

```
STORE 0 TO A
STORE .NULL. TO B
? EMPTY(A),ISBLANK(A),ISNULL(A)
?? EMPTY(B),ISBLANK(B),ISNULL(B)
```

该程序段执行后,屏幕上显示的结果是________。

A. .T. .F. .F. .T. .T. .T.　　B. .T. .F. .F. .F. .F. .T.

C. .T. .T. .F. .F. .F. .T.　　D. .T. .T. .T. .F. .F. .T.

16. 在 Visual FoxPro 的命令窗口中输入 CREATE DATABASE 命令后,屏幕上会弹出一个"创建"对话框,实现与此相同的功能,还可以采取如下步骤________。

A. 单击"文件"菜单下的"新建"选项,在弹出的"新建"对话框中单击"数据库"选项按钮,再单击"新建文件"按钮

B. 单击"文件"菜单下的"新建"选项,在弹出的"新建"对话框中单击"表"选项按钮,再单击"新建文件"按钮

C. 单击"文件"菜单下的"新建"选项,在弹出的"新建"对话框中单击"数据库"选项按钮,再单击"向导"按钮

D. 单击"文件"菜单下的"新建"选项,在弹出的"新建"对话框中单击"表"选项按钮,再单击"向导"按钮

17. Visual FoxPro 中可同时打开多个数据库,以只读方式打开数据库 stu 的命令是________。

A. USE stu SHARED　　B. OPEN DATABASE stu VALIDATE

C. USE stu EXCLUSIVE　　D. OPEN DATABASE stu NOUPDATE

18. 在 Visual FoxPro 命令窗口依次执行下列命令后，不能选择课程表(kc.dbf)所在工作区的命令是________。

```
CLOSE TABLES ALL
USE js IN 0
USE kc IN 0
```

A. SELECT kc　　B. SELECT 0　　C. SELECT 2　　D. SELECT B

19. 要关闭当前数据库文件 stu.dbc，正确的命令是________。

A. CLOSE stu　　B. CLOSE DATABASE stu

C. CLOSE　　D. CLOSE DATABASE

20. Visual FoxPro 中的"表"是指________。

A. 表格　　B. 表单　　C. 关系　　D. 报表

21. 若要将当前工作区中打开的表文件 js.dbf 复制到 jiaoshi.dbf 文件，则可以使用命令________。

A. COPY TO jiaoshi REST　　B. COPY TO jiaoshi

C. COPY TO jiaoshi STRU　　D. COPY js.dbf jiaoshi.dbf

22. 下列关于"自由表"的叙述中正确的是________。

A. 自由表和数据库表完全相同

B. 无法将自由表添加到数据库中

C. 不能为自由表设置字段级和记录级有效性规则

D. 自由表可以建立主索引

23. 下列关于字段名的命名规则，不正确的是________。

A. 字段名可以由字母、汉字、数字、空格和下划线组成

B. 字段名必须以字母、汉字开头

C. 字段名不能以下划线开头

D. 自由表的字段名、表的索引名至多只能是 10 个字符

24. 创建表时需要用户指明表中每个字段的名称、数据类型和宽度。逻辑型、备注型、通用型、日期型和日期时间型字段的宽度是固定的，分别是________。

A. 4、10、8、8、16　　B. 1、4、4、8、8　　C. 1、4、4、8、16　　D. 4、4、4、8、16

25. 在 Visual FoxPro 中，表记录的备注型或通用型字段数据都没有直接存在表文件中，而是单独存放在另一个文件中，该文件的文件名与表名相同且扩展名为________。

A. .doc　　B. .mem　　C. .dbt　　D. .fpt

26. 数据库表可以设置字段的有效性规则和记录的有效性规则，一个"规则"对应了一个________。

A. 字符表达式　　B. 数值表达式　　C. 逻辑表达式　　D. 日期表达式

27. 下列命令能使数据库表变为自由表的是________。

A. FREE TABLE　　B. REMOVE TABLE

C. DROP TABLE　　D. ADD TABLE

提示：从磁盘中意外地删除了某个数据库时，用 FREE TABLE 可以“删除表中的数据库引用”，如果数据库在磁盘上仍然存在，则不能用 FREE TABLE 命令从该数据库中移去表。REMOVE TABLE 命令用来移去与表相关的所有引用，使之变为自由表。

28. 打开学生表(xs.dbf)，设置 xscj 为主控索引(索引表达式为成绩字段)，假定当前记录指针所指记录号为 150。移动记录指针使其指向记录号为 100 的记录，应该使用命令________。

    A. GO 100　　　　B. SKIP 50

    C. LOCATE FOR 记录号=100　　　　D. SKIP-50

提示：SKIP/GO TOP/GO BOTTOM 命令的执行结果受当前主控索引的影响，而命令“GO 记录序号”不受主控索引的控制，始终是将记录指针移到“记录序号”所指的那条记录。另外，C 选项中的“记录号”需要用“RECNO()”函数返回。

29. 学生表(xs.dbf)共有 150 条记录，依次执行下列命令后，在 VFP 主窗口显示的是________。

```
USE xs
INDEX ON cj TO xscj          && 以 cj 为索引表达式创建独立索引文件 xscj
SET INDEX TO xscj            && 设置 xscj 为主控索引
GO TOP
DISPLAY
```

    A. 1 号记录的内容　　　　B. 成绩(cj)最高的记录的内容

    C. 成绩(cj)最低的记录的内容　　　　D. 150 号记录的内容

30. 使用 USE 命令打开表时，如果使用 EXCLUSIVE 选项，则表示________。

    A. 以“独占”方式打开表，打开的表可读可写

    B. 以“独占”方式打开表，打开的表只能读不可写

    C. 以“共享”方式打开表，打开的表可读可写

    D. 以“共享”方式打开表，打开的表只能读不可写

31. 修改 js 表(在当前工作区中已打开)，使所有职称(zc 字段)为“教授”的老师的工资增加 500 元，下列命令中正确的是________。

    A. EDIT 工资 WITH 工资+500

    B. REPLACE 工资 WITH 工资+500

    C. REPLACE ALL 工资 WITH 工资+500

    D. REPLACE ALL 工资 WITH 工资+500 FOR zc='教授'

32. Visual FoxPro 中 APPEND BLANK 命令的作用是________。

    A. 在表的尾部添加一条空记录，并打开“编辑”窗口等待输入

    B. 在表的尾部添加一条空记录，不打开任何窗口

    C. 在当前记录之前添加一条空记录

    D. 在表的任意位置添加一条空记录

33. 下列命令中，可以查看工号(gh,C,6)为“A0001”的记录的命令是________。

    ① BROWSE FOR gh='A0001'　　　　② BROWSE FOR gh=A0001

③ LIST FOR gh='A0001'　　④ LIST FIELDS gh='A0001'

A. ①②　　B. ①③　　C. ②③　　D. ②④

34. 教师表共有 33 条记录，其中有 5 条记录已被添加删除标记，依次执行下列命令后，VFP 主窗口显示的结果是________。

```
USE js
SET DELETED ON
? RECCOUNT()
```

A. 28　　B. 5　　C. 33　　D. 0

提示：SET DELETED ON 的功能是：使用范围子句处理记录（包括在相关表中的记录）的命令忽略标有删除标记的记录。默认值为 SET DELETED OFF，其功能是使用范围子句处理记录（包括在相关表中的记录）的命令可以访问标有删除标记的记录。RECCOUNT([nWorkArea | cTableAlias]) 函数返回当前或指定表中的记录数目，且不受 SET DELETED 和 FILTER 命令的影响。

35. 下列命令不是用于删除记录的是________。

A. DELETE　　B. ERASE　　C. PACK　　D. ZAP

36. 要恢复逻辑删除的记录，可以________。

A. 重新输入　　B. 用鼠标重新单击删除标记

C. 按 Esc 键　　D. 用 SET DELETED OFF 命令

37. 从表文件中彻底删除一条记录，应________。

A. 直接用 ZAP 命令　　B. 先用 DELETE 命令，再用 PACK 命令

C. 直接用 DELETE 命令　　D. 先用 DELETE 命令，再用 ZAP 命令

38. 下列关于 ZAP 命令的描述中，错误的是________。

A. 物理删除表中所有记录　　B. 删除后的记录不能被恢复

C. 删除后表中仍保留结构，但没有数据　　D. 表文件完全被删除

39. 基于某个字段建立“唯一索引”时，当字段出现重复值时，存储这些重复记录的________。

A. 第一个　　B. 最后一个　　C. 全部　　D. 几个

40. 使用表设计器的“字段”选项卡上的“索引”栏可以创建索引，该索引是________。

A. 主索引　　B. 候选索引　　C. 通索引　　D. 唯一索引

提示：使用表设计器的“字段”选项卡创建的索引是普通索引。如果要创建其他类型的索引，需要在“索引”选项卡中进行设置。

41. 只有数据库表可以创建，且索引表达式在表的所有记录中不能有重复值的索引是________。

A. 主索引　　B. 候选索引　　C. 普通索引　　D. 唯一索引

42. 下列有关索引的描述正确的是________。

A. 索引是根据索引表达式的值进行逻辑排序的一组指针，提供了对数据的快速访问

B. 建立索引后，原来的数据库表文件中记录的物理顺序将被改变

C. 索引与数据库表的数据存储在同一个文件中

D. 使用索引不能加快对表的查询速度

43. 为“自由表”创建索引，确保指定字段或表达式值的唯一性，则索引类型应该设置为________。

A. 唯一索引　　B. 候选索引　　C. 普通索引　　D. 视图索引

44. 执行“INDEX ON xm TAG xsxm”命令后，下列叙述错误的是________。

A. 此命令建立的是普通索引，在当前有效

B. 浏览表，表中记录将按 xm 字段的值升序排序

C. 此命令所建立的索引将保存在.idx 文件中

D. 此命令的索引表达式是“xm”，索引名是“xsxm”

45. 图书表(ts.dbf)包含下列字段：书目编号(C(6))，书名(C(20))，出版日期(D)。为此表创建索引，要求先按书名降序排列，书名相同的再按出版日期降序排列，则下列命令正确的是________。

A. INDEX ON 书名＋出版日期 TAG smrq

B. INDEX ON 书名＋DTOS(出版日期) TAG smrq DESCENDING

C. INDEX ON 书名＋出版日期 TAG smrq DESCENDING

D. INDEX ON 书名＋DTOS(出版日期) TAG smrq

提示： 函数 DTOS(dExpression|tExpression)从指定日期或日期时间表达式中返回 yyyymmdd 格式的字符串日期，它与包含参数 1 的 DTOC( )函数相同。

46. 建立索引时，索引表达式不能是________。

A. 数值型字段　　B. 日期型字段

C. 字符型字段　　D. 备注型或通用型字段

47. DELETE TAG ALL 执行后，下列描述正确的是________。

A. 删除结构复合索引文件中所有的索引标识，保留结构复合索引文件

B. 删除结构复合索引文件中所有的索引标识，同时删除结构复合索引文件

C. 删除结构复合索引文件，保留索引标识

D. 删除结构复合索引文件中名为 ALL 的索引标识

48. 在 Visual FoxPro 中设置“参照完整性”时，“插入规则”只提供了________两个选项。

A. 级联和忽略　　B. 级联和删除　　C. 限制和忽略　　D. 限制和删除

49. 表移出数据库后，仍有效的是________。

A. 字段的有效性规则　　B. 结构复合索引文件中的候选索引

C. 表的有效性规则　　D. 字段的默认值

50. 已知学生档案表(XSDA.DBF)包括：学号(XH,C,8)、姓名(XM,C,2)、性别(XB,C,2)等字段，并以 XH 字段为索引表达式创建了索引标识为 XH 的结构复合索引。若 XSDA 表不是当前工作区中的表，则下列命令中________可以用来查找学号为“08004018”的记录。

A. SEEK 08004018 ORDER XH IN XSDA

B. SEEK "08004018" ORDER XH

C. SEEK "08004018" ORDER XH IN XSDA

D. SEEK 08004018 ORDER XH_

二、填空题

1. 假设系统当前日期为“2009 年 9 月 1 日”，则表达式 DTOC(DATE(),1)的值为________。
2. 若 x=12.345，则命令?STR(x,2)－SUBS("12.345",5,1)返回的结果是________。
3. 3 种逻辑运算符的优先顺序是________、________、________。
4. 数学表达式 10≤x≤20 在 VFP 中的表达式为________。
5. 表达式{^2009/09/18}－{^2009/09/20}的值是________。
6. 表达式 INT(6.25*4)%ROUND(3.14,0)的值是________。
7. 函数 MOD(－12,－3)的返回值为________。
8. 函数 MOD(－12,5)的返回值为 ________。
9. 函数 MOD(－12,－5)的返回值为 ________。
10. 函数 INT(－3.14)的返回值为 ________。
11. 执行下列程序后，x(1,1)和 x(2,2)的值分别为________、________。

```
DIMENSION x(3,3)
x=123
```

12. 有下列程序段：

```
x="1"
y="2"
z="y-x"
?&z
```

则该程序段运行的结果为________，结果的类型为________。

13. 设 a=1,b=2,c=3,k="a*b+c"，则表达式 10+&k 的值为________。
14. 程序段如下：

```
SET EXACT OFF
?"1234"="123"
?"1234"="1234"
?"1234"=="123"
```

该程序段的执行结果为________。

15. 在程序中将变量 cYear 定义为私有变量，可以使用命令：________ cYear。
16. 创建一个新的数据库将生成三个文件名相同，扩展名不同的文件。一个是扩展名为________ 的数据库文件，一个是扩展名为________ 的数据库备注文件，还有一个是扩展名为________ 的数据库索引文件。
17. 打开当前数据库的“数据库设计器”的命令是________。
18. 在 Visual FoxPro 中，表有两种类型，即________ 和作为数据库一部分的________。
19. 图书销售表的结构为：书目编号(C,6)，单价(N,6,2)，数量(N,6,0)，则单价字段可接收的最大数额为________。

20. 打开当前工作区中表的“表设计器”，使用命令________。

21. 在 Visual FoxPro 中，最多可使用________个工作区，通常用________命令来选择当前工作区。

22. 选择工作区时，可以使用命令 SELECT 工作区号|别名，这里的“别名”可以是________，也可以是________。

23. 执行命令：USE 图书库存表________，则以共享方式打开图书库存表。

24. 已知教师表(js.dbf)中含有一条姓名(xm)为“李刚”的记录，执行下列程序段后，输出结果为________。

```
SELECT js
LOCATE FOR xm='李刚'
xm=3
?xm
```

25. 设 xb 为某表中的字符型字段，宽度为 2，则与“xb=‘男’OR xb=‘女’”等价的表达式为________。

26. 当函数________返回值为逻辑真(.T.)时，说明记录指针正指向文件末尾。

27. BROWSE 命令中输入________可选项，则系统显示和最后一次设置相同的浏览格式。

28. 浏览表，某条记录的通用型字段显示为________，表示该字段目前为空。

29. 编辑 memo 字段时，需要用组合键________打开备注窗口。

30. 用 LOCATE FOR 命令将记录指针定位到满足条件的第一条记录后，连续执行________命令可找到满足条件的其他记录。

31. 在 Visual FoxPro 中删除记录有逻辑删除和物理删除两种，其中________只是在记录旁做删除标记，必要时可以恢复记录。

32. Visual FoxPro 引入了关系数据库的三类完整性，它们是________、________和用户自定义完整性。其中，________包括两级：字段的数据完整性和记录的数据完整性；________是指相关表之间的数据一致性，由表的触发器实施。

33. 参照完整性规则包括________、删除规则和________。

34. 完善下面的命令，实现向 cj 表中追加一条新的记录。

```
INSERT INTO cj (xh,kcdh,cj) _______ ('990101','04',88)
```

35. 在 Visual FoxPro 中设计表结构时，浮点型(Float)数据的宽度最长可设置为________字节。

提示：浮点型数据同数值型数据，在内存中占 8 个字节，在表中占 1～20 个字节。

36. 选择当前可用最小工作区的命令是________。

37. 在数据库表表设计器的________选项卡中，可以设置记录有效性规则和信息，触发器等。

38. 为数据库表(XSDA.DBF)的 xm 字段设置标题属性为“姓名”的命令为：=DBSETPROP("xsda.xm","FIELD",________,"姓名")。

39. 学生表(xs.dbf)存放了50条记录,在命令窗口依次输入并执行下列命令后,VFP主窗口显示的结果是________。若xs表中只存放了20条记录,则执行下列命令后主窗口显示的结果是________。

```
USE xs
GO 14
SKIP 18
?RECNO()
```

40. 同一个表的多个索引可以创建在一个索引文件中,索引文件名与表名相同,索引文件的扩展名是________,这种索引文件为________,它能随表的打开而打开,随着表的关闭而关闭。

41. 为表创建索引,要求:先按班级(BJ,N,1)排序,班级相同再按性别(XB,C,2)排序,班级和性别都相同的再按出生日期(CSRQ,D)排序,则索引表达式应为________。

第4章 查询和视图

实验4.1 使用查询设计器创建查询

【实验目的】

- 掌握使用查询设计器创建查询的操作步骤。
- 掌握基于单张表和多张相关表创建查询的方法。
- 了解交叉表查询的创建方法。

【实验准备】

1）复习查询的创建和使用相关的知识点；预习实验内容，写出有关命令和操作步骤。

2）启动 Visual FoxPro 软件；将实验素材 jxgl 整个目录复制到 D:根目录下；执行"SET DEFAULT TO D:\jxgl"命令，设置默认路径。

3）打开项目文件"jxgl. pjx"。

【实验内容】

1. 使用查询设计器创建基于单张表的查询

1）Sjk 数据库中的学生表（xs. dbf）含有学号（xh）、姓名（xm）、性别（xb）、班级编号（bjbh）、籍贯（jg）和出生日期（csrq）等字段。创建一个查询（jsnxs. qpr）：要求基于学生表查询籍贯是"江苏"的男学生的 xh、xm、bjbh 和年龄，并按年龄降序显示（提示：jg 字段的值由省和省辖市名称或直辖市名称构成）。

2）Sjk 数据库中的学生表（xs. dbf）含有学号（xh）、姓名（xm）、性别（xb）、班级编号（bjbh）、籍贯（jg）和出生日期（csrq）等字段。基于学生表创建一个查询（xsrs. qpr）：查询各省或直辖市的学生人数和平均年龄，要求输出省份、人数和平均年龄，并按人数排序（提示：jg 字段的值由省和省辖市名称或直辖市名称构成，省名和直辖市名都由两个汉字组成）。

3）修改查询文件 xsrs. qpr，要求查询结果按省份排序，且只显示"平均年龄为 28"的省份、人数、平均年龄。

2. 使用查询设计器创建基于多张相关表的查询

1）基于学生表（xs. dbf）和成绩表（cj. dbf）创建查询文件（xsgkcj），查询学生各科成绩。输出字段包括 xh、xm、kcdh、cj，输出结果按 xh 升序排列，同一学号按 cj 降序排列。

2）修改查询 xsgkcj. qpr，要求输出字段为：学号、姓名、课程名和成绩（注意是中文显示），其他要求不变。

3）基于学生表（xs. dbf）和成绩表（cj. dbf）创建查询文件（xscj. qpr），查询每个男学生的选课门数和成绩情况。要求输出 xh、xm、选课门数、总成绩、平均成绩、最高分、最低分，查询结果按平均成绩降序排列，平均成绩相同的再按选课门数降序排列。

4）创建一个查询文件（gxjsgz. qpr），查询各系科年龄在 35 到 45 岁（包括 35 和 45）之间所有教师的基本工资情况。要求输出平均基本工资大于 700 的各系 ximing、平均基本工资、最高基本工资和最低基本工资，并按平均基本工资排序。

5）创建一个查询文件（jszcgz），查询职称是"教授"和"副教授"的所有教师的收入情况。输出字段包括 xm、zc、个人所得（即：jbgz＋gwjt）和个人所得税（个人所得超过 2000 时，个人所得税＝超过部分 * 10％；个人所得介于 1000 到 2000 的，个人所得税＝（个人所得－1000）* 5％；否则个人所得税为 0），查询结果按职称排序，职称相同的再按个人所得降序排列。

3. 交叉表查询

创建交叉表查询（cj. qpr），要求将成绩表（cj. dbf）中同一个学生的各门课程的成绩在一行上显示，并在最后添加总分列。

4. 查询的使用

1）查询的修改

修改查询文件 jszcgz，使查询结果中的记录满足条件："个人所得税大于 50"，并将查询结果保存到 jszcgz. dbf 表文件中。

提示：使用"查询设计器"可以修改查询，打开"查询设计器"的常用方法有：①"项目管理器"中选中"查询"项下要修改的查询文件名，单击"修改"按钮，或者在"项目管理器"中直接双击要修改的查询文件名。②在命令窗口中输入并执行"modify query 文件名|?"命令。注意：若"modify query 文件名"中的"文件名"是一个已存在的查询文件名，则打开该查询文件的查询设计器，供修改。若"文件名"不存在，则以该名创建一个新查询并在设计器中打开。参数?用来显示"打开"对话框，从中可以选择一个已存在的查询，或者输入要创建的新查询的名称。

2）查询的运行

使用命令完成下列要求：

① 运行交叉表查询 cj。

② 运行查询 jszcgz。

③ 浏览 jszcgz 表。

提示：在“查询设计器”中运行查询有 3 种方法：①“运行”按钮 **!** 。②“查询”菜单中的“运行查询”。③快捷菜单中的“运行查询”。关闭查询设计器后，要运行查询有两种方法：①使用“项目管理器”上的“运行”按钮。②使用“DO 文件名. qpr”命令，扩展名不可省略。

思考：执行并比较命令“type jszcgz. qpr”与“modify command jszcgz. qpr”。

实验 4.2　使用 SELECT-SQL 语句创建查询

【实验目的】

- 掌握使用 SELECT-SQL 语句创建查询的方法。
- 了解 SELECT-SQL 语句各子句与查询设计器各选项卡设置的对应关系。
- 了解联接条件向筛选条件的转换。

【实验准备】

1）复习 SELECT-SQL 语句的相关语法；预习实验内容，写出有关命令和操作步骤。

2）启动 Visual FoxPro 软件；将实验素材 jxgl 整个目录复制到 D：根目录下；执行“SET DEFAULT TO D:\jxgl”命令，设置默认路径。

3）打开项目文件“jxgl. pjx”。

【实验内容】

在“命令”窗口输入并执行 SELECT-SQL 语句，可以对数据进行查询操作。“modify command 查询文件名. qpr”命令则可以以编程的方式创建或修改查询文件，其实质就是编辑一条 SELECT-SQL 语句。写出实现下列查询要求的 SELECT-SQL 语句，并在命令窗口执行。

1. 基于单张表的查询

1）显示 js 表中所有教师的工号、姓名和 E-mail 地址。

2）显示 js 表中所有教师的工号、姓名和 E-mail 地址，列标题用相应的中文显示。

3）显示 js 表中所有教师的所有信息。

4）显示 js 表中所有教师的姓名和年龄。

5）显示 js 表中所有女教师的信息。

6）显示 js 表中所有系代号为‘08’的女教师的信息。

7）显示 js 表中所有系代号为‘08’的教师和所有女教师的信息。

8）显示 js 表中所有女教师的信息，并按系代号排序。

9）显示 cj 表中所有学生的学号。

10）显示 cj 表中所有学生的学号，并去掉重复值。

11）查询 cj 表中各学生的最高成绩，输出字段包括学号和最高分，输出结果按最高分降序排列且只显示前面 5 条记录。

12）查询选修了 3 门以上课程的学生学号。

2. 基于两张相关表的查询

1）显示 xs 表和 cj 表中学号以“03”开头的学生的学号、姓名、课程代号以及成绩。

2）查询选修了 3 门以上课程的学生学号和姓名。

3）查询选修了 3 门以上课程的学生学号、姓名和选课门数，结果按选课门数降序排列。

4）查询选修了 3 门以上课程的学生学号、姓名和选课门数，结果保存到临时表 xsxkms 中，并按选课门数降序排列。

5）查询选修了‘02’号课程且不及格的学生学号、姓名和成绩，结果保存到表文件（bjgcj.dbf）中。

6）显示总分排在前 10 名且所有选修课程都及格的学生学号、学生姓名和总分。

7）显示各门课程的课程代号和任课教师姓名，结果按课程代号排序。

8）显示各门课程的课程名和任课教师人数。

3. 基于多张相关表的查询和嵌套查询

1）显示各门课程的课程名和任课教师姓名。

2）显示各门课程的课程名和任课教师姓名，去掉重复记录并按课程名排序。

3）显示各门课程的课程名、任课教师姓名和任课教师职称名，结果去掉重复记录后按课程名排序。

4）查询各系科“英语”和“Visual FoxPro 5.0”这两门课的学习情况。查询输出包括：课程名、系名、两门课程各系科的学习人数和平均成绩，并满足平均成绩大于 70 分，最后按课程名和系名进行排序。

5）查询学生表中已选修课程的学生姓名。

6）查询学生表中没有选修课程的学生姓名。

7）查询教师表中已担任课程教师的姓名和该教师所在系的系名。

实验 4.3　视图的创建和使用

【实验目的】

- 掌握使用视图设计器和命令创建本地视图的方法。
- 掌握视图的使用方法。

• 了解使用视图更新数据的方法。
• 了解参数化视图的创建和使用。

【实验准备】

1）复习视图的创建和使用的相关知识；预习实验内容，写出有关命令和操作步骤。

2）启动 Visual FoxPro 软件；将实验素材 jxgl 整个目录复制到 D：根目录下；执行“SET DEFAULT TO D:\jxgl”命令，设置默认路径。

3）打开项目文件“jxgl. pjx”。

【实验内容】

1. 使用视图设计器创建本地视图

1）创建一个本地视图（xscjview），查询各学生的学习成绩情况，要求输出学生的学号、姓名、课程代号和成绩，输出结果按学号排序。

2）创建一个本地视图（xsnlview），查询每个系各专业、各年级的学生平均年龄。要求输出系代号、专业代号、专业名称、年级、平均年龄，输出结果按 xdh 排序，同一系的再按 zydh 排序（注：bjbh 的前两位表示年级）。

3）创建一个本地视图（jsjbgzview），查询各教师的基本工资情况。要求输出教师的工号、姓名、职称和基本工资，输出结果按职称和基本工资排序。

2. 使用 CREATE SQL VIEW 命令创建本地视图

命令格式：

```
CREATE SQL VIEW [视图名] [AS SELECT-SQL 语句]
```

1）请用命令完成上述 xscjview、xsnlview 和 jsjbgzview 视图，分别取名为 xscjview2、xsnlview2 和 jsjbgzview2。

2）使用命令创建一个本地视图（xsview），查询每个学生的籍贯，要求输出学号、姓名和籍贯。

3）使用命令创建一个本地视图（xkxsmdview），查询选修了课程的学生学号和学生姓名。

3. 视图的使用

1）关闭所有表文件。

2）利用“项目管理器”打开 xscjview 视图，并浏览。

3）利用“数据工作期”窗口打开 xsnlview 视图，并浏览。

4）利用 USE 命令在当前工作区中打开 jsjbgzview 视图，并浏览。

5）利用 USE 命令在当前可用最小工作区中再次打开 jsjbgzview 视图，并浏览。

6）使用 USE 命令关闭当前工作区中打开的 jsjbgzview 视图。

7）使用命令设置 xscjview 视图所在的工作区为当前工作区，并关闭 xscjview 视图。

8）利用“数据工作期”窗口，关闭别名为“I”的视图。

9）根据要求完成下列操作序列。

① 在 3 号工作区中打开视图 xsnlview。

② 打开“数据工作期”窗口，查看表和视图的打开情况。

③ 关闭所有的表。

④ 打开“数据工作期”窗口，查看表和视图的打开情况。

10）在项目管理器中删除 xscjview2 和 xsnlview2 视图。

11）使用 DELETE VIEW 命令删除 jsjbgzview2 视图。

12）用数据字典定制 nsnlview 视图，为 xs. xdh、xs. zydh 和 zy. zymc 字段设置中文标题“系代号”、“专业代号”、“专业名称”；为 xs. xdh 字段设置默认值‘08’和注释信息“为 xdh 字段设置了默认值：08”。

4. 更新数据

依次完成下列操作。

1）修改 xscjview 视图，增设筛选条件：Xs. xb = "男"，查看 SELECT-SQL 的变化，运行视图后关闭“视图设计器”窗口。

2）“浏览”xscjview 视图，修改学号为“002901”、课程代号为“01”的记录的成绩值为 100，关闭浏览窗口后，查看成绩表中学号为“002901”、课程代号为“01”的成绩值是否跟着改变了。

3）修改 xscjview 视图，使得视图中的 cj 字段可更新，并能将更新发送到基本 cj 的 cj 字段。

① 在视图中修改学号为“002901”、课程代号为“01”的记录的成绩值为 100。

② 查看成绩表中学号为“002901”、课程代号为“01”的成绩值是否跟着改变了。

5. 参数化视图的创建和运行

参数化视图能根据运行时提供的参数值或者是编程方式提供的参数值动态实现对基表或其他视图的查询。

1）创建一个参数化本地视图（jsview），要求该视图能根据运行时输入的教师工号值输出指定教师的相关信息。

2）运行参数化视图 jsview，显示工号为“A0001”的教师信息。

综合练习2

一、选择题

1. 下列关于查询描述正确的是________。
   A. 使用查询设计器可以生成所有的 SELECT-SQL 命令
   B. 可以使用 CREATE VIEW 命令打开查询设计器
   C. 使用查询设计器生成的 SELECT-SQL 命令存放在扩展名为.QPR 的文件中
   D. 使用 DO 命令执行查询时,可以不指定扩展名
2. 在 Visual FoxPro 中,可执行的查询文件的扩展名是________。
   A. .PRG　　B. .QPR　　C. .QUR　　D. .QUX
3. SELECT-SQL 命令中用于建立表之间的联系的短语为________。
   A. UNIQE　　B. JOIN　　C. GROUP BY　　D. ORDER BY
4. 在 Visual FoxPro 中,关于 SELECT-SQL 命令下列说法错误的是________。
   A. SELECT 子句中可以包含表中的列和表达式
   B. SELECT 子句中可以使用别名
   C. SELECT 子句规定了结果集中的列顺序
   D. SELECT 子句中列的顺序应该与表中列的顺序一致
5. 创建查询时,要求仅显示两张表中满足条件的记录,应选择________类型。
   A. 内联接　　B. 左联接　　C. 右联接　　D. 完全联接
6. SELECT-SQL 命令中,下列________子句可以实现对分组结果的筛选。
   A. GROUP BY　　B. HAVING　　C. WHERE　　D. ORDER BY
7. 以下不可能是查询结果的选项是________。
   A. 报表　　B. 表单　　C. 表　　D. 浏览
8. 查询的默认输出选项是________。
   A. 报表　　B. 图形　　C. 表　　D. 浏览
9. 在 Visual FoxPro 中,以下关于视图描述中错误的是________。
   A. 视图就是一种查询　　B. 通过视图可以对表或其他视图进行查询
   C. 通过视图可以对表进行更新　　D. 视图是一个虚表
10. 在 Visual FoxPro 中,以下关于查询的描述中错误的是________。
    A. 可以建立基于视图的查询
    B. 基于自由表和数据库表都可以建立查询
    C. 只能基于数据库表建立查询
    D. 不能利用查询来更新基表中的数据
11. 视图设计器中含有的但查询设计器中却没有的选项卡是________。
    A. 更新条件　　B. 筛选　　C. 排序依据　　D. 分组依据
12. 打开本地视图后,当基表中的数据发生变化时,则________。

A. 视图中的数据将自动随之发生变化

B. 必须先关闭视图，再打开视图后，视图中的数据才会变化

C. 可以用 REQUERY()函数刷新视图

D. 必须重新创建视图

13. 视图是一种存储在数据库中的特殊表，当它被打开时，对于本地视图而言，系统将同时在其他工作区中把视图所基于的基表打开，这是因为视图包含一条________语句。

A. SELECT-SQL　B. LOCATE　C. USE　D. SET FILTER TO

14. 创建一个参数化视图时，应在筛选对话框的实例框中输入________。

A. *参数名　B. !参数名　C. ?参数名　D. 参数名

15. 在 XSDA 表中，学号(xh,C,8)字段值的前 4 位表示班级号，基于 XSDA 表查询各班级号，并保存到 xtmp 临时表中。下列命令正确的是________。

A. SELECT SUBSTR(xh,4) FROM xsda INTO CURSOR xtmp

B. SELECT DISTINCT SUBSTR(xh,1,4) FROM xsda INTO CURSOR xtmp

C. SELECT DISTINCT xh FROM xsda INTO CURSOR xtmp

D. SELECT DISTINCT SUBSTR(xh,1,4) FROM xsda INTO xtmp

二、填空题

1. SQL 是________的简称，其中文含义是________。

2. SELECT-SQL 命令中，用________子句表示筛选条件；用________子句表示分组；用________子句表示排序。将查询结果存放到临时表中，使用________短语；存放到永久表中，使用________短语。

3. 查询文件以________为扩展名，视图是一个________表，不以文件形式保存。

4. 视图可以在数据库设计器中打开，也可以用 USE 命令打开，但在使用 USE 命令打开视图之前，必须打开包含该视图的________。

5. 本地视图的基表在视图打开时________，当视图关闭时基表________。

6. 在 SELECT-SQL 命令中，UNION 子句的功能是把一条 SELECT 语句的查询结果同另一条 SELECT 语句的查询结果组合起来。如果某 SELECT-SQL 命令中使用了 UNION 子句将两个 SELECT 语句联合起来，且需要对最终查询结果排序，则需要使用________个 ORDER BY 子句。

7. 在 VFP 中，使用 SELECT-SQL 命令进行数据查询时，如果要求在查询结果中无重复记录，则可以在命令中使用________短语(子句/关键词)。

8. 已知 jsjkab. dbf 表结构为：

字段名字	字段类型	字段宽度	含　义
kcdh	C	4	课程代号
zjk	C	8	主监考
fjk	C	8	副监考

表中的记录为：

kcdh	zjk	fjk	kcdh	zjk	fjk
01	张明	王大林	03	王大林	
02	李刚		04	赵　刚	李刚

基于 jsjkab 表查询各课程的监考安排情况，查询结果保存到 jsjk. dbf 中。完善下列 SELECT-SQL 语句，使得 jsjk. dbf 的浏览结果如图综练 2-1 所示。

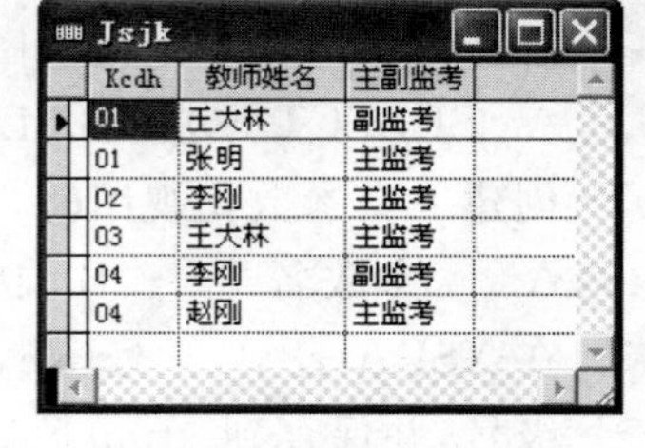
Jsjk

Kcdh	教师姓名	主副监考
01	王大林	副监考
01	张明	主监考
02	李刚	主监考
03	王大林	主监考
04	李刚	副监考
04	赵刚	主监考

图综练 2-1　jsjk 记录

```
SELECT kcdh , zjk AS 教师姓名, "主监考" AS 主副监考 FROM
jsjkab;
________ ;
SELECT kcdh , fjk AS 教师姓名,________ AS 主副监考 FROM
jsjkab;
WHERE ________ ! =SPACE(8);
ORDER BY kcdh;
INTO DBF jkjs
```

9. 已知学生(xs. dbf)表中含学号(xh)、性别(xb)、专业(zy)字段。下列 SQL 命令用来查询每个专业的男、女生人数，请完善之。

```
SELECT zy, SUM(IIF(xb=' 男',1, ________)) AS 男生人数,;
SUM(IIF(xb=' 女',1, ________)) AS 女生人数;
FROM xs;
GROUP BY 1
```

10. 已知借阅(jy)表中含读者类型(lx)、借阅日期(jyrq)和还书日期(hsrq)等字段。下列 SQL 命令用来统计教师和学生借书过期罚款的次数和罚款金额，其中罚款金额的算法如下：

1) 对于学生类读者(lx 字段的值为'X')，借阅期限为 30 天。每超过一天，罚款金额以每本书每天 0.05 元计算。

2) 对于教师类读者(lx 字段的值为'J')，借阅期限为 60 天。每超过一天，罚款金额以每本书每天 0.05 元计算。

```
SELECT "教师" AS 类型,________ AS 罚款次数, ;
SUM(0.05*(hsrq-jyrq-60)) AS 罚款金额;
FROM sjk! jy;
WHERE jy.lx="J" AND hsrq-jyrq>60;
UNION;
SELECT "学生" AS 类型,COUNT(*) AS 罚款次数,;
________ AS 罚款金额;
FROM sjk!jy;
WHERE jy.lx="X" AND hsrq-jyrq>30;
```

11. 商品数据库中含有两张表：商品基本信息表(spxx. dbf)和销售情况表(xsqk. dbf)，表的结构分别如下：

商品基本信息表(spxx. dbf)		
商品编号	Spbh	C,6
商品名称	Spmc	C,20
进货价	Jhj	N,12,2
销售价	Xsj	N,12,2
备注	Bz	M
销售情况表(xsqk. dbf)		
流水号	lsh	C,6
销售日期	xsrq	D
商品编号	spbh	C,6
销售数量	Xssl	N,8,2

用 SELECT-SQL 命令实现查询 2009 年 1 月 1 日所销售的各种商品的名称、销售量和销售总额，并按销售量从小到大排序的语句是：

```
SELECT spxx.spmc,________ AS 销售量,SUM(________)AS 销售总额;
FROM xsqk,spxx;
WHERE xsqk.spbh=spxx.spbh ________ xsqk.xsrq={2009/1/1};
INTO CURSOR cxstmp;
GROUP BY 1
ORDER BY ________
```

12. 课程表(kc)中含有：课程代号(kcdh)、课程名(kcm)和学分(xf)字段；成绩表(cj)中含有：学号(xh)、课程代号(kcdh)和成绩(cj)字段。

基于这两张表查询已修总学分超过 80 的所有学生的学号，平均分，总学分(注：成绩小于 60 的学分设置为 0)，并按学号升序排列，完善下列 SELECT-SQL 命令。

```
SELECT xh AS 学号,AVG(cj.cj) AS 平均分,________ AS 总学分;
FROM kc INNER JOIN cj ON ________ ;
GROUP BY xh;
HAVING ________ ;
ORDER BY xh
```

同样，基于课程表和成绩表查询每门课的选课人数、优秀人数、不及格人数，完善下列 SELECT-SQL 命令。

```
SELECT Kc.kcdh, Kc.kcm, ________ AS 选课人数,;
SUM(IIF(cj.cj>=90,1,0)) AS 优秀人数,________ AS 不及格人数;
FROM kc INNER JOIN cj ON Kc.kcdh=Cj.kcdh;
GROUP BY ________
```

第5章 程序控制和程序设计

实验5.1 顺序结构

【实验目的】

- 掌握 VFP 中程序的建立与运用。
- 掌握基本的程序设计语句。

【实验准备】

1) 复习顺序结构相关的知识点。

2) 将实验素材 jxgl 整个目录复制到 D 盘根目录下。

3) 启动 Visual FoxPro 软件;在命令窗口中执行“SET DEFAULT TO D:\jxgl”命令,设置默认路径。

【实验内容】

1. 创建程序文件并保存

2. 编写程序并调试

要求每个程序建立独立的文件,文件名分别为 f1-1.prg、f1-2.prg 和 f1-3.prg。

1) 求长方形的面积,长和宽的值在主窗口中输入。

提示:在主窗口中输入数据可用 INPUT 命令或 ACCEPT 命令,区别在于使用 INPUT 命令可输入任何类型的数据,ACCEPT 命令只能输入字符型数据。如输入长的值可用语句:INPUT "请输入长:" TO x。其中 x 为保存长的值的变量。

2) 求圆的面积和周长,圆的半径在主窗口中输入,π 用 3.1415926 计算。

3) 在学生表中查看指定学生的情况,学生的姓名在主窗口中输入。

提示:使用数据表之前要用 USE 命令打开数据表,定位学生记录使用 LOCATE FOR 命令。

3. 运行程序

实验 5.2 分支结构

【实验目的】

- 掌握分支结构的几种不同形式。
- 会使用分支结构编写程序。

【实验准备】

1）复习分支结构相关的知识点。

2）将实验素材整个目录复制到 D 盘根目录下。

3）启动 Visual FoxPro 软件；在命令窗口中执行“SET DEFAULT TO D:\jxgl”命令，设置默认路径。

【实验内容】

编写程序并调试，要求每个程序建立独立的文件，文件名分别为 f2-1.prg、f2-2.prg、f2-3.prg 和 f2-4.prg。

1）将赋值语句 y＝IIF(x＞＝60,"及格","不及格")用分支结构改写，并在主窗口中输入一个 x 的值，输出 y 的值。

2）在主窗口中输入两个整数，用分支结构比较其中的大数并输出大数。

3）设出租车不超过 5 千米时一律收费 10 元，超过时则超过部分每千米加收 1.6 元，编写程序根据输入的里程数计算并显示出应付车费，里程数在主窗口中输入。

4）某公司员工的工资计算方法如下。

① 每工时按 20 元发放。

② 工作时数超过 120 小时者，超过部分加发 10％。

③ 工作时数不到 80 小时者，扣发 500 元。

编写程序按输入的员工号和该员工的工时数，计算并输出其应发工资。

提示：在根据条件进行不同的处理时，如果条件在两个以上，可使用嵌套的 IF…ENDIF 语句或使用 DO CASE…ENDCASE 语句。

实验 5.3　循 环 结 构

【实验目的】

- 掌握循环结构的几种不同形式。
- 会使用循环结构编写程序。

【实验准备】

1）复习循环结构相关的知识点。

2）将实验素材整个目录复制到 D 盘根目录下。

3）启动 Visual FoxPro 软件；在命令窗口中执行“SET DEFAULT TO D:\jxgl”命令，设置默认路径。

【实验内容】

编写程序并调试，要求每个程序建立独立的文件，文件名分别为 f3-1. prg、f3-2. prg、f3-3. prg、f3-4. prg 和 f3-5. prg。

1）求 1～100 的累加和，并在主窗口中显示。

提示：知道循环次数可使用 FOR…ENDFOR 语句。

2）随机生成一个 20～30 之间的数，并在主窗口中显示。

提示：①在不知道循环次数的情况下用 DO WHILE…ENDDO 循环语句。②生成随机数可用 RAND() 函数。③当某一次循环生成的随机数符合要求即退出整个循环。

3）求 10 以内的所有奇数与偶数相加和为 3 的倍数的组合，并将这些组合在主窗口中分行显示，显示的形式为：奇数＋偶数＝3 的倍数，如 3＋0＝3。

提示：①该程序用到嵌套的 FOR…ENDFOR 循环，外循环用于奇数，内循环用于偶数。②判断是否为 3 的倍数可用 MOD() 函数。③循环中当某一个奇数与偶数的和不为 3 的倍数时则跳过这次循环。

4）随机生成 10 个 0～100 之间的整数，在主窗口中用一行显示，找出其中的最大数和最小数，并在主窗口中显示。

提示：①可定义一个数组保存 10 个整数。②在 10 个整数中找最大(最小)数可假设第一个数为最大(最小)数，保存在变量中，从第二个数开始依次比较后一个数与前一个数，如果后一个数比前一个数大(小)，则对变量重新赋值为后一个数，直到最后一个数。

5）输入一个由字母和数字组成的字符串，找出所有的数字，并逆序连接显示在主窗口中。如输入字符串为“as57jil903”，输出字符串为“30975”。

提示：区分字母和数字可根据 ASCII 值判断，字母的 ASCII 值为 65～122，数字的 ASCII 值为 48～57。

实验 5.4 过程与用户自定义函数

【实验目的】

- 掌握过程与用户自定义函数的设计。
- 掌握过程与用户自定义函数的调用。

【实验准备】

1）复习过程与用户自定义函数相关的知识点。

2）将实验素材整个目录复制到 D 盘根目录下。

3）启动 Visual FoxPro 软件；在命令窗口中执行“SET DEFAULT TO D:\jxgl”命令，设置默认路径。

【实验内容】

编写程序并调试，要求每个程序建立独立的文件，文件名分别为 f4-1. prg、f4-2. prg、f4-3. prg 和 f4-4. prg。

1）将实验 5.1 中编程第 1)题用自定义函数实现，要求以长和宽作为参数，面积为返回值。

2）计算数列 1!，2!，3!，…，n!的前 10 项之和，显示在主窗口中，要求计算 n!用自定义的函数实现。

3）找出 1～1000 之间所有的水仙花数，显示在主窗口中，要求判断一个数是否为水仙花数用自定义的函数实现。所谓水仙花数是指一个数的各位数字的立方和恰好等于该数本身。例如：$153=1^3+5^3+3^3$，因此 153 就是一个水仙花数。

提示：①取一个数的各位数字可用整除取余的方法，如取个位数字可用该数整除 10 得到的余数即为个位数字。②在主调程序中可用 FOR…ENDFOR 循环语句，在循环中调用自定义的函数判断当前的数是否为水仙花数，是则显示在主窗口中，否则判断下一个数。

4）输入一个字符串和一个字符，然后从该字符串中删除输入的字符，将新的字符串显示在主窗口中，如输入的字符串为“abefbe”，字符为“e”，输出结果为“abfb”，要求删除字符用过程实现。

提示：①从字符串中删除某个字符的方法为：先求出该字符在字符串中出现的次数 n，然后执行循环，循环的次数为 n，每次循环中删除一个该字符，删除以后把该字符前面的字符和后面的字符连接在一起形成新的字符串。②计算一个字符在字符串中出现的次数可用函数 OCCRUS(字符，字符串)获得。

综合练习 3

一、读程序写结果

1. 下列程序段的运行结果是________。

```
cstr="ABCD123abcd1234"
k=0
FOR i=1 TO     LEN(cstr)
    IF SUBSTR(cstr,i,1)>='0' AND SUBSTR(cstr,i,1)<='9'
        k=k+1
    ENDIF
NEXT i
?k
```

2. 下列程序段的运行结果是________。

```
CLEAR
i=0
n=0
DO WHILE i<=10
    IF MOD(i,3)=0
        n=n+1
    ENDIF
    i=i+1
ENDDO
?n
```

3. 下列程序段的运行结果是________。

```
d=""
a="abcdef"
FOR i=LEN(a) TO 1 STEP -1
    d=d+SUBSTR(a,i,1)
ENDFOR
?d
```

4. 下列程序段的运行结果是________。

```
CLEAR
DIMENSION a(4,4)
FOR i=1 to 4
    FOR j=1 to 4
        a(i,j)=i*2+j
    ENDFOR
ENDFOR
```

```
FOR i=3 to 4
    FOR j=3 to 4
        ??a(i,j)
    ENDFOR
    ?
ENDFOR
```

5. 执行下列命令后，被打开的表文件是________。

```
x="xs.dbf/cj.dbf/js.dbf"
y="/"
l=AT("/",x)+1
f=SUBSTR(x,l,2)
?USE &f
```

6. 下列程序的运行结果是________。

```
STORE 0 TO m,n
DO WHILE m<10
    n=n+2
    m=m+n
ENDDO
?m,n
```

二、程序填空

1. 下列程序的功能是计算：s=1/(1*2)+1/(3*4)+1/(5*6)+…+1/(n*(n+1))+…的近似值，当1/(n*(n+1))的值小于10^{-5}时，停止计算。

```
CLEAR
s=0
i=1
DO WHILE .T.
    p=________
    s=________
    IF 1/p<0.00001
        ________
    ENDIF
    i=i+2
ENDDO
?s
```

2. 下列函数的功能是将一字符串反向，例如，REVERSE("ABCDEF")的返回值为"FEDCBA"。

```
FUNCTION REVERSE
    ________
    LOCAL i,s
    s=SPACE(0)
```

```
    FOR i=LEN(ch) TO 1 STEP -1
        s=s+SUBSTR(ch,_______,1)
    ENDFOR
    RETURN s
ENDFUNC
```

3. 下列程序的功能是将 10 个任意生成的 0～100 之间的整数从大到小依次排列后输出。

```
CLEAR
DIMENSION a(10)
FOR i=1 TO 10
    a(i)=INT(RAND() * 100)
ENDFOR
FOR i=1 TO 9
    FOR j=_______ TO 10
        IF a(i)<a(j)
            t=a(i)
            _______
            _______
        ENDIF
    ENDFOR
ENDFOR
FOR i=1 TO 10
    ?a(i)
ENDFOR
```

算法说明：将 10 个数排序，进行 9 轮比较。第一轮比较：用 a(1)与 a(2)进行比较，若 a(1)＜a(2)，则交换这两个元素中的值，然后比较 a(1)和 a(3)，若 a(1)＜a(3)，则交换，以此类推，直到比较完 a(1)和 a(10)，这样，a(1)中就存放了最大的数。第二轮比较：用 a(2) 依次与后面的数比较，与第一轮的处理方法相同，这样，a(2)中就存放了第二大的数。以此类推，直到第 9 轮比较，10 个数就排好序了。

4. 下列程序的功能是找出由随机 0～100 之间整数产生的 3×3 数组的"鞍点"，若找到"鞍点"，则输出"鞍点"的行号和列号，若不存在，则输出"鞍点不存在"。所谓"鞍点"是指在本行中值最大，在本列中值最小的数组元素。图综练 3-1 为运行结果示例。

```
81      89      65
92      18      95
80      23      24
鞍点找到了 a( 3 , 1 )= 80
```

图综练 3-1　运行结果示例

```
CLEAR
DIMENSION a(3,3)
flg=.f.
FOR i=1 TO 3
    FOR j=1 TO 3
        a(i,j)=INT(RAND() * 100)
        ??a(i,j)
    ENDFOR
    ?
```

```
ENDFOR
?
FOR row=1 TO 3
    max=a(row,1)
    col=1
    FOR i=1 TO 3
        IF max<a(row,i)
            max=________
            col=i
        ENDIF
    ENDFOR
    min=a(1,col)
    FOR i=1 TO 3
        IF a(i,col)<min
            min=________
        ENDIF
    ENDFOR
    IF ________
        ?"鞍点找到了","a(",STR(row,1),",",STR(col,1),")=",STR(a(row,col),2)
        flg=.t.
    ENDIF
ENDFOR
IF ________
    ?"鞍点不存在"
ENDIF
```

算法说明：用循环结构逐行处理。对于某一行来说，先找出该行的最大值和最小值的行列数，在最大值所在的列上判断该最大值是否为该列的最小值，是则找到鞍点，否则继续处理下一行。

三、程序改错

要求在修改程序时，不允许修改程序的总体框架和算法，不允许增加或减少语句数目。

1. 下列程序的功能是按照下式求 e^x。

$$e^x = 1 + x + \frac{x^2}{2!} + \frac{x^3}{3!} + \frac{x^4}{4!} + \cdots + \frac{x^n}{n!} + \cdots$$

x 的值从键盘输入，要求精度达到 10^{-6}。

```
INPUT "请输入 x:" TO x
s=0
n=1
t=1
DO WHILE t<1.0E-6
    t=t*x/n
    s=s+t
    n=n+1
```

```
ENDDO
WAIT WINDOW "e的值为:"+STR(s,8,6)
```

2. 下列函数的功能是去除字符串中所有的空格，如函数 Mtrim("AB C D E F")的结果为"ABCDEF"。

```
FUNCTION Mtrim
    PARAMETERS ch
    LOCAL i
    ch=ALLTRIM(ch)
    DO WHILE .T.
        i=AT(SPACE(1),ch)
        IF i=0
            RETURN ch
            LOOP
        ELSE
            ch=LEFT(ch,i)+SUBSTR(ch,i+1)
        ENDIF
    ENDDO
ENDFUNC
```

3. 下列程序的功能是找出1000之内所有的完数，并统计它们的个数。所谓完数是指整数的各因子之和正好等于该数本身(例如 6=1+2+3，而 1，2，3 为 6 的因子)。

```
CLEAR
count=0
FOR n1=1 to 1000
    m=0
    FOR n2=1 TO n1－1
        IF n1/n2=MOD(n1,n2)
            m=m+n2
        ENDIF
    ENDIF
    IF n1=m
        ?n1
        count =count +1
    ENDIF
ENDFOR
WAIT WINDOWS "完数的个数为"+STR(count)
```

算法说明：求一个数的因子，用这个数除以从 1 到这个数减 1 之间的所有整数，能被整除的就是该数的因子。

第6章 表单及控件

实验6.1 表单向导和表单生成器

【实验目的】

- 掌握利用表单向导创建表单的方法。
- 掌握表单生成器的操作方法。

【实验准备】

1）复习有关设计表单的相关知识。
2）将实验素材jxgl整个目录复制到D:根目录下。
3）执行“SET DEFAULT TO D:\jxgl”命令，设置默认路径。

【实验内容】

1. 利用表单向导创建单表表单

使用“表单向导”基于sjk数据库下的js表创建表单，包括js表中所有字段，表单样式用“标准式”，表单中数据按gh字段升序排序，表单的标题为“教师信息表”，其余按默认设置，效果如图6-1所示，将表单以bd_js为文件名保存。

2. 利用表单向导创建一对多表单

使用“表单向导”基于sjk数据库下的xs表和cj表创建一对多表单，包括xs表中所有字段和cj中的kcdh和cj字段，表单样式用“凹陷式”，表单中数据按xh字段升序排序，表单的标题为“学生成绩表”，其余按默认设置，效果如图6-2所示，将表单以bd_xscj为文件名保存。

3. 利用表单生成器创建表单

使用“表单生成器”基于sjk数据库下的js表创建表单，包括js表中所有字段，表单样式用“浮雕式”，其余按默认设置，效果如图6-3所示，将表单以bd_scq为文件名保存。

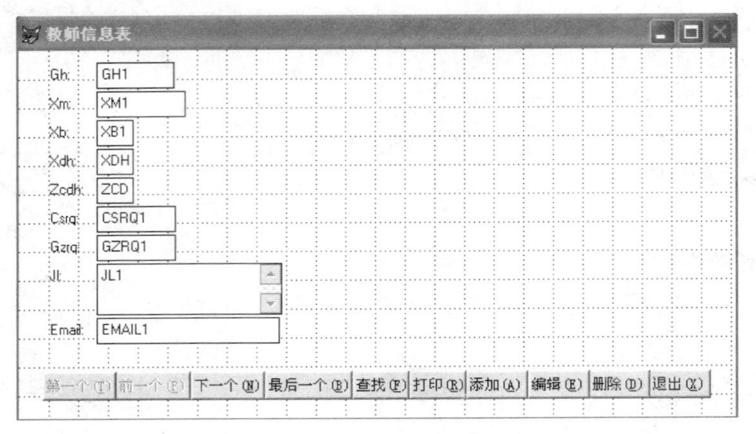

图 6-1　利用表单向导创建单表表单

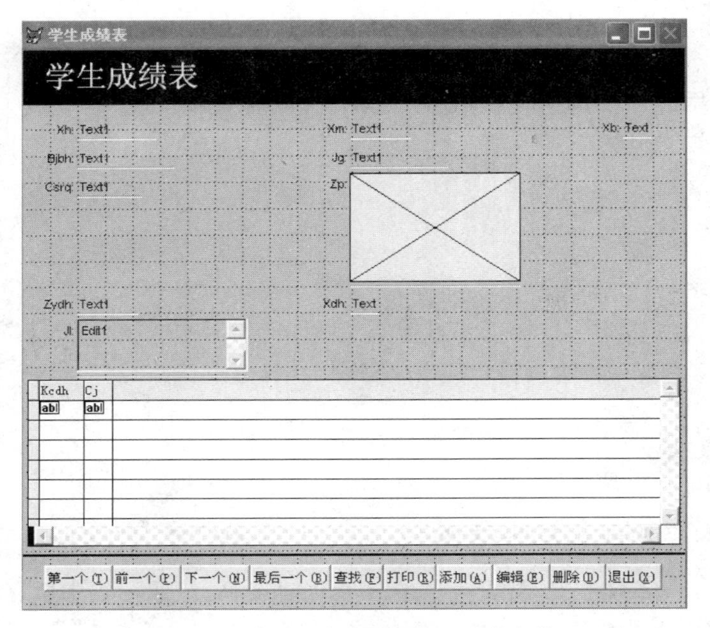

图 6-2　利用表单向导创建一对多表单

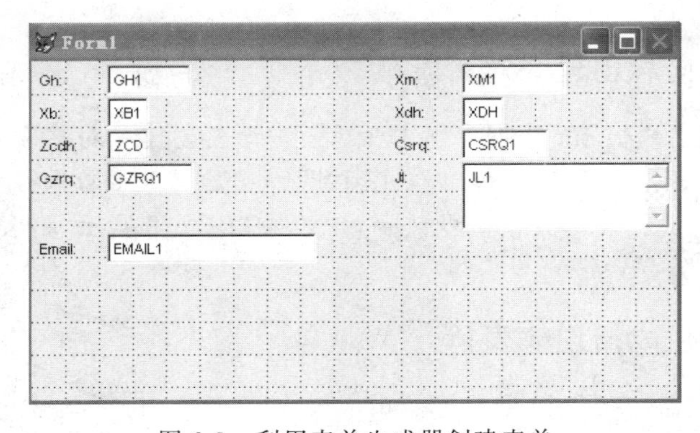

图 6-3　利用表单生成器创建表单

实验 6.2　表单设计器和面向对象程序设计基础

【实验目的】

- 掌握利用表单设计器创建、修改表单的方法。
- 掌握表单常用属性的设置以及简单事件代码设置的方法。

【实验准备】

1）复习有关设计表单的相关知识。

2）将实验素材 jxgl 整个目录复制到 D:根目录下。

3）执行"SET DEFAULT TO D:\jxgl"命令，设置默认路径。

【实验内容】

利用表单设计器修改表单及其面向对象程序设计基础。

1）打开实验 6.1 中设计的 bd_scq.scx 表单。

2）设置表单的对象名称为"frm1"，设置表单无最大化、最小化按钮，关闭按钮不可用，表单运行时自动居于屏幕当中，设置表单的背景色为"128,128,255"。

3）设置表单的标题属性为系统当前日期，控制图标文件为"Net.ico"。

4）在表单上添加一个命令按钮，其效果如图 6-4 所示。

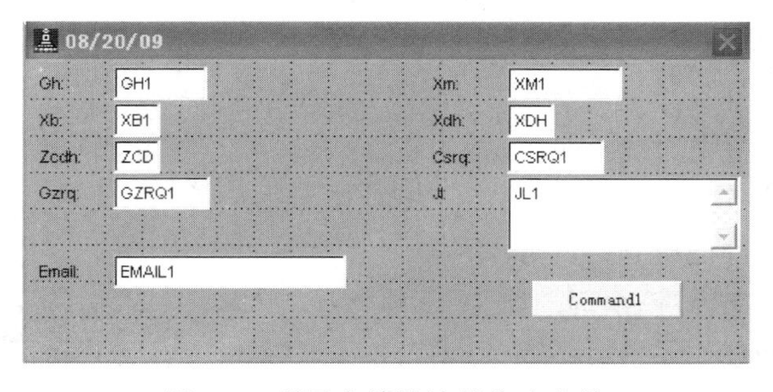

图 6-4　利用表单设计器修改表单

5）编写表单的 Load 事件代码为"Wait windows "Frm load 事件触发！""。

6）编写表单的 UnLoad 事件代码为"Wait windows "Form Unload 事件触发！""。

7）编写表单的 Init 事件代码为"Wait windows "Form Init 事件触发！""。

8）编写表单的 Destroy 事件代码为"Wait windows "Form Destroy 事件触发！""。

9）编写命令按钮的 Init 事件代码为"Wait windows "Command Init 事件触发！""。

10）编写命令按钮的 Destroy 事件代码为"Wait windows "Command Destroy 事件

触发！""。

11）编写表单的 DbClick 事件代码，实现双击鼠标后关闭当前表单。

12）保存表单。

实验 6.3 标签、文本框和编辑框

【实验目的】

- 掌握标签、文本框和编辑框控件的常用属性。
- 掌握标签、文本框和编辑框控件的部分事件的处理方法。
- 了解以上控件的用途。

【实验准备】

1）熟悉标签、文本框和编辑框控件的相关知识。

2）将实验素材 jxgl 整个目录复制到 D:根目录下。

3）执行"SET DEFAULT TO D:\jxgl"命令，设置默认路径。

【实验内容】

1. 标签控件

1）新建一个表单，并在表单中添加一个标签控件。

2）设置标签控件的对象名称为"Lb1"。

3）设置标签控件显示内容为"这是标签控件中文多行示例！"。

4）设置标签控件背景为透明。

5）设置标签控件自动调整控件大小以容纳其内容。

6）设置标签控件能够换行显示文字内容。

7）设置标签控件字号为"14"、字体为"楷体_GB2313"，并适当调整标签大小和位置，其效果如图 6-5 所示。

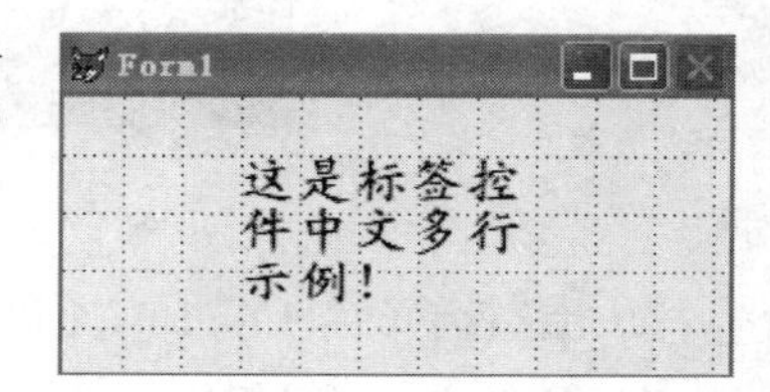

图 6-5 标签控件示例

8）在表单上添加第二个标签控件。

9）设置该标签控件的对象名称为"Lb2"。

10）设置标签控件显示内容为"这是第二个标签控件"，设置标签控件自动调整控件大小以容纳其内容。

11）分别对 Lb1 和 Lb2 的 Click 事件编写相关代码，实现用鼠标分别单击 Lb1 和 Lb2 标签能够使 Lb1 和 Lb2 标签显示内容互换。

12）将表单以 bd_lb 为文件名保存。

2. 文本框控件

1）新建一个表单，并在表单中添加如图 6-6 所示的标签并设置相关属性。添加两个文本框控件，设置控件的对象名称为“Tx_1”和“Tx_2”。

2）设置两个文本框控件显示内容为左对齐，字号为“10”。

3）设置 Tx_1 文本框最大输入内容为 6 个字符宽度；Tx_2 文本框最多输入内容为 7 个数字字符，输入内容时显示字符为“ * ”。

4）编写 Tx_1 文本框 Valid 事件代码，实现如果输入字符的宽度小于 6，则利用消息框提醒用户“宽度小于 6，请重新输入！”，焦点不得离开 Tx_1 文本框。

5）给表单新建一个属性，属性名称为 Nnum，并设置其初值为“0”。

6）编写 Tx_2 文本框 KeyPress 事件代码，当在 Tx_2 文本框中按下回车键时实现对用户输入的学号和密码进行检测，如果学号为“xh1234”并且密码为“123456”，则在屏幕右上角打印“用户登录”信息，5 秒钟后关闭表单；否则三次输入错误后，则在屏幕右上角打印“三次输入错误！”信息，并关闭表单。

7）将表单以 bd_tx 为文件名保存。

3. 编辑框控件

1）新建一个表单，并在表单中添加如图 6-7 所示的标签并设置相关属性。

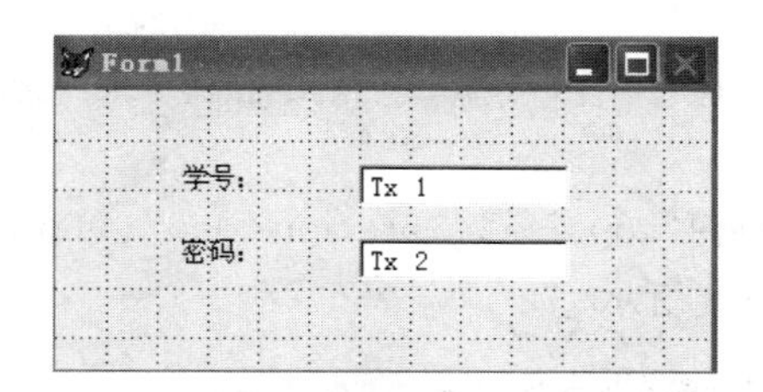

图 6-6　文本框控件示例

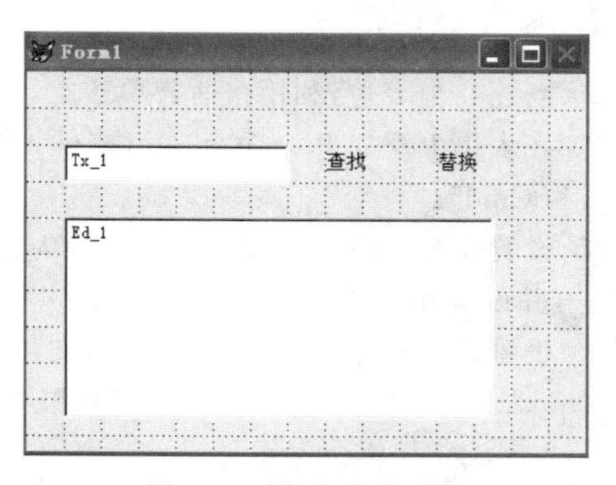

图 6-7　编辑框控件示例

2）添加文本框控件，设置控件的对象名称为“Tx_1”；添加编辑框控件，设置控件的对象名称为“Ed_1”。

3）设置编辑框控件为无滚动条。

4）编写“查找”标签 Click 事件代码，实现在“Ed_1”编辑框中进行查找“Tx_1”文本框中的内容，如果找到，则在编辑框中反色显示，否则在屏幕右上角打印“未找到！”信息。

5）编写“替换”标签 Click 事件代码，实现在“Ed_1”编辑框中进行查找“Tx_1”文本框中的内容，如果找到，则将编辑框中的内容替换为“changed”，否则在屏幕右上角打印“未找到！”信息。

6）将表单以 bd_ed 为文件名保存。

实验 6.4　命令按钮和命令按钮组

【实验目的】

- 掌握命令按钮和命令按钮组控件的常用属性。
- 掌握命令按钮和命令按钮组控件的部分事件的处理方法。
- 了解以上控件的用途。

【实验准备】

1）熟悉命令按钮和命令按钮组控件的相关知识。

2）将实验素材 jxgl 整个目录复制到 D:根目录下。

3）执行“SET DEFAULT TO D:\jxgl”命令，设置默认路径。

【实验内容】

1. 命令按钮控件

1）新建一个表单，利用快速表单建立基于 JS 表的表单。

2）在表单上添加 5 个命令按钮控件，设置控件的对象名称为 Cmd1、Cmd2、Cmd3、Cmd4 和 Cmd5。

3）设置命令按钮控件显示内容分别为“到最前”、“上一条”、“到最后”、“下一条”和“关闭”，并设置相应的访问键为 T、P、B、N 和 C。

4）设置命令按钮控件显示的图形文件分别为“top. ico”、“previous. ico”、“bottom. ico”、“next. ico”和“close. ico”文件，其效果如图 6-8 所示。

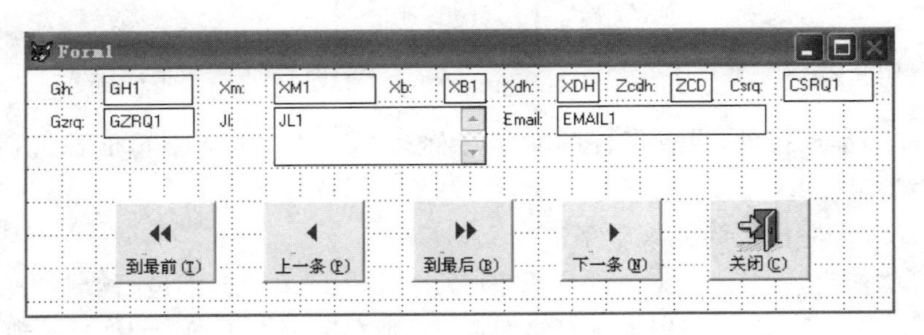

图 6-8　命令按钮控件示例

5）编写各个命令按钮的 Click 事件代码，要求单击各命令按钮后，表单显示 js 表中相应记录的数据或者退出当前表单。

6）将表单以 bd_cmd 为文件名保存。

2. 命令按钮组

1）新建一个表单，利用快速表单建立基于 JS 表的表单。

2）在表单上添加一个命令按钮组控件，利用命令按钮组生成器设置各按钮的标题属性为“到最前”、“上一条”、“到最后”、“下一条”和“关闭”，并设置相应的访问键为 T、P、B、N 和 C。

3）设置各命令按钮控件的图形文件分别为“top. ico”、“previous. ico”、“bottom. ico”、“next. ico”和“close. ico”文件。

4）编写命令按钮组的 Click 事件代码，要求单击各命令按钮后，表单显示 js 表中相应记录的数据或者退出当前表单。

5）将表单以 bd_cmdg 为文件名保存。

实验 6.5　列表框和组合框

【实验目的】

- 掌握列表框和组合框控件的常用属性。
- 掌握列表框和组合框控件的部分事件的处理方法。
- 了解以上控件的用途。

【实验准备】

1）熟悉列表框和组合框控件的相关知识。

2）将实验素材 jxgl 整个目录复制到 D:根目录下。

3）执行“SET DEFAULT TO D:\jxgl”命令，设置默认路径。

【实验内容】

1. 列表框控件

1）新建一个表单，并添加两个命令按钮和两个列表框控件，其效果如图 6-9 所示。

2）设置命令按钮控件的对象名称分别为 Cmd1 和 Cmd2；设置显示内容为“右移”和“删除”。

3）设置列表框控件的对象名称分别为 Lst1 和 Lst2；设置列表框允许多重选择。

4）设置列表框 Lst1 的 RowsourceType 属性为“3-SQL 语句”，Rowsource 属性为“select kcm from kc into cursor tmp”。

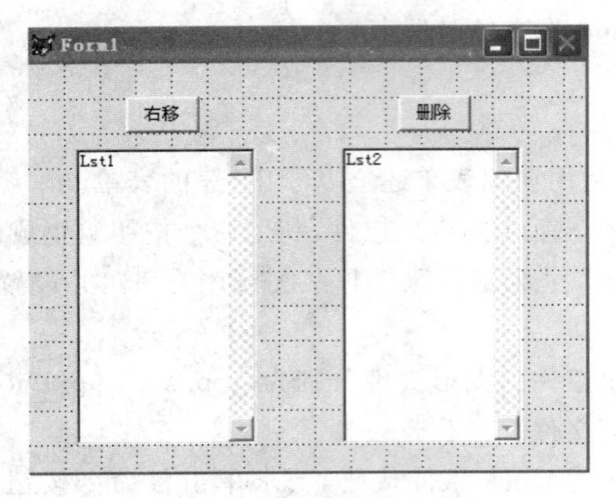

图 6-9　列表框控件示例

5）编写命令按钮 Cmd1 的 Click 事件代码，利用 AddItem 方法完成将 Lst1 中选中的内容复制到 Lst2 列表框中。

6）编写命令按钮 Cmd2 的 Click 事件代码，利用 RemoveItem 完成将 Lst2 中选中的内容删除。

7）编写代码实现双击 lst1 列表框中的选项时，将选项内容添加到 Lst2 列表框中。

8）编写代码实现双击 lst2 列表框中的选项时，将选项内容删除。

9）将表单以 bd_lst 为文件名保存。

2. 组合框控件

1）新建一个表单，添加一个命令按钮和 3 个组合框以及 5 个标签控件，如图 6-10 所示，设置各标签的标题属性，修改“组合框更改字体示例”标签控件的对象名为 Lb1。

2）设置组合框控件的对象名称分别为 Com1、Com2 和 Com3；并设置所有组合框控件内容不允许修改。

3）设置组合框 Com1 的 RowSourceType 属性为“1-值”，RowSource 属性为“8，9，10，11，12，14，16，18，20，22，24，36，48，72”，Value 属性为“1”。

4）设置组合框 Com2 的 RowSourceType 属性为“1-值”，RowSource 属性为“宋体，黑体”，Value 属性为“1”。

5）设置组合框 Com3 的 RowSourceType 属性为“1-值”，RowSource 属性为“. F. ，. T. ”，Value 属性为“1”。

6）设置命令按钮控件显示的图形文件为“fontcolor. bmp”。

7）编写各组合框的 InterActiveChange 事件代码，完成选择某一选项后，标签 Lb1 的显示内容相应发生改变。

8）编写命令按钮 Click 事件代码，实现能够打开颜色设置对话框，选择相应颜色后，标签 Lb1 的显示颜色相应发生改变。

9）将表单以 bd_com 为文件名保存。

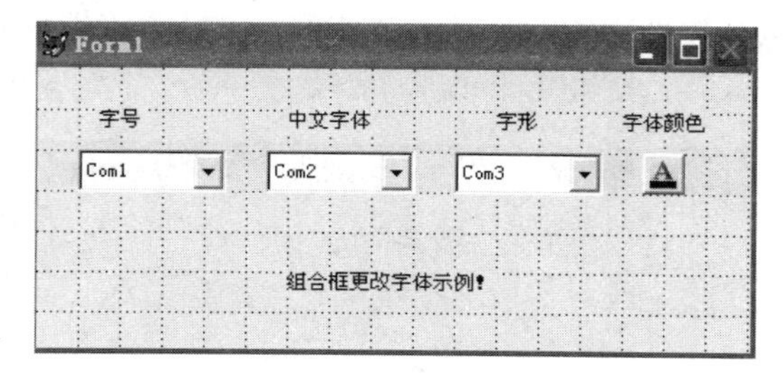

图 6-10　组合框控件示例

实验 6.6　选项按钮组、复选框和微调框

【实验目的】

- 掌握选项按钮组、复选框和微调框控件的常用属性。
- 掌握选项按钮组、复选框和微调框控件的部分事件的处理方法。
- 了解以上控件的用途。

【实验准备】

1）熟悉选项按钮组、复选框和微调框控件的相关知识。

2）将实验素材 jxgl 整个目录复制到 D:根目录下。

3）执行“SET DEFAULT TO D:\jxgl”命令，设置默认路径。

【实验内容】

1. 选项按钮组控件

1）新建一个表单，向表单“数据环境”窗口中添加自由表 exam。

2）将“数据环境”中 exam 表的 question 字段拖到表单上，自动生成 edtQuestion 编辑框控件和 lblQuestion 标签控件，删除 lblQuestion 标签控件。

3）设置 edtQuestion 编辑框控件为无滚动条，背景为透明，背景颜色为“236，233，216”，并查看数据源的属性。

4）在表单上添加一个选项按钮组控件，设置该控件按钮数目为 4，Value 属性值设为“0”，数据源为“exam. userkey”字段。

5）设置选项按钮组控件的 4 个选项按钮控件显示内容为“A”，“B”，“C”，“D”，并设置访问键；设置选项按钮组选项自动调整控件大小以容纳其内容，背景设为透明，无边框。

6）在表单上添加 4 个文本框控件，分别与 4 个选项按钮对齐，其效果如图 6-11 所示。

设置 4 个文本框的背景为透明，无边框，文字左对齐，数据源分别设置为“Exam. A”字段，“Exam. B”字段，“Exam. C”字段和“Exam. D”字段。

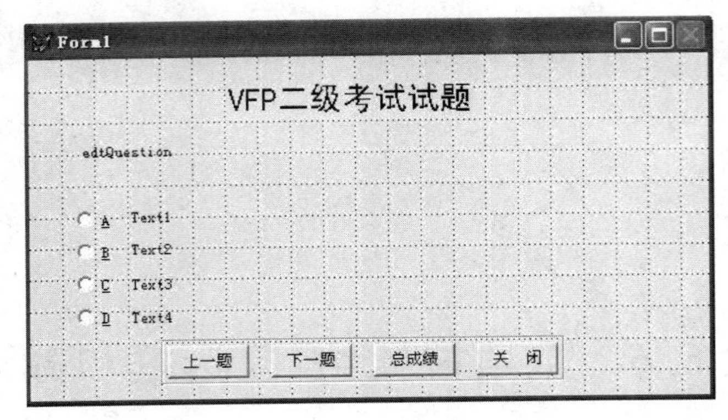

图 6-11 选项按钮组控件示例

7）在表单上添加一个命令按钮组控件，利用命令按钮组生成器设置按钮的数目为 4，标题分别为“上一题”，“下一题”，“总成绩”，“关闭”，按钮布局为“水平”，并适当调整按钮间隔，其效果如图 6-11 所示。

8）编写命令按钮组的 Click 事件代码，完成相应的功能。

9）将表单以 bd_optg 为文件名保存。

2. 复选框控件

1）新建一个表单，向表单“数据环境”窗口中添加自由表 drag_tbl。

2）将“数据环境”中 drag_tbl 表的每个字段拖到表单上，观察每个不同类型的字段拖放到表单上所默认自动生成的控件类型。

3）添加一个命令按钮组，设置标题为“上一条”，“下一条”，“添加”和“关闭” ，其效果如图 6-12 所示。

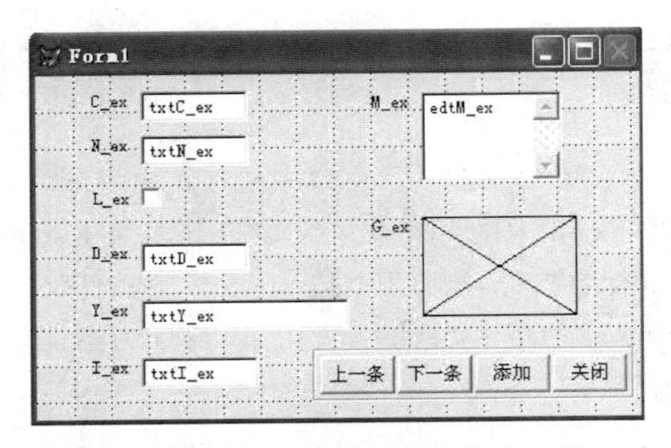

图 6-12 字段拖动自动生成控件示例

4）编写命令按钮组的 Click 事件代码，“上一条”，“下一条”完成 drag_tbl 记录的移动，“关闭”按钮实现关闭其当前表单，“添加”按钮实现增加一条空记录，并将控件上的修改内容添加到 drag_tbl 表中。

5）将表单以 bd_chk 为文件名保存。

3. 微调框控件

1）新建一个表单，添加一个标签控件，设置控件显示内容为“请单击/输入更改表单大小”，并相应设置自动调整控件大小以容纳其内容并使标签能够换行显示，其效果如图 6-13 所示。

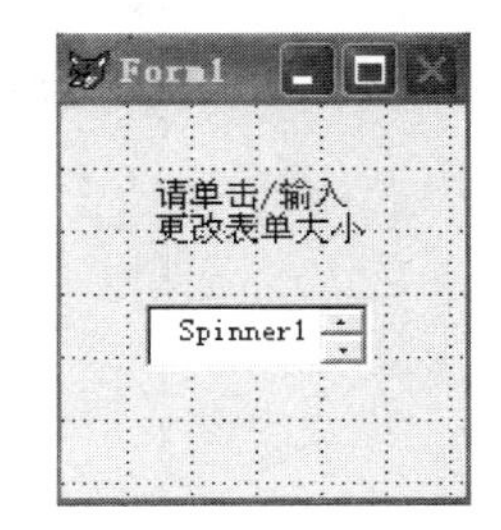

图 6-13　微调框控件示例

2）添加一个微调框控件，设置每次增加或减少量为“10”，通过单击向下箭头或按住向下箭头可以设置的最小值为“150”，通过单击向上箭头或按住向上箭头可以设置的最大值为“600”，通过键盘允许输入的最小值为“150”，通过键盘允许输入的最大值为“600”，初始值为“150”。

3）编写微调框控件的 InteractiveChange 事件代码，实现当微调框的值发生改变时，表单的宽度和高度能够根据微调框的值相应进行调整。

4）将表单以 bd_sp 为文件名保存。

实验 6.7　表格、线条和形状

【实验目的】

- 掌握表格、线条和形状控件的常用属性。
- 掌握表格、线条和形状控件的部分事件的处理方法。
- 了解以上控件的用途。

【实验准备】

1）熟悉表格、线条和形状控件的相关知识。

2）将实验素材 jxgl 整个目录复制到 D:根目录下。

3）执行“SET DEFAULT TO D:\jxgl”命令，设置默认路径。

【实验内容】

1. 表格控件

1）新建一个表单，在表单上添加一个标签，一个文本框，两个命令按钮和一个表格控件，其效果如图 6-14 所示。

2）向表单“数据环境”窗口中添加 xs 表和 cj 表。

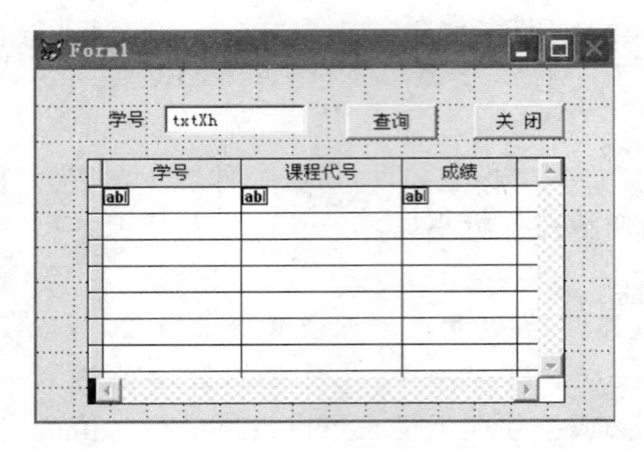

图 6-14　表格控件示例

3）修改标签控件显示内容为“学号”，文本框控件的对象名为“txtxh”。

4）设置表格控件的对象名为“Grdcj”，表格列数为“3”，RecordSourceType 属性为“4-SQL 说明”。

5）设置表格各列标题分别为“学号”，“课程代号”和“成绩”，所有列为居中对齐。

6）设置表格无删除标记列，表格中数据内容不允许用户编辑。

7）编写表格的 Init 事件代码，使表格用 RGB(192,192,192)作为 cj 表中记录号为偶数的记录的行背景颜色，用 RGB(255,255,255)作为记录号为奇数的记录的行背景颜色；用 12 号红色粗体字显示不及格成绩，用 9 号蓝色字体显示及格成绩。

8）设置命令按钮控件显示内容分别为“查询”和“关闭”；对象名分别为 cmd1 和 cmd2。

9）编写 cmd1 命令按钮的 Click 事件代码，使 rdcj 表格能够根据 txtxh 文本框输入的学生学号显示该学生的所有课程的成绩。

10）编写 cmd2 命令按钮 Click 事件代码，完成关闭当前表单的功能。

11）将表单以 bd_grd 为文件名保存。

2. 线条和形状控件

1）新建一个表单，添加一个微调框控件、一个线条控件和形状控件以及一个选项按钮组控件。

2）设置线条控件的边框颜色为“255,0,0”；形状控件的边框颜色为“0,0,255”，形状控件的填充颜色为“255,0,0”，填充图案为对角交叉线。

3）利用选项按钮组生成器设置各选项按钮的标题，按钮数目为“7”，并编写 InteractiveChange 事件，完成单击选项后相应改变线条和形状的 BorderStyle 的设置。

4）设置微调框控件通过单击向下箭头或按住向下箭头可以设置的最小值为“0”，通过单击向上箭头或按住向上箭头可以设置的最大值为“99”，通过键盘允许输入的最小值为“0”，通过键盘允许输入的最大值为“99”，其效果如图 6-15 所示。

5）编写微调框控件的 InteractiveChange 事件代码，实现当微调框的值发生改变时，线条的线宽和形状控件的角的曲率相应进行变化。

6）将表单以 bd_shp 为文件名保存。

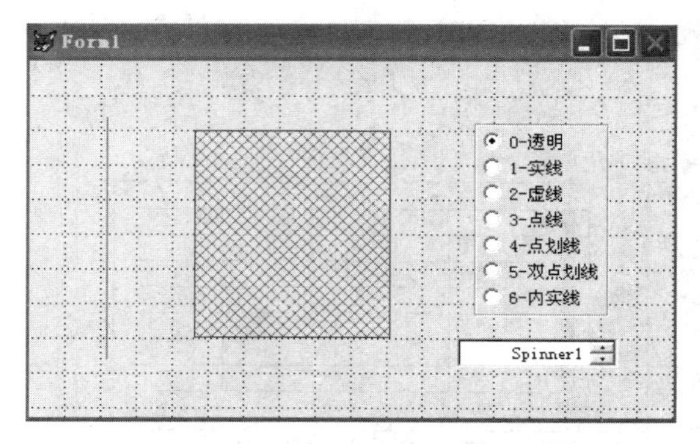

图 6-15　线条和形状控件示例

实验 6.8　页框、计时器和 OLE 绑定控件

【实验目的】

- 掌握页框、计时器和 OLE 绑定控件的常用属性。
- 掌握页框、计时器和 OLE 绑定控件的部分事件的处理方法。
- 了解以上控件的用途。

【实验准备】

1）熟悉页框、计时器和 OLE 绑定控件的相关知识。

2）将实验素材 jxgl 整个目录复制到 D:根目录下。

3）执行“SET DEFAULT TO D:\jxgl”命令，设置默认路径。

【实验内容】

1. 页框控件

1）新建一个表单，添加一个选项按钮组控件和一个页框控件，其效果如图 6-16 所示。

2）向表单“数据环境”窗口中添加 js 表、xs 表和 kc 表。

3）设置页框控件页框中页面数为“3”，使其处于编辑状态，修改各页的显示标题为“教师”、“学生”和“课程”，将数据环境中的 js 表拖到教师页，xs 表拖到学生页，kc 表拖到课程页。

4）选择选项按钮组控件，设置按钮的个数为“3”，使其处于编辑状态，修改各选项的显示内容为“教师”、“学生”和“课程”。

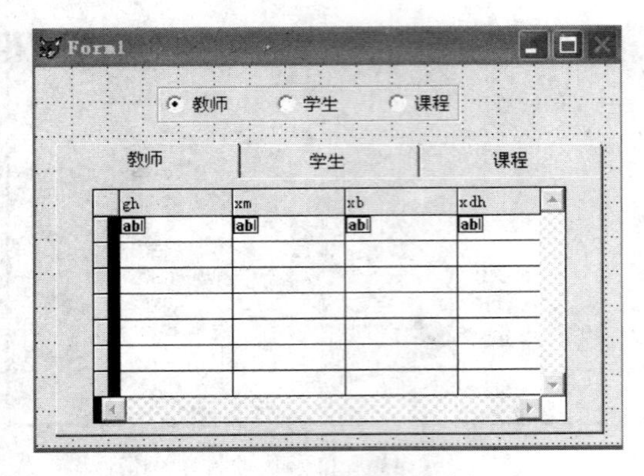

图 6-16　页框控件示例

5）编写选项按钮组控件 Click 事件代码，使得当单击选项按钮时，页框相应切换到对应的页面。

6）将表单以 bd_pgf 为文件名保存。

2. 计时器和 OLE 绑定控件

1）新建一个表单，添加一个标签、一个计时器和一个 OLE 绑定控件。

2）向表单“数据环境”窗口中添加 drag_tbl 表。

3）设置标签控件显示内容为“图片自动浏览器”，并设置标签控件自动调整控件大小以容纳其内容。

4）设置 OLE 绑定控件的 ControlSource 属性为“drag_tbl. g_ex”，设置图片进行等比填充调整放入控件中，其效果如图 6-17 所示。

5）设置计时器控件每隔 2 秒钟触发一次。

6）编写 Timer 事件代码，实现每隔 2 秒钟显示 drag_tbl 表中 g_ex 字段的图片，当到达最后一条记录后自动转到第一条记录开始显示。

7）将表单以 bd_tim 为文件名保存。

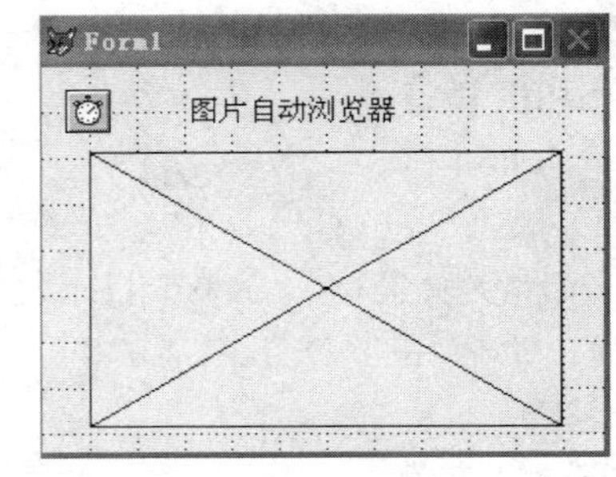

图 6-17　计时器和 OLE 绑定控件示例

第7章 报表

实验 7.1 报表向导和快速报表

【实验目的】

- 掌握利用报表向导创建报表的方法。
- 掌握利用快速报表创建报表的方法。

【实验准备】

1）熟悉设计报表的相关知识。

2）将实验素材 jxgl 整个目录复制到 D:根目录下。

3）执行“SET DEFAULT TO D:\jxgl”命令，设置默认路径。

【实验内容】

1. 使用报表向导创建单表报表

利用报表向导，基于 sjk 数据库中的 js 表创建报表，报表中包括 js 表中所有字段，按 zcdh 进行分组，报表样式用“账务式”，报表中数据按 gh 升序排序，报表的标题为“教师信息表”，其余按默认设置。将报表以 bb_js 为文件名保存。

2. 使用报表向导创建一对多报表

利用报表向导，基于 sjk 数据库中的 xs 表和 cj 创建报表，报表中包括 xs 表中所有字段和 cj 中的 kcdh 和 cj 字段，报表样式用“账务式”，报表中数据按 xh 升序排序，报表的标题为“学生成绩表”，其余按默认设置。将报表以 bb_xscj 为文件名保存。

3. 使用快速报表创建报表

利用快速报表，基于 sjk 数据库中的 js 表创建报表，其余按默认设置。将报表以 bb_ks 为文件名保存。

实验 7.2　报表设计器

【实验目的】

- 掌握利用报表设计器创建报表的方法。
- 掌握用报表设计器修改报表的方法。

【实验准备】

1）复习有关设计报表的相关知识。

2）将实验素材 jxgl 整个目录复制到 D:根目录下。

3）执行“SET DEFAULT TO D:\jxgl”命令，设置默认路径。

【实验内容】

1. 利用报表设计器创建报表

1）新建一个报表，在报表中显示 kc 表的相关信息，如图 7-1 所示。

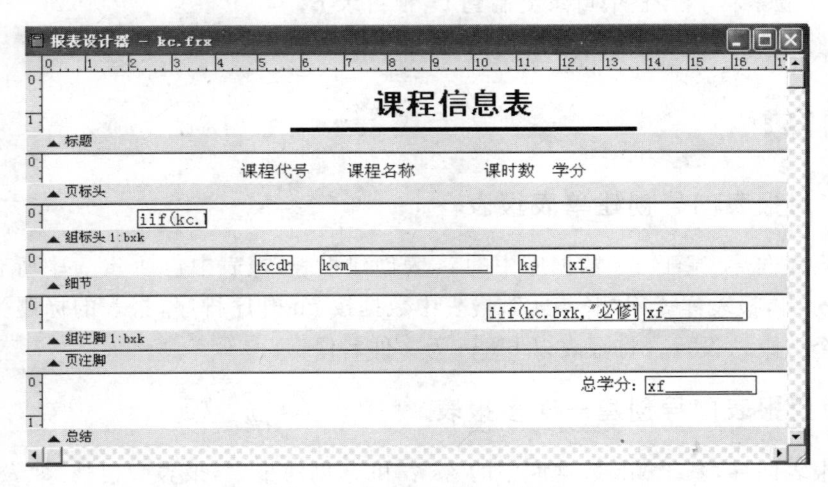

图 7-1　基于 kc 表创建报表

2）在报表设计器中，为报表增加“标题”带区，为报表添加标题“课程信息表”，并为标题设置字体为“黑体”，字形为“加粗”，字号为“20”；为标题添加一条 4 磅的直线。

3）在页标头带区添加 4 个标签，内容分别为“课程代号”、“课程名称”、“课时数”和“学分”。

4）为报表添加“分组”带区，使显示内容按照 bxk 字段进行分组显示，bxk 为.T.时在组标头带区显示“必修课程”，bxk 为.F.时在组标头带区显示“选修课程”。

5）在组脚注带区统计显示选修课和必修课的总学分。

6）为报表添加“总结”带区，添加对所有课程总学分进行统计。

7）预览报表，其效果如图 7-2 所示。

8）将报表以 bb_kc 为文件名保存。

课程信息表

	课程代号	课程名称	课时数	学分
选修课程				
	07	大学语文	2	2
	11	思想修养	2	2
	12	JAVA程序设计	3	2
	13	网页设计与制作	3	2
	24	英国语言文学	4	2
			选修课程合计学分	10
必修课程				
	01	中文Windows 95	3	3
	02	Visual FoxPro 5.0	4	3
	03	管理信息系统	3	3
	04	数字电路	4	3
	05	数据结构	3	3
	06	英语	6	3
	08	高等数学	5	4
	09	数学分析	6	3
	10	解剖学	6	3
	14	操作系统	5	3
	15	计算机网络	4	3
	16	数据库原理	4	3
	17	概率统计	4	3
	18	中国古典文学	4	3
	19	中国当代文学	4	3
	20	解析几何	4	3
	21	法律基础	3	2
	22	会计学原理	4	3
	23	编译原理	4	3
	25	数论	4	2
			必修课程合计学分	59
			总学分:	69

图 7-2　基于 kc 表报表预览效果

2. 利用报表设计器修改报表

1）打开实验 7.1 中设计的 bb_ks.frx 报表。

2）为报表增加“标题”带区，为报表添加标题“教师信息表”，并为标题设置字体为“黑体”，字号为“20”；为标题添加一条直线。

3）为报表添加“总结”带区，添加统计教师人数的域控件。

4）将页脚注带区的日期格式更改为“××××年××月××日”格式显示。

5）保存报表。

综合练习 4

一、选择题

1. 在下列有关表单及其控件的叙述中，错误的是 ________ 。

   A. 从容器层次来看，表单是最高层的容器类，它不可能成为其他对象的集成部分

   B. 表格控件包含列控件，而列控件本身又是一个容器类控件

   C. 页框控件的 PageCount 属性值可以为 0

   D. 表格控件可以添加到表单中，但不可以添加到工具栏中

2. 在下列有关 VFP 的类、对象和事件的叙述中，错误的是________。

   A. 对象是基于某种类所创建的实例，它继承了类的属性、事件和方法

   B. 基类的最小事件集包含 Click 事件、Load 事件和 Destroy 事件

   C. 事件的触发可以由用户的行为产生，也可以由系统产生

   D. 用户可以为对象添加新的属性和方法，但不能添加新的事件

3. 数据绑定型控件是指其(显示的)内容与表、视图或查询中的字段(或内存变量)相关联的控件。若某个控件被绑定到一个表的字段，移动该表的记录指针后，如果该字段的值发生变化，则该控件的________属性值也随之发生变化。

   A. Name　　B. ControlSource　　C. Value　　D. Caption

4. 在下列几组 VFP 基类中，均具有 ControlSource 属性的是________ 。

   A. ListBox，Lable，OptionButton　　B. ComboBox，EditBox，Grid

   C. ComboBox，Grid，Timer　　D. EditBox，CheckBox，OptionButton

5. 下列关于表单数据环境的叙述中，错误的是________。

   A. 表单运行时自动打开其数据环境中的表

   B. 数据环境是表单的容器

   C. 可以在数据环境中建立表之间的关系

   D. 可以在数据环境中加入视图

6. 表格控件的数据源类型________。

   A. 只能是表　　B. 只能是表、视图

   C. 只能是表、查询　　D. 只能是表、视图、查询

7. 下列几组控件中，均为容器类的是________。

   A. 表单集、列、组合框　　B. 页框、页面、表格

   C. 列表框、列下拉列表框　　D. 表单、命令按钮组、OLE 控件

8. 如果表单中有一命令按钮组，且已分别为命令按钮组和命令按钮组中的各个命令按钮设置了 Click 事件代码，则在表单的运行过程中单击某命令按钮时，系统执行的代码是________。

   A. 该命令按钮的 Click 事件代码

   B. 该命令按钮组的 Click 事件代码

C. 先命令按钮组的 Click 事件代码，后该命令按钮的 Click 事件代码

D. 先该命令按钮的 Click 事件代码，后命令按钮组的 Click 事件代码

9. 若从表单的数据环境中将一个逻辑型字段拖放到表单中，则在表单中添加的控件个数和控件类型分别是________。

A. 1，文本框　　B. 2，标签与文本框

C. 1，复选框　　D. 2，标签与复选框

10. 对任何一个表单来说，下列说法中正确的是________。

A. 均可以创建新的属性、事件和方法　　B. 仅可以创建新的属性和事件

C. 仅可以创建新的属性和方法　　D. 仅可以创建新的事件和方法

11. 页框对象的集合属性和计数属性可以对页框上所有的页面进行属性修改等操作。页框对象的集合属性和计数属性的属性名分别为________。

A. Pages，Pagecount　　B. Forms，FormCount

C. Buttons，ButtonCount　　D. Controls，ControlCount

12. 以下几组控件中，均可直接添加到表单中的是________。

A. 命令按钮组、选项按钮、文本框　　B. 页面、页框、表格

C. 命令按钮、选项按钮组、列表框　　D. 页面、选项按钮组、组合框

13. 对于表单来说，用户可以设置其 ShowWindow 属性。该属性的取值可以为________。

A. 在屏幕中或在顶层表单中或作为顶层表单

B. 普通或最大化或最小化

C. 无模式或模式

D. 平面或 3 维

14. 在运行表单时，需设置属性值或指定操作的默认值，有时需要将参数传递到表单。若要将参数传递到表单，则应在表单的________事件代码中包含 PARAMETERS 语句。

A. Load　　B. Init　　C. Destroy　　D. Activate

15. 在下列 Visual FoxPro 的基类中，无 Caption 属性的基类是________。

A. 标签　　B. 选项按钮　　C. 复选框　　D. 文本框

16. 假定表单(frm2)上有一个文本框对象 text1 和一个命令按钮组对象 cg1，命令按钮组 cg1 包含 cd1 和 cd2 两个命令按钮。如果要在 cd1 命令按钮的某个方法中访问文本框对象 text1 的 Value 属性，下列表达始终正确的是________。

A. THIS. THISFORM. text1. Value

B. THIS. PARENT. PARENT. text1. Value

C. PARENT. PARENT. text1. Value

D. THIS. PARENT. text1. Value

17. 关于控件的 Valid 事件的返回值的说法中，正确的是________。

① 真“. T. ”或假“. F. ”　　② 0　　③ 正数　　④ 负数

A. ①②③④　　B. ①②③　　C. ①②　　D. ①

18. 在编程方式下，由语句 Frm1＝CreateObjet("form")创建一个表单，若要在该表单的

Click 事件中改变标题 Caption 属性，下列不正确的是________。

A. Frm1. Caption="学生成绩管理"

B. ThisForm. Caption="学生成绩管理"

C. ThisFormset. Caption="学生成绩管理"

D. WITH Frm1

　　.Caption="学生成绩管理"

　　ENDWITH

19. 关于表单的 Load 事件的说法中不正确的是________。

A. 表单的 Load 事件在表单集的 Load 事件之后发生

B. 表单的 Load 事件发生在 Activate 和 GotFocus 事件之前

C. 在 Load 事件的处理程序中不能对表单上的控件进行处理

D. Load 事件发生在 Init 事件之后

20. 在开发一个应用程序时，报表设计所占的工作量通常比较大。在下列有关报表的叙述中，错误的是________。

A. 所有利用报表设计器创建的报表，其数据环境中一定包含表或视图

B. 在报表设计器窗口中，最多可以有 9 种不同的报表带区

C. 在报表中可以插入图片文件

D. 在打印报表时，可以不打印细节行，只打印总计和分类总计信息

21. 在 VFP 中，运行报表文件 APP. FRX 可用命令________。

A. DO APP. FRX　　B. DO FORM APP. FRX

C. REPORT FORM APP. FRX　　D. REPORT APP. FRX

22. 在报表设计器中，报表最多可以分为________种不同类型的报表带区(例如页标头区、细节区等)。

A. 3　　B. 5　　C. 7　　D. 9

23. 下列说法中不正确的是________。

A. 报表包含的三个基本带区是指页标头、细节区及总结区

B. 报表的页标头包含的信息在每页报表中出现一次

C. 向报表中放置对象就是在报表设计区中设置需要打印的内容

D. 设计报表时，如果需要，可以为报表设置数据环境

24. 报表的常规类型有列报表、行报表、一对多报表和多栏报表。下列有关列报表和行报表的叙述正确的是________。

A. 列报表是指报表每行打印一条记录;行报表是指每行打印多条记录

B. 列报表是指报表每行打印多条记录;行报表是指每行打印一条记录

C. 列报表是指报表每行打印一条记录;行报表是指多行打印一条记录

D. 列报表是指报表每行打印多条记录;行报表是指每行打印多条记录

25. 在 Visual FoxPro 系统中，报表上可以分为不同的带区，用户利用不同的报表带区控制数据在报表页面的打印位置。以下各项是报表的部分带区名，其中________只在报表的每一页上打印一次。

A. 总结　　　B. 页标头　　　C. 标题　　　D. 细节

二、填空题

1. 图综练 4-1 所示的表单用于浏览教师(JS 表)信息。为了在表格控件中以不同的背景色显示男、女教师的信息,则在表格控件的 Init 事件代码中,可使用如下形式的语句:

```
This.________ ("DynamicBackcolor","IIF(xb='女',RGB(125,125,125),;
RGB(125,125,125))","Column").
```

表单中下拉列表框的 RowSourceType 属性为"6- 字段",数据源为系名代码表(表的文件名为 xmdm. dbf,含系代码(xdm)和系名(xim)两个字段),为了使下拉列表中显示系代码和系名两列数据,则 RowSource 属性值为:xmdm. xdm,________ 。

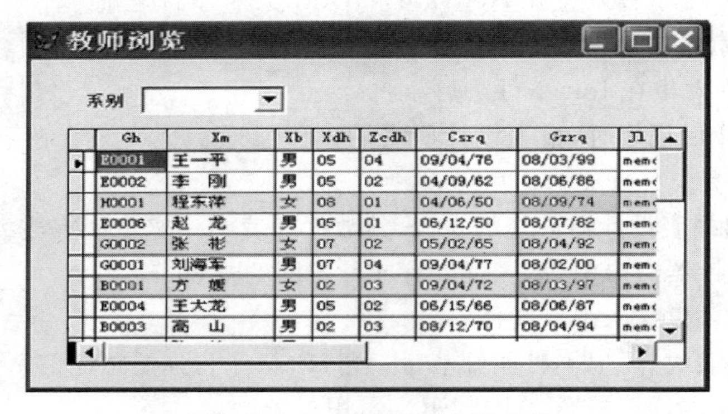

图综练 4-1　浏览教师信息表单

2. 设某表单上有一个页框控件,该页框控件的 PageCount 属性值在表单的运行过程中可变(即页数会变化)。如果要求在表单刷新时总是指定页框的最后一个页面为活动页面,则可在页框控件的 Refresh 事件代码中使用语句:________ 。
3. 在事件代码中相对引用当前表单集的关键字是________ 。
4. 文本框控件的________ 属性设置为"＊ "时,用户输入的字符在文本框内显示为"＊",但 Value 属性中仍保存输入的字符串。
5. 某数据库中包含课程(KC)表和成绩(CJ)表,课程表中含有课程代号(kcdh)、课程名(kcm)和学分(xf)等字段,成绩表中含有学号(xh)、课程代号(kcdh)和成绩(cj)等字段。已创建一个按课程代号查询学生成绩的表单,如图综练 4-2 所示。

图综练 4-2　查询学生成绩表单

表单中下拉列表框(Combo1)的数据源设置如下:

RowSource Type 属性为:6-字段

RowSource 属性为:kc. kcdh。

在下拉列表框中选择某一课程代号后,表格控件(Grid1)立即显示该课程所有学生的成绩,且在文本框(Text1)中显示该课程的课程名,则应在下拉列表框的________ 事件中编写如下代码:

```
SELECT KC
ThisForm.Text1.Value= kc.kcm
ThisForm.Grid1.RecordSource=;
"SELECT cj.xh,cj.cj FROM cj WHERE cj.kcdh=ALLT(THIS.Vale)INTO CURStmp"
ThisForm.Refresh
```

根据以上代码可判定,表格控件(Grid1)的 RecordSourceType 属性为________ 。

设某命令按钮的标题为“确定(Y)”(该按钮访问键为 Alt+Y),则其 Caption 属性值应设置为________ 。

6. 有一个表单如图综练 4-3 所示,其左边是一个选项按钮组(Optiongroup1),右边是列表框(List1)。该表单的功能是:在选项按钮组中选择一个年级(学号的前两位表示年级),列表框将显示出该年级所有课程不及格的学生的学号、姓名、课程名称和成绩。

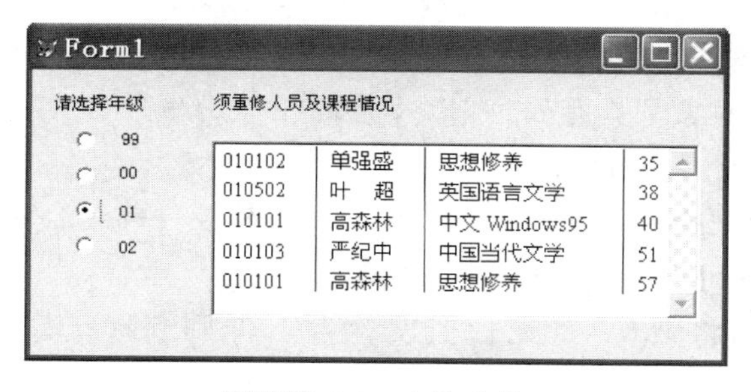

图综练 4-3　查询表单

下列是选项按钮组的相关事件的事件代码,试完善下面的程序。

```
DO CASE
 CASE This.Value=1
      nJ="99"
 CASE This.Value=2
      nJ="00"
 CASE This.Value=3
      nJ="01"
 CASE This.Value=4
      nJ="02"
________
SQL1='SELECT xs.xh,xm,kcm,cj'
SQL2='FROM xs,cj,kc'
SQL3='WHERE xs.xh=cj.xh AND cj.kcdh=kc.kcdh AND cj<60 '
```

```
SQL4='________ '
SQL5='ORDER BY 4'
SQL6='INTO CURSOR temp'
SQLSELECT =SQL1+SQL2+SQL3+SQL4+SQL5+SQL6
ThisForm.List1.RowSourceType=3
ThisForm.List1.RowSource=________
ThisForm.List1.Requery
```

7. 设 Label1 是某表单上的一个标签控件，则利用 Label1 控件显示系统日期和时间，可以在该表单的 Init 事件代码中使用语句 THISFORM.________ =TTOC(DATETIME())来实现。

8. 学生注册表单(form1)如图综练 4-4 所示，该表单中含有 3 个标签、2 个文本框(Text1 和 Text2)、1 个命令按钮组(包含 3 个按钮)，表单是一个容器型控件，其集合属性为 Controls，计数属性为 ControlCount。此表单的 ControlCount 属性值为________。

图综练 4-4 学生信息注册表单

9. 表格(gird)控件是一个按行和列显示数据的容器对象，其外观与表的浏览窗口相似，表格最常见的用途之一是显示一对多关系中的子表。在默认情况下，表格控件包含列控件，列控件又包含列标头控件和________控件。

10. 在 VFP 中，每个对象都具有属性，以及与之相关的事件和方法。其中，________是定义对象的特征或某一方面的行为。

11. 在 VFP 中，组合框控件具有列表框控件和文本框控件的组合功能。根据是否可以输入数据值，组合框可设置为下拉组合框或________。

12. 对于计时器控件，将 Interval 属性值设置为 100，则 Timer 事件发生的时间间隔为________秒。

13. 一个 OLE 对象可以连接或嵌入到表的________型字段中。

14. 要使表单中各个控件的 ToolTipText 属性的值在表单运行中起作用，必须设置表单的 ShowTips 属性的值为________。

15. 形状控件的 Curvature 属性决定形状控件显示什么样的图形，它的取值范围是 0～99。当该属性的值为________时，用来创建矩形；当该属性的值为________时，用来创建椭圆。

16. Visual FoxPro 主窗口同表单对象一样，可以设置各种属性。要将 Visual FoxPro 主窗口的标题更改为“学生信息管理系统”，可以使用命令________ ="学生信息管理系统"。

17. 列表框对象的数据源由 RowSource 属性和 RowSourceType 属性决定。而要将列表框中的值与表中的某个字段绑定，则应该利用________属性。

18. 独立的、无模式的、________表单称为顶层表单。

19. 所有容器对象都具有与之相关的计数属性和集合属性，其中________属性是一个数组，可以用以引用其包含在其中的对象。

20. 将文本框对象的________属性设置为“真”时，则表单运行时，该文本框可以获得焦点，但文本框中显示的内容为只读。

21. 标签控件是用以显示文本的图形控件。标签控件的主要属性有：Caption 属性、BackStyle 属性、AutoSize 属性以及 WordWrap 属性等。其中________属性的功能是决定是否自动换行。

22. 设某表单的背景色为浅蓝色，该表单上某标签的背景色为黄色。当该标签的 BackStyle 属性值设置为“0-透明”，运行该表单时该标签对象显示的背景色为________。

23. 在表单设计器中设计表单时，如果从“数据环境设计器”中将表拖放到表单中，则表单中将会增加一个________对象。

24. 如图综练 4-5 所示的表单中有一个选项按钮组。如果选项按钮组的 Value 属性的默认值为 1，则当选择选项按钮 B 时，选项按钮组的 Value 属性为________；如果将选项按钮组的 Value 属性的默认值设置为“B”，则当选择按钮 C 时，选项按钮组的 Value 属性值为________。

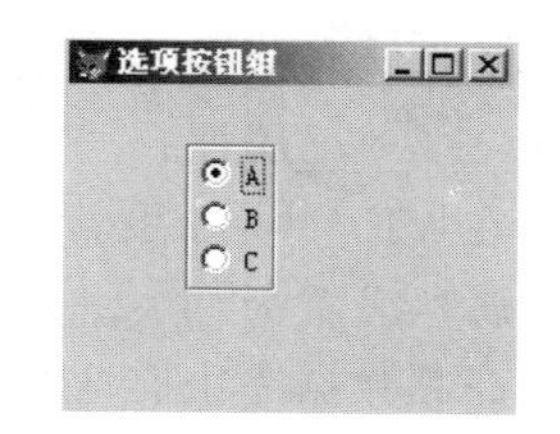

图综练 4-5　选项按钮组表单

25. 某表单 Form1 上有一个命令按钮组 Cmg，其中有两个命令按钮(分别为 cmd1 和 cmd2)，要在 Cmd1 的 Click 事件代码中设置 cmd2 不可用，其代码为：________。

26. 事件是对象能够识别的一个动作，方法是对象能够执行的一组操作。对于 SetFocus 和 GotFocus，________是方法，________是事件。

27. Visual FoxPro 系统提供的基类都有最小事件集(Destroy、Error、Init)。从事件的激发顺序看，最小事件集中________事件是最后激发的。

28. 在 Visual FoxPro 系统中，事件循环由 READ EVENTS 命令建立、CLEAR EVENTS 命令停止。当发出 CLEAR EVENTS 命令时，程序将继续执行紧跟在________命令后面的那条可执行语句。

29. 某表单的数据环境中包含 kc 表和 cj 表，且 kc 表和 cj 表之间已建好临时关系。当表单运行时如图综练 4-6 所示。

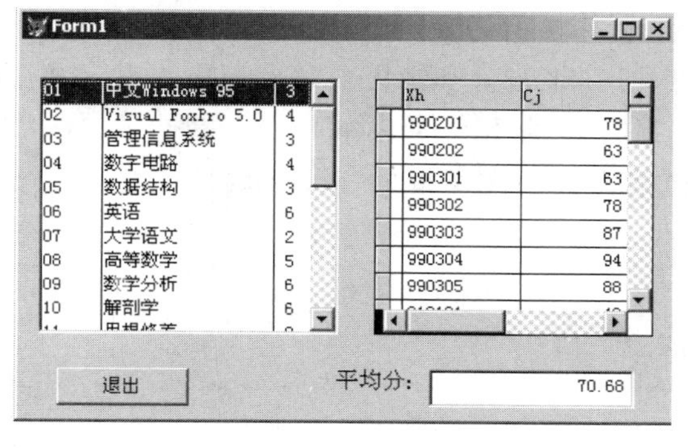

图综练 4-6　表单运行界面

1）列表框的 BoundColumn 为 1，要求显示 kc 表的课程代号（kcdh）、课程名（kcm）和课时数（kss）字段，则列表框的 RowSourceType 属性值为"6（字段）"，RowSource 属性值为________。

2）若在列表框中选中某门课程时，表格中显示该课程的所有学生的成绩，且在文本框 text 中显示该课程的平均分，则列表框的 InteractiveChange 事件代码中应含有：

```
SELECT AVG(cj.cj) FROM cj;
     WHERE cj.kcdh=________ INTO ARRAY t
THIS. Parent.text1.Value=t
```

30. 在当前表单中有两个名为 Text1 和 Text2 的文本框控件和一个名为 Command1 的命令按钮控件，当单击按钮控件时，希望把焦点移至 Text1 文本框，则在 Command1 的 Click 事件中应编写代码：Thisform. Text1. ________。

31. 数据环境对象不是表单（表单集）的子对象，引用数据环境对象，要使用表单（集）的________属性。

32. 在 VFP 中，如果希望计时器控件都隔 3 秒发生一次 Timer 事件，需把它的 Enabled 属性设置为. T. ，把它的________属性设置为 3000。

33. 商品数据库中有两个表：商品基本信息表（spxx. dbf）和销售情况表（xsqk. dbf），表结构如表综练 4-1 所示，且 spxx 表已经建立结构复合索引，索引表达式为 spbh。

表综练 4-1　商品基本信息表（spxx. dbf）和销售情况表（xsqk. dbf）的结构

商品基本信息表（spxx. dbf）			销售情况表（xsqk. dbf）		
商品编号	spbh	c，6	流水号	lsh	c，6
商品名称	spmc	c，20	销售日期	Xsrq	D
进货价	jhj	n，12，2	商品编号	Spbh	c，6
销售价	xsj	n，12，2	销售数量	Xssl	n，8，2
备注	bz	m	销售金额	xse	N，12，2

创建图综练 4-7 所示的表单，该表单用来录入每笔销售业务。表单中商品编号为组合框，它的________属性值为 spxx. spbh，"销售价"文本框的 ControlSource 属性值为 spxx. xssl。

当商品编号发生变化时，销售价和销售金额也相应地发生变化，则表单中组合框的 InteractiveChange 事件的代码为（销售价和销售金额文本框的 Name 属性值分别为 Txtxsj 和 Txtxse）：

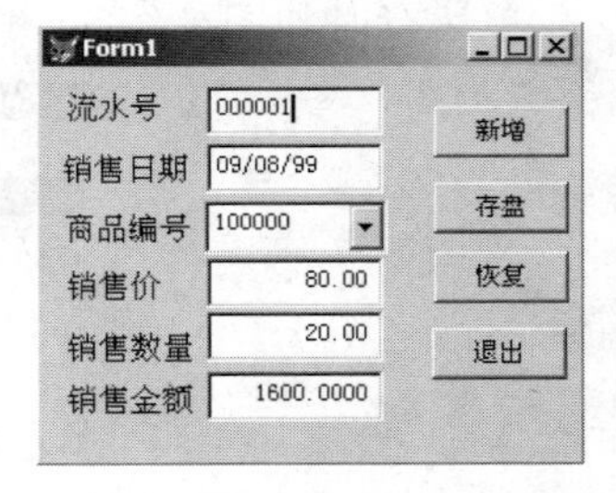

图综练 4-7　表单运行界面

```
LOCAL lcspbh
lcspbh=This.Value
SEEK lcspbh ORDER spbh IN spxx
Thisform.Txtxse.Value=________
Thisform.Refresh
```

上述表单的数据环境包括 xsqk.dbf、spxx.dbf 及它们之间的关系，并且 xsqk 表的数据缓冲方式为开放式行缓冲。要求当单击"存盘"按钮时，将录入的数据真正写入 xsqk 表中，则存盘按钮的 Click 事件代码中一定包含________函数。

34. 建立一个表单 Form1，在表单中建立一个编辑框(Edit1)、两个文本框(Text1 和 Text2)和一个命令按钮(名为 Command1，标题为"替换")，在程序运行时单击该命令按钮将把 Edit1 中显示文本中所有出现的 Text1 中显示的文本替换成 Text2 中显示的文本。程序运行的界面如图综练 4-8 和图综练 4-9 所示。

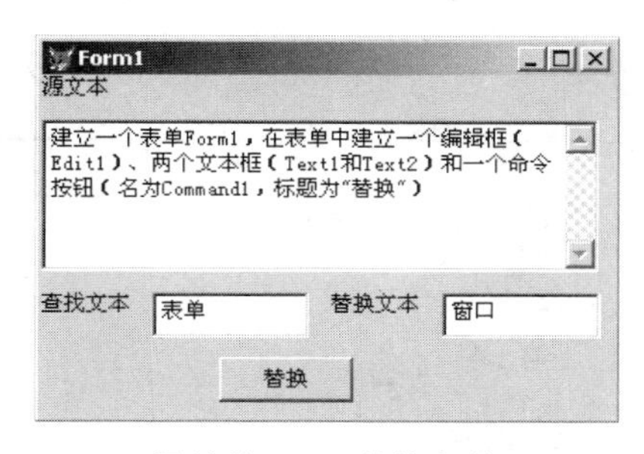

图综练 4-8　替换之前

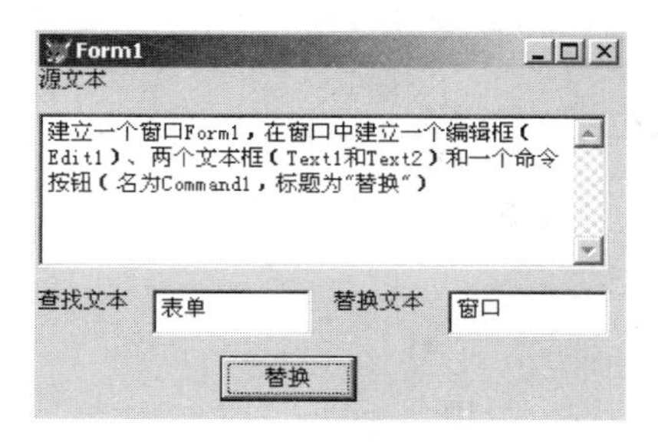

图综练 4-9　替换之后

为实现该功能，编写的 Command1.Click 事件代码如下：

```
STR1=THISFORM.EDIT1.VALUE
STR2=ALLTRIM(THISFORM.TEXT1.VALUE)
K=OCCURS(STR2,STR1)
IF K=0
    =________("没有符合条件的文本")
ENDIF
FOR I=1 TO K
    POS=AT(STR2,STR1)
STR1=SUBSTR(STR1,1,POS-1)+ALLTRIM(________)+SUBSTR(STR1,POS+LEN(STR2))
NEXT I
THIS.PARENT.________=STR1
```

35. 在 VFP 中，要使编辑框、文本框等控件只显示文本而不允许用户修改，可把它们的________属性设置为.F.。

36. 设计表单中，如果想选中表单上的多个不连续的控件，可按住________键，再一一单击想选中的对象。

37. 线条(Line)控件用于创建一个水平线条、竖直线条或对角线条。它的________属性指定线条倾斜方向，是从左上到右下还是从左下到右上，\(默认值)线条从左上到右下倾斜，/线条从左下到右上倾斜。

38. 设表 XS.DBF 的结构如表综练 4-2 所示。

在图综练 4-10 所示的表单中含有两个列表框："系名列表"(List1)显示各个系的系名，"学生名单"(List2)显示学生的学号和姓名，List2 列表框的 ColumnCount 属性的值应为________。当选中系名列表中的某个系，在"学生名单"列表中仅显示相应系的学生的学号和姓名。

表综练 4-2　XS.DBF 表的结构

字段名	类　型	长　度	小数位	含　义
XH	C	10		学号
XM	C	8		姓名
XB	C	2		性别
CSRQ	D	8		出生日期
XINMING	C	18		系名

为实现该功能,可在“系名列表”的 InteractiveChange 事件代码中编写如下代码,请填空。

```
xxmm=This.________
ThisForm.list2.RowSourceType=3
ThisForm.list2.________="Select xh+Space(1)+Xm from xs where XS.XiMing=xxmm"
ThisForm.Refresh
```

39. 建立一个表单 Form1,在表单中建立两个名称分别为 CommandGroup1 和 CommandGroup2 的命令按钮组控件,设置 CommandGroup1 的 ButtonCount 属性为 5。程序执行时,当单击 CommandGroup1 中的任一个按钮,将把该按钮的提示文字设置为“红色”,把字的颜色设置为红色,其他按钮的提示文字设置为“蓝色”,字的颜色设置为蓝色,并把两个命令按钮组的背景色都显示为绿色。程序运行时如图综练 4-11 所示。

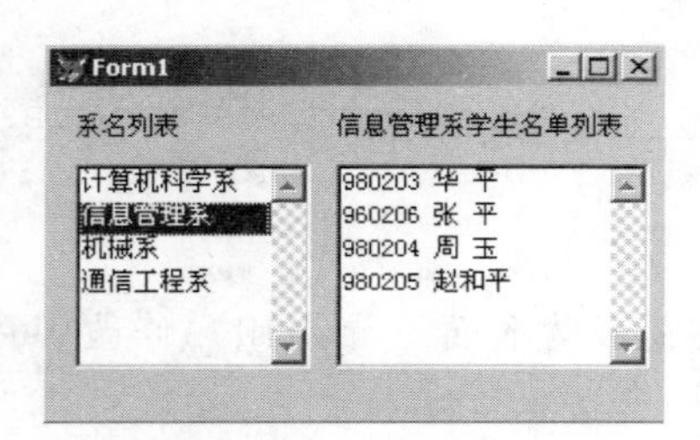

图综练 4-10　运行界面

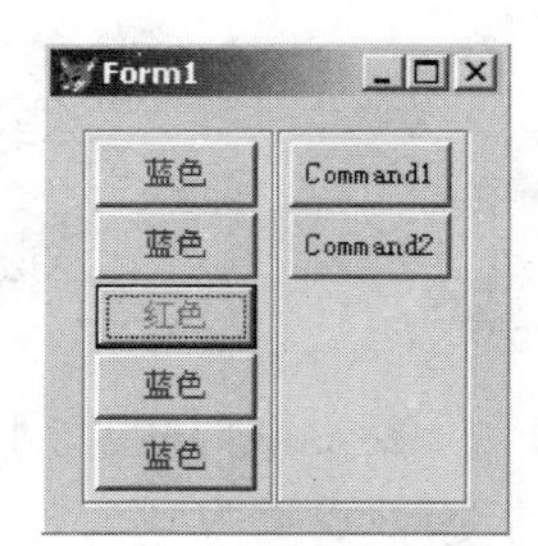

图综练 4-11　运行界面

为实现该功能,编写的 CommandGroup1 的 Click 事件代码如下,请填空。

```
For i=1 to This.________
   IF I=________
      This.Buttons(I).ForeColor=Rgb(255,0,0)
      This.Buttons(I).Caption="红色"
   ELSE
      This.Buttons(I).ForeColor=Rgb(0,0,255)
      This.Buttons(I).Caption="蓝色"
```

```
    ENDIF
NEXT I
ThisForm.Setall("_______",Rgb(0,255,0))
Thisform.Refresh
```

40. 为使表格和某种数据源绑定在一起，需要设置两个属性，这两个属性分别是________和 RecordSource。

41. 创建一对多报表时，可以将父表字段添加到"________"带区，而将子表字段添加到"细节"带区，可以将字段直接从表中拖放到数据环境中。

42. 假设存在一个报表文件 Teacher，则使用 REPORT FORM Teacher ________命令可以预览该报表。

43. 在报表设计器中，报表被划分为多个带区。其中，打印每条记录的带区称为________带区。

44. 报表类型主要是指报表的布局类型。在 VFP 中，报表的常规类型主要有列报表、行报表、一对多报表和________。

45. 从 VFP 的报表设计器中看，报表分为多个带区，如标题带区，页标头带区，列标头带区，细节带区和总结带区等。对于报表的带区来说，标题带区和________带区在每个报表中仅打印一次。

第8章 菜单设计

实验 8.1 一般菜单的设计

【实验目的】

- 掌握“菜单设计器”设计一般菜单的方法。
- 掌握创建“菜单栏”的方法。
- 掌握创建“子菜单”与“菜单分组”的方法。
- 掌握为“菜单”或“菜单项”指定任务的方法。
- 掌握为“菜单”添加“提示”选项的方法。

【实验准备】

1）熟悉菜单设计的相关内容。

2）启动 Visual FoxPro 软件；将实验素材 jxgl 整个目录复制到 D:根目录下；执行“SET DEFAULT TO D:\jxgl”命令，设置默认路径。

【实验内容】

1）创建如图 8-1 所示的菜单。

图 8-1　菜单示意图

2）当单击“学生信息”选项时弹出如图 8-2 所示的学生信息显示窗口。要求通过命令 DO FORM 调用表单 xs.scx 实现此功能。

3）当单击“教师信息”选项时弹出如图 8-3 所示的窗口显示教师信息。要求通过编写一个过程代码实现此功能。

4）当单击“退出”选项时恢复系统菜单。要求调用一个 VFP 的系统命令来实现。

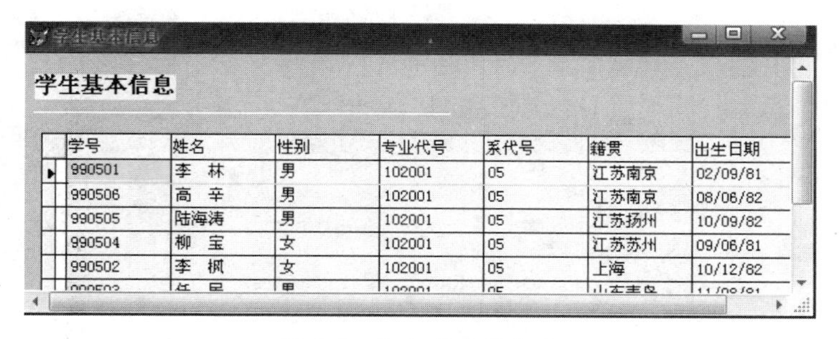

图 8-2　学生基本信息表

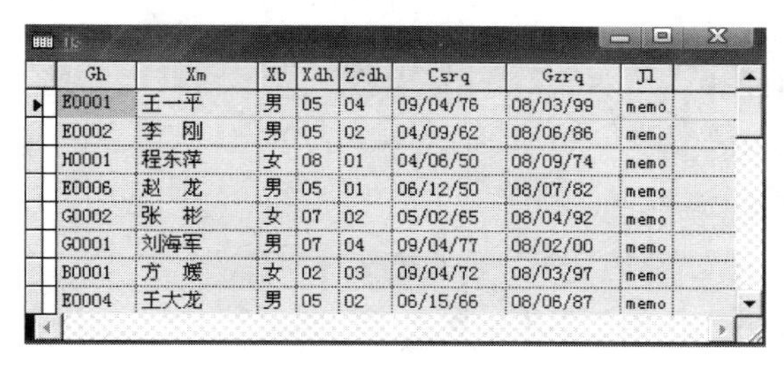

图 8-3　教师基本信息表

实验 8.2　快捷菜单和 SDI 菜单

【实验目的】

- 掌握“SDI 菜单”的设计方法。
- 掌握将“SDI 菜单”添加到表单的方法。
- 掌握创建“快捷菜单”的方法。
- 掌握将“快捷菜单”添加到表单的方法。

【实验准备】

1）熟悉快捷菜单和 SDI 菜单的相关内容。

2）启动 Visual FoxPro 软件；将实验素材 jxgl 整个目录复制到 D:根目录下；执行“SET DEFAULT TO D:\jxgl”命令，设置默认路径。

【实验内容】

1）将实验素材中名为 menu1. mpr 的一般菜单改为 SDI 菜单。

2）将 menu1. mpr 菜单添加到 Form1 表单上，如图 8-4 所示。

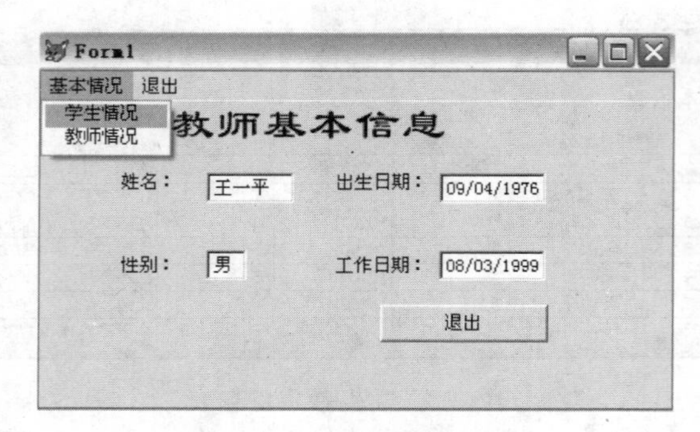

图 8-4　将 SDI 菜单添加到表单上

3）创建一个快捷菜单 smenu.mpr，完成移动记录指针的功能。

4）将 smenu.mpr 快捷菜单添加到 Form1 表单上，使得在 Form1 表单上单击鼠标右键时弹出此菜单，如图 8-5 所示。

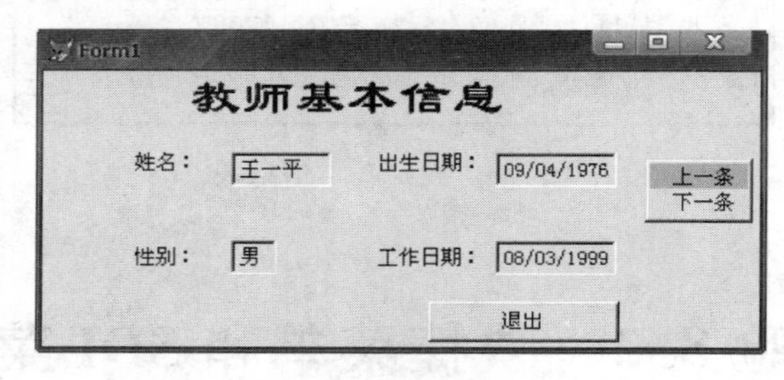

图 8-5　将快捷菜单添加到表单上

实验 8.3　菜单设计进阶

【实验目的】

- 掌握创建“菜单栏”快捷键的方法。
- 掌握创建多级菜单的方法。
- 掌握将菜单或菜单项设为禁用的方法。

【实验准备】

1）进一步熟悉菜单设计内容。

2）启动 Visual FoxPro 软件；将实验素材 jxgl 整个目录复制到 D:根目录下；执行“SET DEFAULT TO D:\jxgl”命令，设置默认路径。

【实验内容】

JXGL 项目中已存在菜单 MENU,已定义了“系统管理”菜单栏及其中的“恢复系统菜单”菜单项。按如下要求设计菜单,完成后的运行效果如图 8-6 所示。

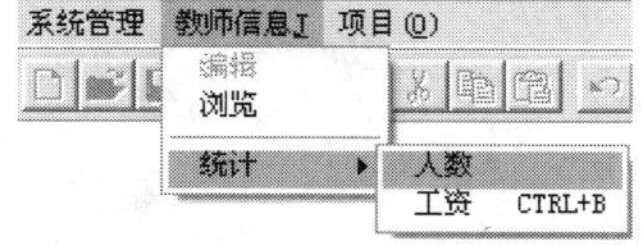

图 8-6　菜单效果图

1) 创建“教师信息”菜单栏,其访问键为 J,子菜单为“编辑”、“浏览”和“统计”。分组线如图 8-6 所示。

2) 为“编辑”菜单项设置跳过条件,使该菜单项不可用。

3) 为“统计”菜单创建子菜单“人数”和“工资”。

4) 为“工资”菜单项设置快捷键 Ctrl+B,并为其设置过程代码实现如下功能:首先清除屏幕(即主窗口),然后运行查询文件 chaxun. qpr。

下篇　实验步骤与习题解答

第9章 实验步骤

实验 1.1 Visual FoxPro 集成环境

【实验步骤】

1. 文件菜单的使用

1）从“开始”菜单启动 VFP，启动 VFP 后出现如图 9-1 所示的界面。

图 9-1 VFP 集成开发环境

2）新建项目。

① 打开“文件”菜单，选择“新建”选项，弹出如图 9-2 所示的对话框。

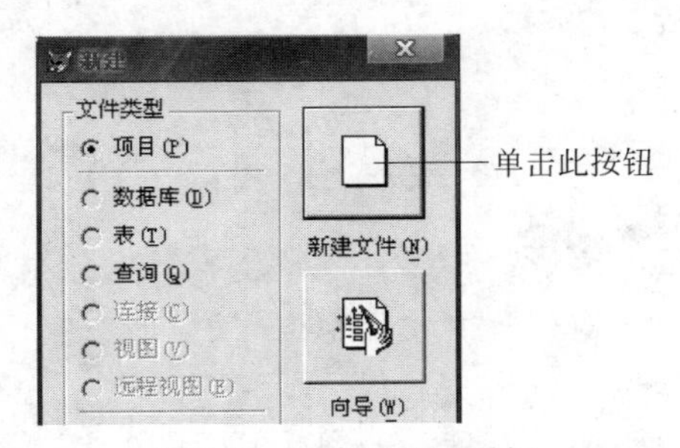

图 9-2 新建项目对话框

② 选择文件类型中的“项目”选项，然后单击“新建文件”按钮，弹出如图 9-3 所示的对话框。

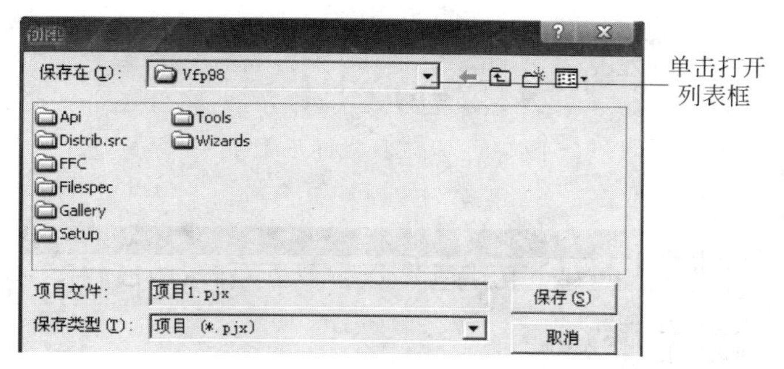

图 9-3 创建项目

③ 首先打开保存文件位置的下拉列表框，选择 D:盘，如图 9-4 所示。

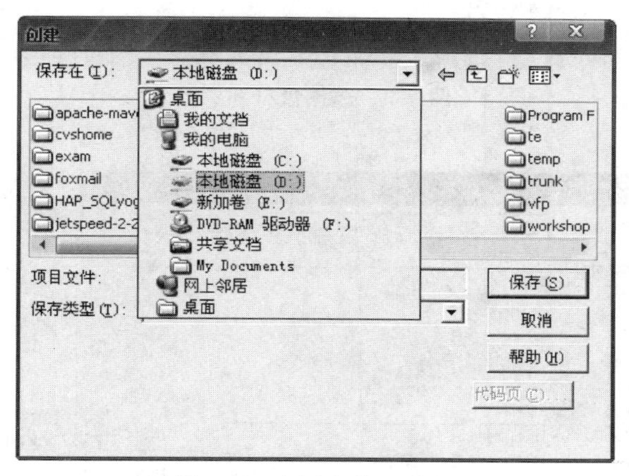

图 9-4 选择盘符和路径

④ 如图 9-5 所示，双击 VFP 目录，进入此目录，然后在项目文件处输入“vfpprj”。

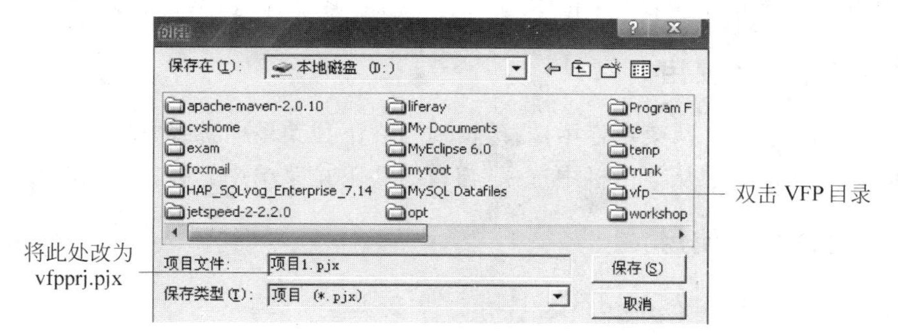

图 9-5 保存项目

⑤ 单击“保存”按钮，将在 D:\vfp 目录下创建名为 vfppjr.pjx 的项目。

3）单击项目管理器窗口右上角的✕图标关闭当前项目 vfpprj。

4）打开 D:\jxgl 目录中的项目 jxgl. pjx。打开项目过程如图 9-6、图 9-7 和图 9-8 所示。

图 9-6　从工具栏打开项目

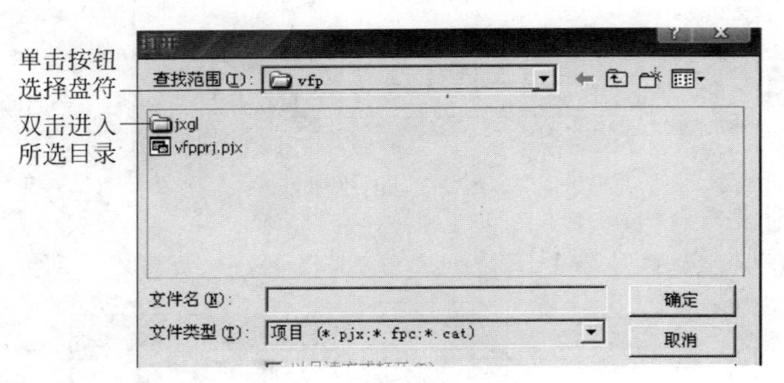

图 9-7　选择盘符和路径

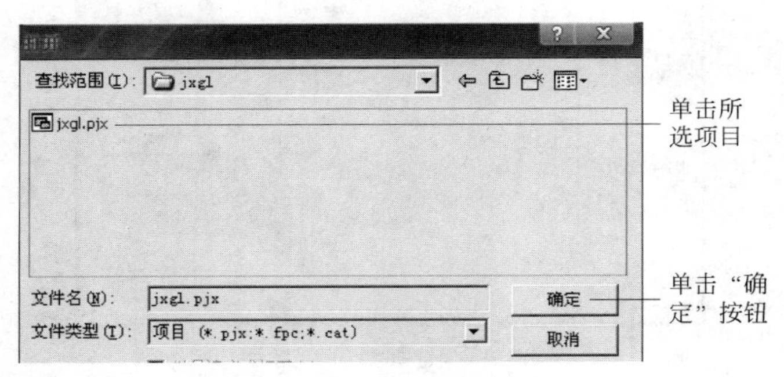

图 9-8　打开选择的项目

5）从“文件”菜单中选择“退出”选项，退出 VFP 系统，回到 Windows 窗口。

2. 窗口菜单的使用

1）隐藏命令窗口：从菜单栏中选择“窗口”，在下拉菜单中选择“隐藏”。

2）显示命令窗口：从菜单栏中选择“窗口”，在下拉菜单中选择“命令窗口”。

3. 常用命令的使用

1）在命令窗口中输入 dir d:\jxgl\ *. * 后按 Enter 键。

2）在命令窗口中输入 clear 后按 Enter 键。

3）在命令窗口中输入?"123456"后按 Enter 键。

4）在命令窗口中输入??"123"后按 Enter 键，再输入 ??"456"后按 Enter 键。

5）在命令窗口中输入 md D:\temp 后按 Enter 键。

6）在命令窗口中输入 copy D:\jxgl\bj. dbf to D:\temp 后按 Enter 键，再输入 dir D:\temp\ *. * ，可查看 temp 目录中的文件列表。

7）在命令窗口中输入 set default to D:\jxgl。

8）在命令窗口中输入 quit 后按 Enter 键。

4. 配置 VFP 运行环境

1）设置在状态栏显示时钟：从菜单栏中选择“工具”，在下拉菜单中选择“选项”，出现图 9-9 所示的对话框，在对话框中选择“显示”标签，然后选择“时钟”，单击“确定”按钮。

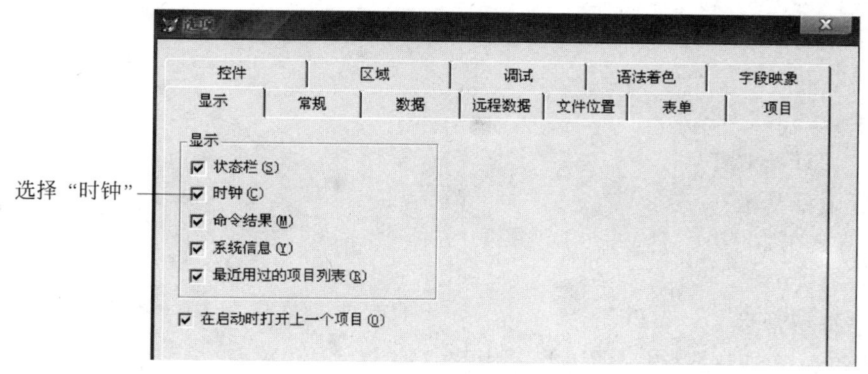

图 9-9　利用选项对话框设置 VFP 环境信息

2）在 9-9 图中选择“文件位置”标签，出现如图 9-10 所示的对话框，选中列表框中的“默认目录”，然后单击“修改”按钮，在弹出的对话框中选择 D:\jxgl 用作工作目录的文件夹，单击“确定”按钮。

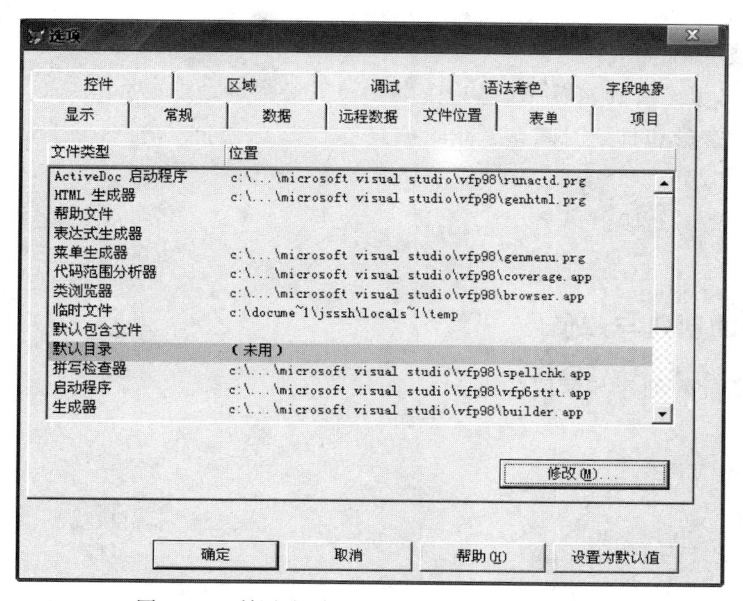

图 9-10　利用选项对话框设置 VFP 默认目录

实验 2.1 常量、变量和函数

【实验步骤】

1. 常量的表示方法

1）数值型常量

① CLEAR

② ?12

③ ?－123.45

④ ?1.23E＋10

2）货币型常量

① ?＄100.20

② ?＄1000

3）字符型常量

定界符为单引号、双引号或方括号中的一种。

① ?'张三'

② ?"98570"

③ ?[abcd'12'ef]

4）逻辑型常量

① ?.T.或 ?.y.

② ?.F.或 ?.n.

注意：逻辑型常量的定界符(前后两个“.”)不能省略。

5）日期型常量和日期时间型常量

① ?{^2009/5/1}

② ?{^2009/5/1 10:11}

③ ?{}

2. 变量的创建与赋值

1）简单变量的创建与赋值

① CLEAR

② cVar＝"VFP"

?cVar

STORE "VFP" TO cVar

?cVar

③ STORE 1 TO n1,n2

?n1,n2

④ n3=n1

?n3

2）数组的定义与赋值

① CLEAR

② DIMENSION　a(3)

③ a(1)=1 回车 a(2)=2 回车 a(3)=3

④ ?a(1),a(2),a(3)

⑤ a=1

⑥ ?a(1) 或 ?a

⑦ DIMENSION　ab(6,3)

⑧ ab(1,2)="vfp"

?ab(1,2)

⑨ ab="visual"

⑩ cd=ab

?cd

3. 常用函数

1）数值函数

① CLEAR

② ?ABS(−45)

③ STORE 20 TO x

STORE 10 TO y

?ABS(x−y)

④ ?MAX(10,20,30)

?MIN(10,20,30)

⑤ ?INT(3.6)

?INT(−12.6)

⑥ ?MOD(23,−5)

⑦ SET DECIMALS TO 4

SET FIXED ON

?ROUND(123.567,2)

⑧ ?SQRT(9)

⑨ ?RAND()

2）字符函数

① CLEAR

② cVar="　Visual Foxpro"

? ALLTRIM (cVar) (或?ALLT(cVar))

③ cVar="　Visual Foxpro "
?LTRIM (cVar)

④ cVar="　Visual Foxpro "
?TRIM (cVar) (或 RTRIM(cVar))

⑤ ?AT("a", "babca")

注意：区分 AT()函数和 ATC()函数的区别。

⑥ ?LEN("visual foxpro")
?LEN("中国人民银行")

⑦ ?SUBSTR("abcdefgh ",3,4) (或 ?SUBS("abcdefgh",3))

⑧ ?SUBSTR("中国人民银行",5,4) (或 ?SUBS("中国人民银行",5,4))

⑨ ?LEFT("abcdefgh",5)

⑩ ?RIGHT("中国人民银行",4)

3) 日期与时间函数

① CLEAR

② ?DATE()

③ ?TIME()

④ ?DATETIME()

⑤ ?YEAR(DATE())

⑥ ?MONTH(DATE())

⑦ ?DAY(DATE())

⑧ ?DOW(DATE())

4) 数据类型转换函数

① CLEAR

② ?ASC("ABCD")

③ ?CHR(66)

④ ?VAL("3.2E2")

⑤ ?VAL("A3.2E2")

注意：对于非数值的字符型数据转换的数值型数据为 0。

⑥ ?STR(123.4567,7,2)

⑦ ?DTOC(DATE(),1)

⑧ STORE "5/1/2009" to d
?CTOD(d)

⑨ STORE "5/1/2009 08:08:30 AM" to dt
?CTOT(dt)

5) 其他常用函数

① CLEAR

② ?BETWEEN(2,3,4)

③ ?TYPE("'abcd+edf'")

注意：参数要加双引号。

④ ?IIF(DOW(DATE())=4,"是","否")

⑤ MESSAGEBOX("该文件不存在,是否重试?",290,"我的应用程序")

实验 2.2 表 达 式

【实验步骤】

1. 算术表达式

1) 9 * x^3－5 * x^2＋6 * x－10

2) 2 * y/((a * x＋b * y) * (a * x－b * y))

3) (x＋sqrt(x^2＋1))/(x * y)

2. 字符表达式

1) CLEAR

2) s1＝"abc "

s2＝"def"

s3＝s1＋s2

s4＝s1－s2

?s3,s4

3) ?"123" $ "ab123cd"

3. 日期表达式

1) CLEAR

2) ?DATE()－100

3) ?DATETIME()＋100

4) ?DATE()－{^2009-05-01}

4. 关系表达式

1) CLEAR

2) SET COLLATE TO "Machine"

?IIF("a"＞"B","a","B")

3) SET COLLATE TO "PinYin"

?IIF("中"＜"国","中","国")

5. 逻辑表达式

1) CLEAR

2) x+y<10 AND x-y>0

3) a+b+c>=255 OR a>90 AND b>90 AND c>80

4) ?IIF(2009%4=0 AND 2009%100!=0 OR 2009%400=0,"是闰年","不是闰年")(或：?IIF(MOD(2009,4)=0 AND MOD(2009,100)!=0 OR MOD(2009,400)=0,"是闰年","不是闰年"))

6. 名称表达式与宏替换

1) CLEAR

2) xingm="张三"

?"你是 &xingm. 吗?"

实验 3.1 数据库的创建和使用

【实验步骤】

1. 数据库的创建

1) 利用项目管理器创建数据库

① 如图 9-11 所示，在 jxgl 项目管理器中依次单击“数据”标签、“数据库”项、“新建”命令按钮。

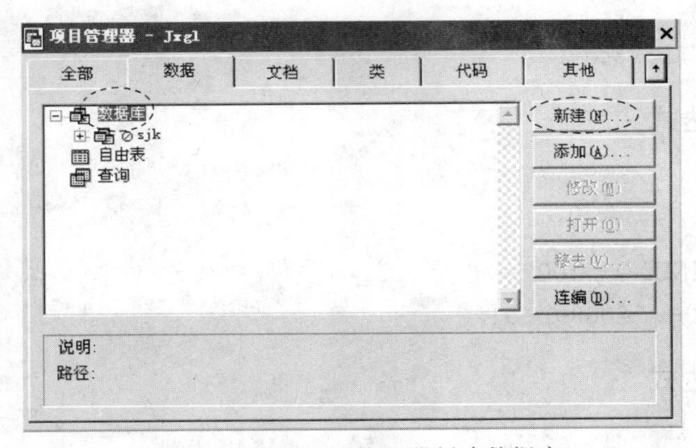

图 9-11 使用项目管理器创建数据库

② 在弹出的“新建数据库”对话框中单击“新建数据库”命令按钮。

③ 如图 9-12 所示，在弹出的“创建”对话框中输入数据库名(如 sjk1)，单击“保存”命令按钮。

④ 关闭新建数据库的“数据库设计器”窗口。

2) 利用命令创建数据库

① CREATE DATABASE sjk2 && 创建数据库文件 sjk2

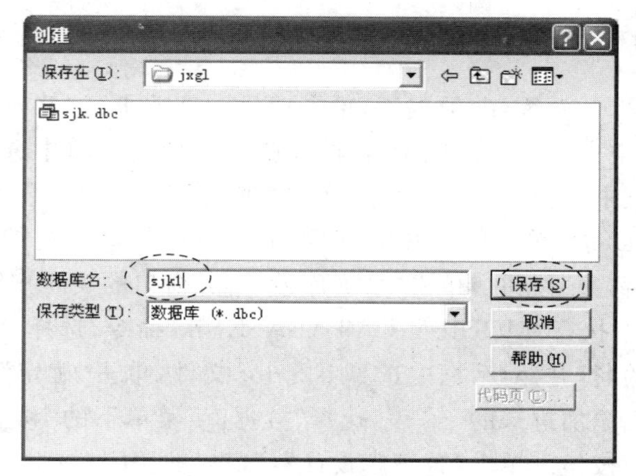

图 9-12　保存数据库

② CREATE DATABASE sjk3　　　　　&& 创建数据库文件 sjk3

3) 利用菜单或工具按钮创建数据库

① 单击“文件”菜单里的“新建”命令或工具栏中的“新建”按钮。

② 在弹出的“新建”对话框中，选择“数据库”为文件类型，单击“新建文件”按钮。

③ 在弹出的“创建”对话框中，输入数据库名(如 sjk4)，单击“保存”命令按钮。

④ 关闭新建数据库的“数据库设计器”窗口。

注意：

① 利用项目管理器创建的数据库自动添加在当前项目中，而命令、菜单或工具按钮 3 种方式创建的数据库不会被添加到当前的项目中。

② 使用命令创建数据库，不会打开数据库设计器，但数据库处于打开状态；其他 3 种方式会打开新创建数据库的数据库设计器。

③ 创建一个数据库，会生成 3 个文件，扩展名分别是.dbc、.dct 和.dcx。

2. 数据的打开和关闭

1) CLOSE DATABASE ALL

2) OPEN DATABASE sjk1

3) OPEN DATABASE sjk2

4) OPEN DATABASE sjk3

5) OPEN DATABASE sjk4

6) SET DATABASE TO

7) SET DATABASE TO sjk1

8) CLOSE DATABASE

9) SET DATABASE TO sjk2

10) CLOSE DATABASE

3. 数据库的修改

1）在项目管理器中选择 sjk 数据库，单击项目管理器上的“修改”按钮，在弹出的“数据库设计器”窗口的空白区域单击鼠标右键，在弹出的快捷菜单中选择“添加表”命令，在弹出的“打开”对话框中选择 js2. dbf 文件，单击“确定”按钮。在“数据库设计器”窗口中，单击刚添加进来的 js2 表，单击鼠标右键，在弹出的快捷菜单中选择“删除”命令，再在弹出的对话框中单击“移去”按钮。单击“数据库设计器”窗口的关闭按钮。

2）在命令窗口中执行“MODIFY DATABASE sjk”命令，选择“数据库”菜单下的“添加表”命令，在弹出的“打开”对话框中选择 js2. dbf 文件，单击“确定”按钮。在“数据库设计器”窗口中，单击刚添加进来的 js2 表，选择“数据库”菜单下的“移去”命令，再在弹出的对话框中单击“移去”按钮。单击“数据库设计器”窗口的关闭按钮。

3）在项目管理器中选择 sjk 数据库下的“表”项，单击项目管理器中的“添加”按钮，在弹出的“打开”对话框中选择 js2. dbf 文件，单击“确定”按钮。选择刚添加进来的 js2 表，单击项目管理器中的“移去”按钮，再在弹出的对话框中单击“删除”按钮，js2 表在被移出数据库的同时被删除了。

4. 数据库的删除

1）在项目管理器中单击要删除的数据库文件名（如 sjk1），单击项目管理器中的“移去”按钮，在弹出的对话框中选择“删除”按钮。

2）
```
DELETE  DATABASE  sjk2
DELETE  DATABASE  sjk3
DELETE  DATABASE  ?     && 在弹出的“删除”对话框中选择 sjk4.dbc
```

实验 3.2　数据库表结构的设计

【实验步骤】

1. 使用表设计器创建表

1）打开 jxgl 项目管理器，如图 9-13 所示，选中 sjk 数据库下的“表”项，单击“新建”按钮。

2）在弹出的“新建表”对话框中单击“新建表”按钮，如图 9-14 所示。

3）在弹出的“创建”对话框的“输入表名”后的文本框中输入“xs1”，单击“保存”按钮，如图 9-15 所示。

4）在弹出的“表设计器”对话框中，完成 xs1 表结构的创建，如图 9-16 所示，单击“确定”按钮。

提示： 如果允许字段接受空值，则选中 NULL，如图 9-16 所示。

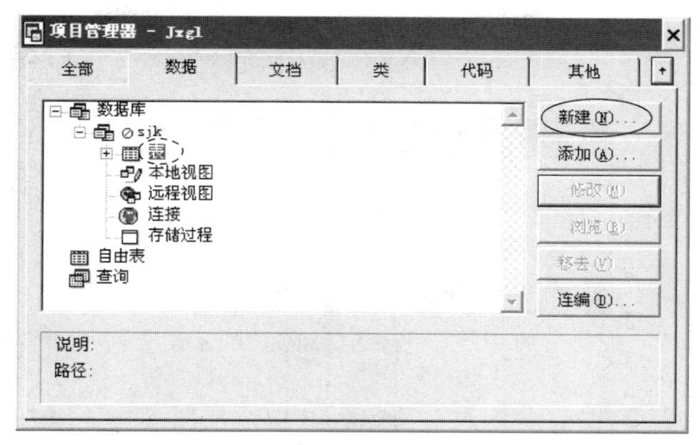

图 9-13 jxgl 项目管理器

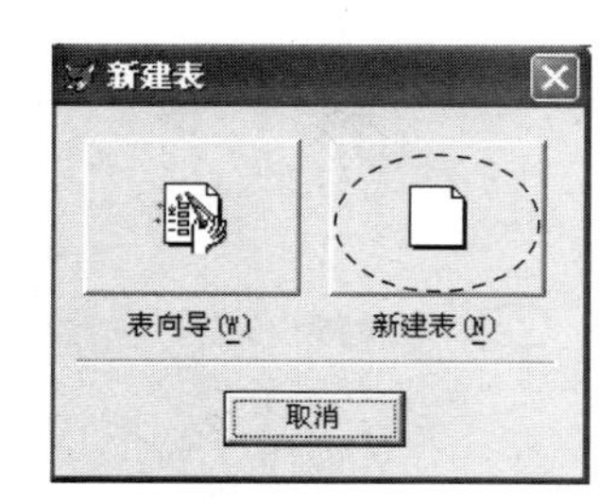

图 9-14 “新建表”对话框

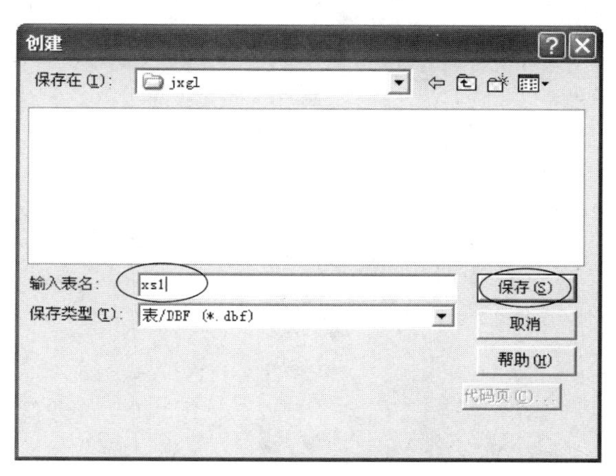

图 9-15 “创建”对话框

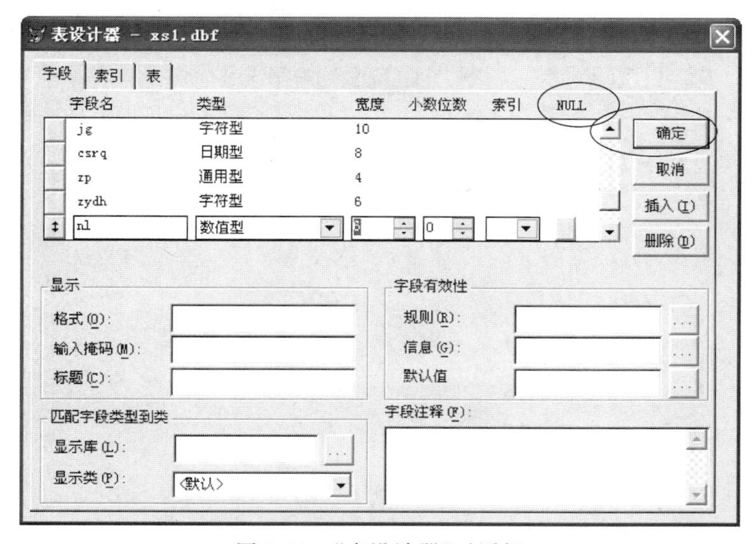

图 9-16 “表设计器”对话框

5）在弹出的对话框中（如图 9-17 所示），单击“否”按钮（如果单击“是”按钮，则可向 xs1 表中输入数据记录）。

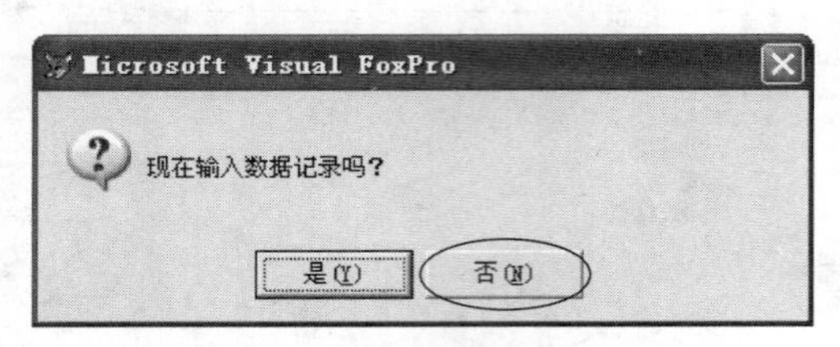

图 9-17　“是否输入记录”对话框

6）数据库表 xs1 创建结束，该表自动归 jxgl 项目管理，如图 9-18 所示。

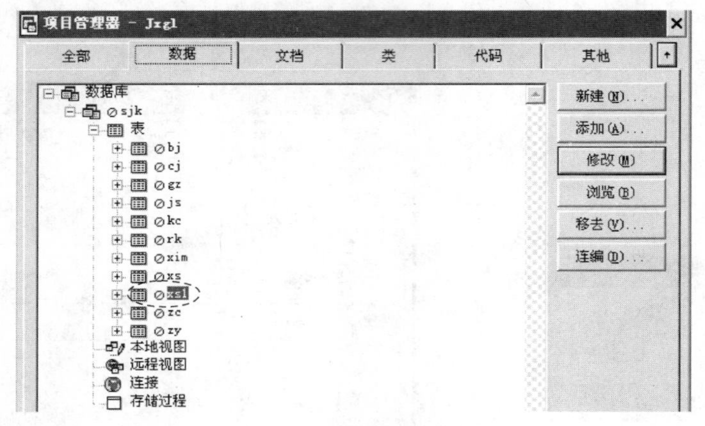

图 9-18　项目管理器

2. 使用表设计器修改表

如图 9-19 所示，在 jxgl 项目管理器中，选择 sjk 数据库下的 xs1 表项，单击“修改”按

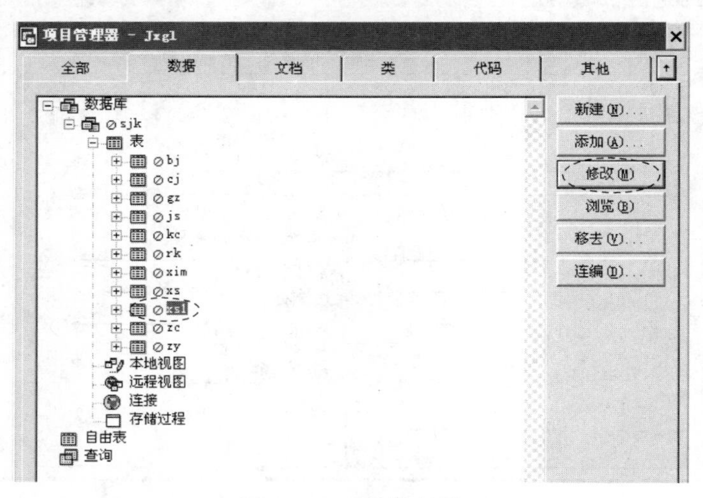

图 9-19　项目管理器

钮,进入 xs1 的表设计器(提示:执行 MODIFY STRUCTURE 命令也可以打开表设计器)。

1)如图 9-20 所示,修改字段名字和宽度。

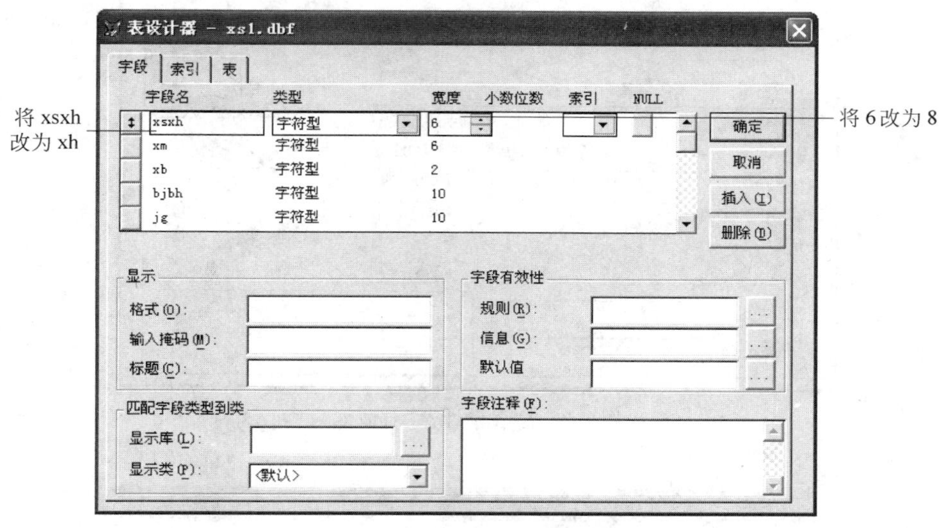

图 9-20 “表设计器”对话框

2)如图 9-21 所示,选择 nl 字段,单击“删除”按钮。

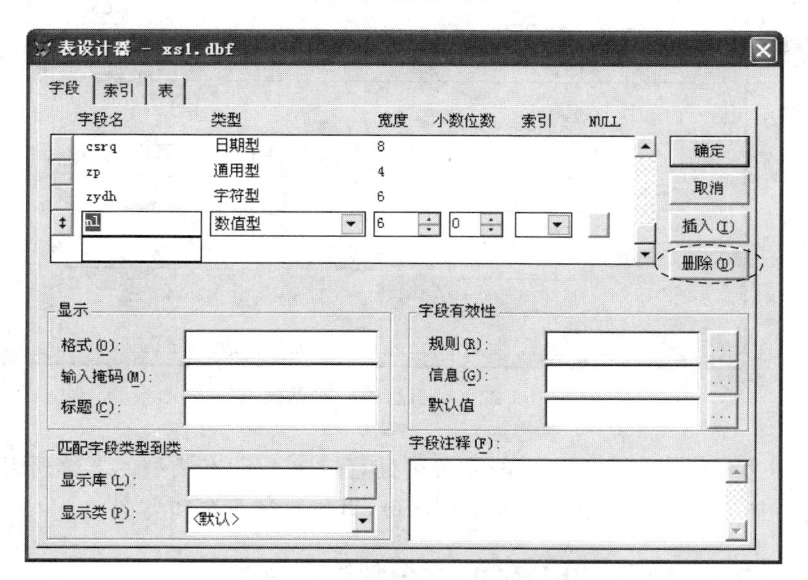

图 9-21 “表设计器”对话框

3)如图 9-22 所示,单击“插入”按钮插入一个新字段;按图 9-23 所示将“新字段”改为“xdh”,宽度改为“2”。

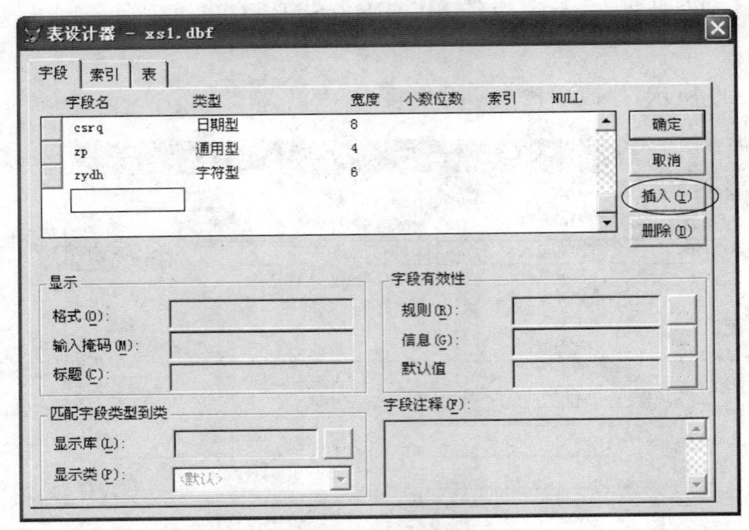

图 9-22 “表设计器”对话框

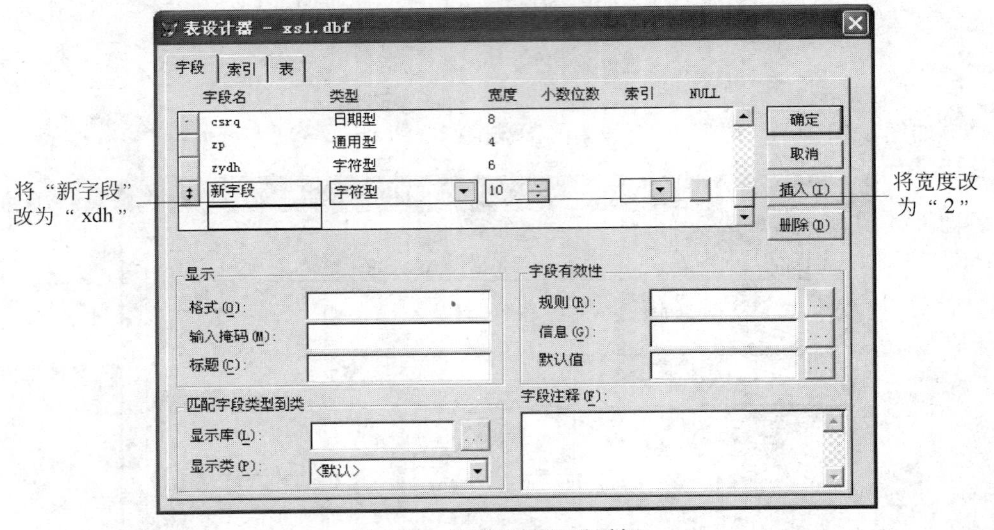

图 9-23 “表设计器”对话框

4）如图 9-24 所示，在 xdh 下一行字段名处直接输入 jl，在类型的下拉列表中选择“备注型”（也可以通过“插入”按钮插入一个新字段，再修改字段名和类型）。

3. 使用 CREATE TABLE-SQL 命令创建表结构

1）
```
CREATE TABLE xs2 (xsxh C(6),xm C(6),xb C(2),bjbh C(10),jg C(10),;
csrq D,zp G,zydh C(6),nl N(6,0))
```

2）
```
CLOSE DATABASES ALL
CREATE TABLE cj1 (xh C(8),kcdh C(4),cj N(5,1),bz M)
```

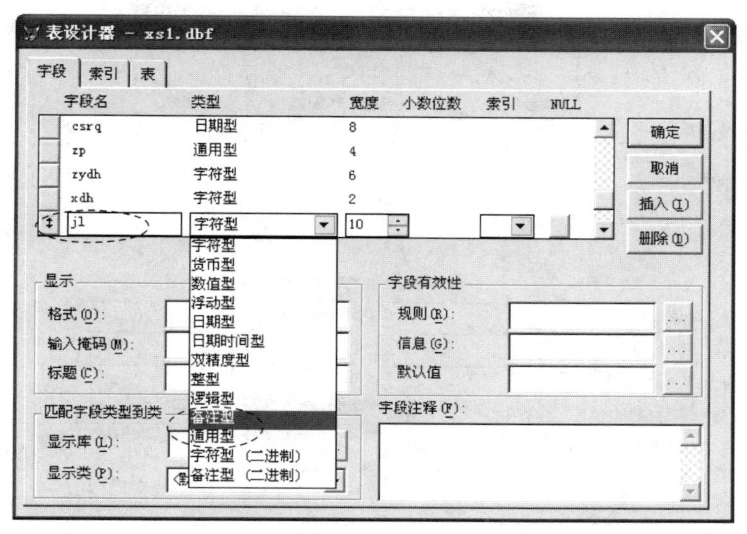

图 9-24 “表设计器”对话框

提示：①创建的 xs2 表是 sjk 下的数据库表。②创建的 cj1 表是自由表，且在项目中不可见。可以到 D:\jxgl 文件夹下查看是否存在 xs2.dbf 和 cj1.dbf。

4. 使用 ALTER TABLE-SQL 命令修改表结构

1) ALTER TABLE xs2 ALTER COLUMN xsxh C(8)
   ALTER TABLE xs2 RENAME COLUMN xsxh TO xh
2) ALTER TABLE xs2 DROP COLUMN nl
3) ALTER TABLE xs2 ADD COLUMN xdh C(2)
4) ALTER TABLE xs2 ADD COLUMN jl M

提示：在表设计器中将 xs2 打开，查看是否正确修改。

5. 数据库表字段的扩展属性和表属性

1) 使用表设计器设置数据库表字段的扩展属性

修改 js 表，使其处于“表设计器”状态，在“字段”选项卡中完成设置：

① 如图 9-25 所示，在 js 表的“表设计器”中，依次单击各字段，在各自的标题设置文本框中输入各标题文本。如“工号”等。

② 如图 9-25 所示，在 gh 字段“格式”设置文本框中输入格式字符：T。

③ 如图 9-25 所示，在 gh 字段“输入掩码”设置文本框中输入：A9999。

④ 如图 9-26 所示，单击 csrq 字段，在字段有效性“规则”设置文本框中输入表达式：csrq<date()；在“信息”设置文本框中输入字符串：“出生日期应该在系统当前日期之前”。

提示：有效性“规则”和“信息”还可以借助图 9-27 的“表达式生成器”来构造。如图 9-26 所示，单击“规则”和“信息”设置文本框后面的“…”按钮可以打开“表达式生成器”对

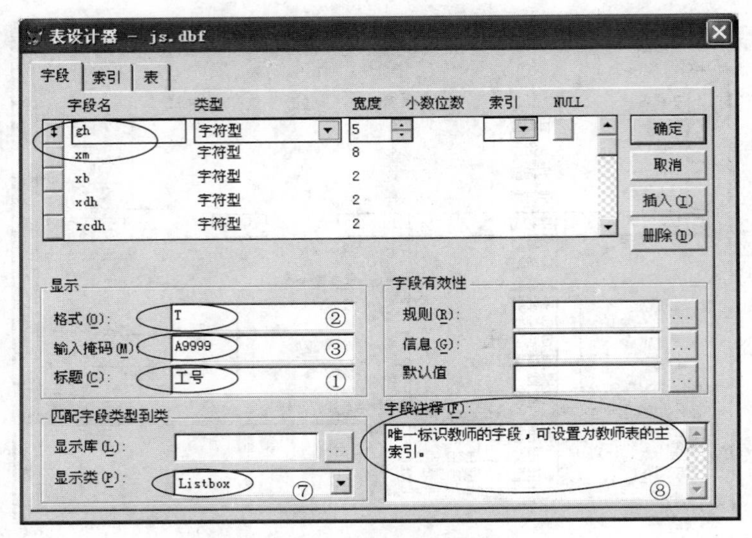

图 9-25 “表设计器”对话框

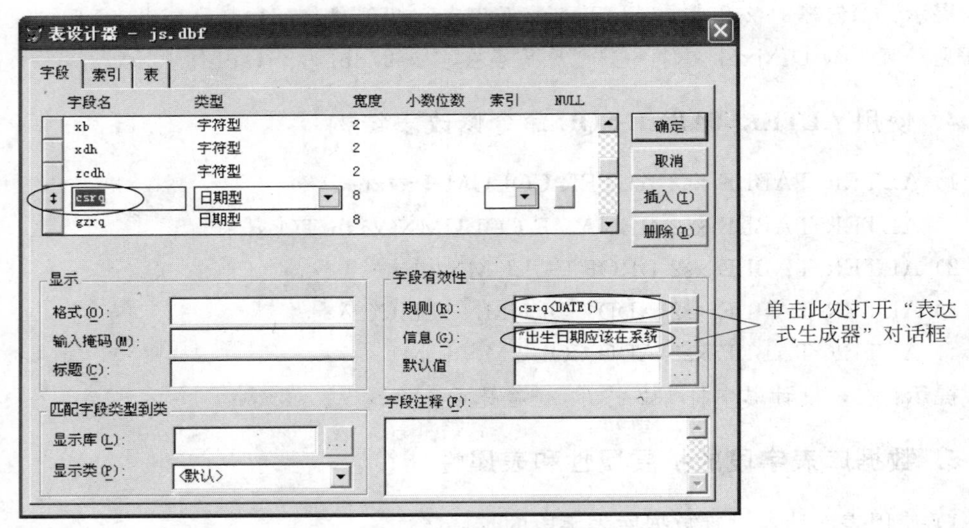

图 9-26 “表设计器”对话框

话框。

提示：规则是返回值为.T.或.F.的**表达式**，信息则是一个用**引号**引起来的字符串或者返回值为**字符类型**的表达式。

⑤ xb 字段的有效性规则和有效性信息设置如图 9-28 所示。

⑥ 如图 9-28 所示，在“默认值”设置文本框中输入“男”。

提示：默认值的设置值类型应该和相应字段的数据类型相同。

⑦ 如图 9-25 所示，在“匹配字段类型到类”下的“显示类”下拉列表中选择 listbox。

⑧ 如图 9-25 所示，在“字段注释”设置编辑框中输入：唯一标识教师的字段，可设置

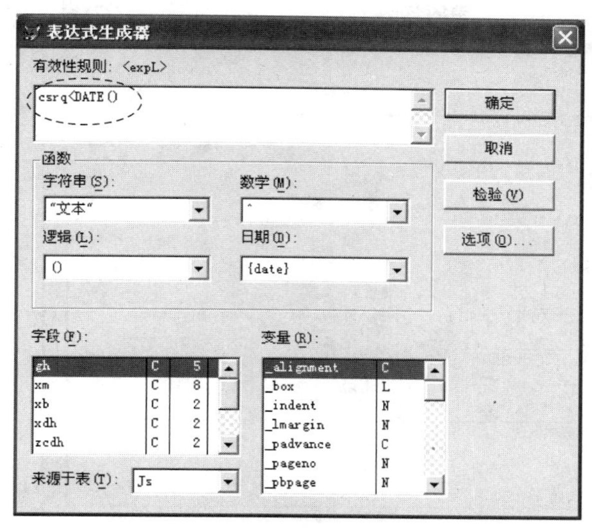

图 9-27 “表达式生成器”对话框

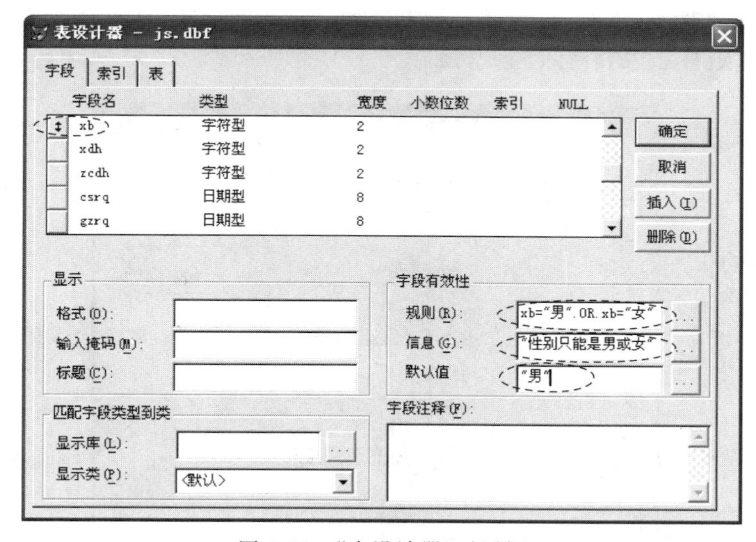

图 9-28 “表设计器”对话框

为教师表的主索引。

提示：关闭 js 表表设计器，浏览 js 表，验证各设置项。

2）使用表设计器设置数据库表的表属性

修改 js 表，使其处于“表设计器”状态，在“表”选项卡下完成设置。

① 如图 9-29 所示，在“表名”设置文本框中输入：教师档案表。

② 如图 9-29 所示，在记录有效性“规则”设置文本框内输入表达式：gzrq＞csrq；在“信息”设置文本框内输入：“工作日期必须在出生日期之后”。

③ 如图 9-29 所示，单击“插入触发器”设置文本框后面的“…”按钮，打开“表达式生

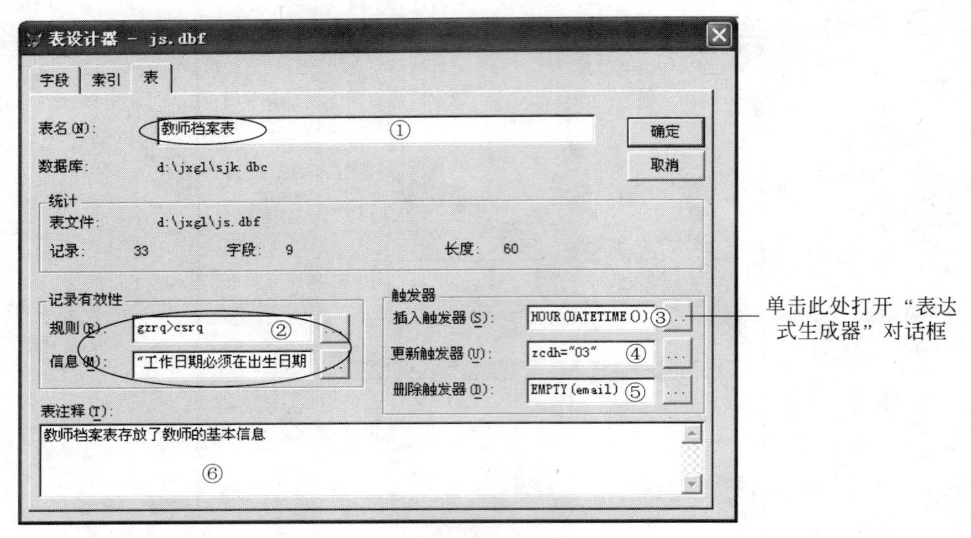

图 9-29 “表设计器”对话框

成器”对话框。如图 9-30 所示，为插入触发器构造表达式：HOUR(DATETIME())＞＝8.AND.HOUR(DATETIME())＜17。

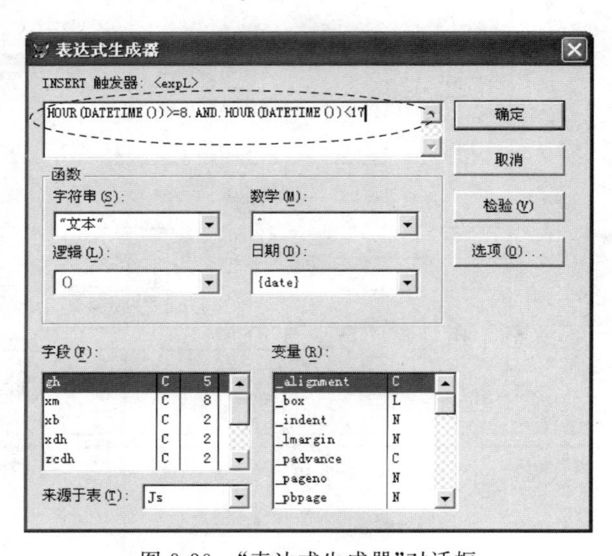

图 9-30 “表达式生成器”对话框

④ 如图 9-29 所示，在更新触发器设置文本框中输入表达式：zcdh="03"。

⑤ 如图 9-29 所示，在删除触发器设置文本框中输入表达式：EMPTY(email)。

⑥ 如图 9-29 所示，在表注释设置编辑框中：教师档案表存放了教师的基本信息。

提示：关闭 js 表表设计器，浏览 js 表，验证各设置项。

实验 3.3　数据库表记录的处理

【实验步骤】

1. 表的打开与关闭

使用 USE 命令打开和关闭表的步骤如下。

① CLOSE TABLES ALL

② USE js

打开“数据工作期”窗口，如图 9-31 所示，Js 表在 1 号工作区中打开了；状态栏也显示了当前工作区中打开的表信息；关闭“数据工作期”窗口。

图 9-31　“数据工作期”窗口(1)

③ USE xs

重新打开“数据工作期”窗口，如图 9-32 所示，当前工作区仍然是 1 号工作区，xs 表打开的同时，js 表被自动关闭了。关闭“数据工作期”窗口。

④ USE js in 2

重新打开“数据工作期”窗口，如图 9-33 所示，当前工作区仍然是 1 号工作区，js 表在 2 号工作区中被打开了(此时的别名为 js)。关闭“数据工作期”窗口。

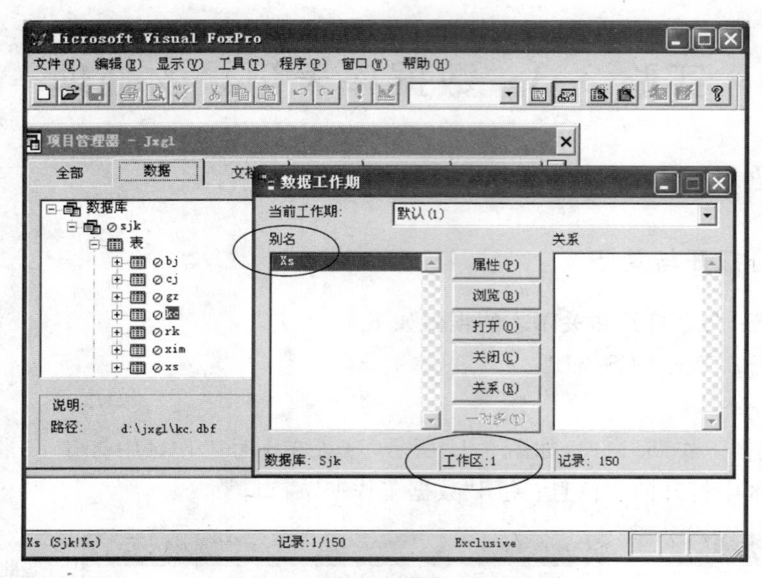

图 9-32 “数据工作期”窗口(2)

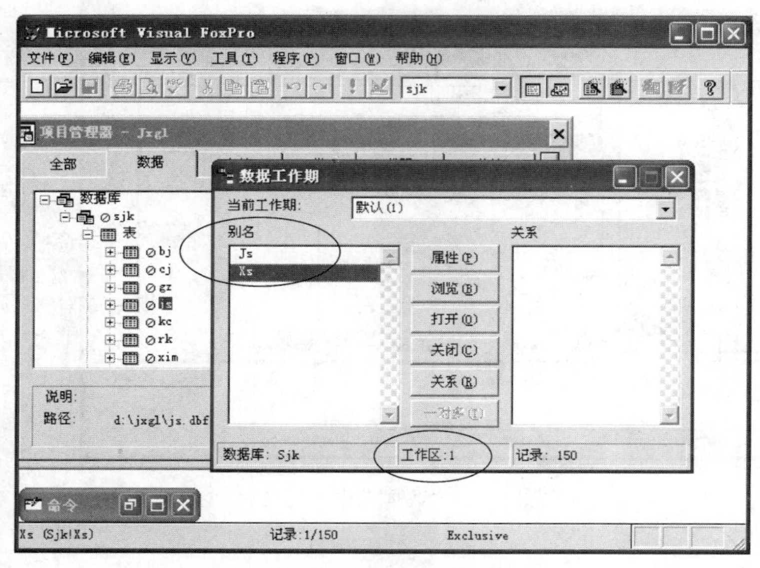

图 9-33 “数据工作期”窗口(3)

⑤ USE js in 3 AGAIN

重新打开“数据工作期”窗口，如图 9-34 所示，当前工作区仍然是 1 号工作区，js 表在 3 号工作区中再次被打开了(此时的别名为 C)。关闭“数据工作期”窗口。

⑥ SELECT 3

重新打开“数据工作期”窗口，如图 9-35 所示，当前工作区改为 3 号工作区，从状态栏可以看出，3 号工作区里打开的确实是 js 表。关闭“数据工作期”窗口。

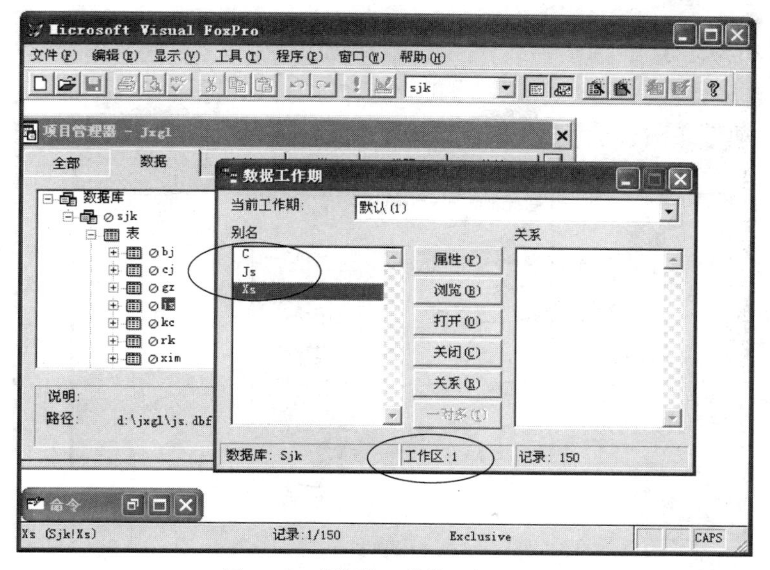

图 9-34 “数据工作期”窗口(4)

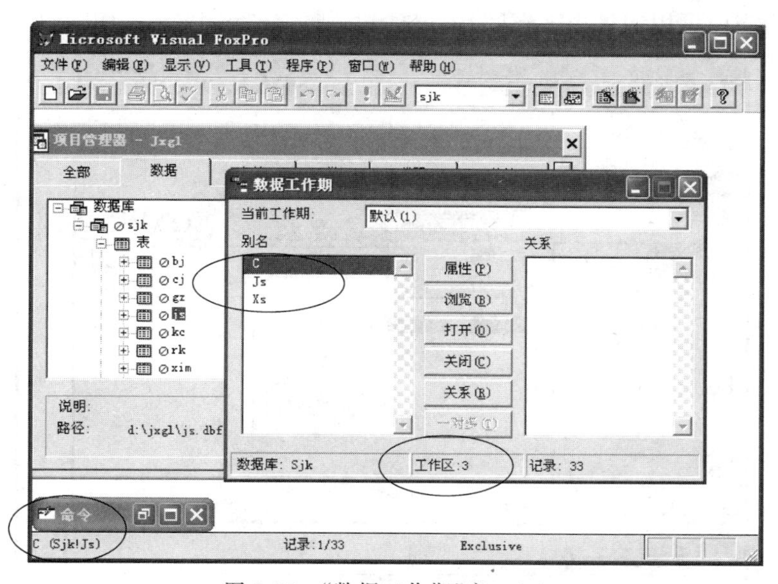

图 9-35 “数据工作期”窗口(5)

⑦ SELECT 4

USE js ALIAS 教师 AGAIN

重新打开“数据工作期”窗口,如图 9-36 所示,当前工作区改为 4 号工作区,打开的是 js 表,别名为“教师”。关闭“数据工作期”窗口。

⑧ USE XS ALIAS 学生 AGAIN IN 0

重新打开“数据工作期”窗口,如图 9-37 所示,当前工作区仍为 4 号工作区,xs 表在 5

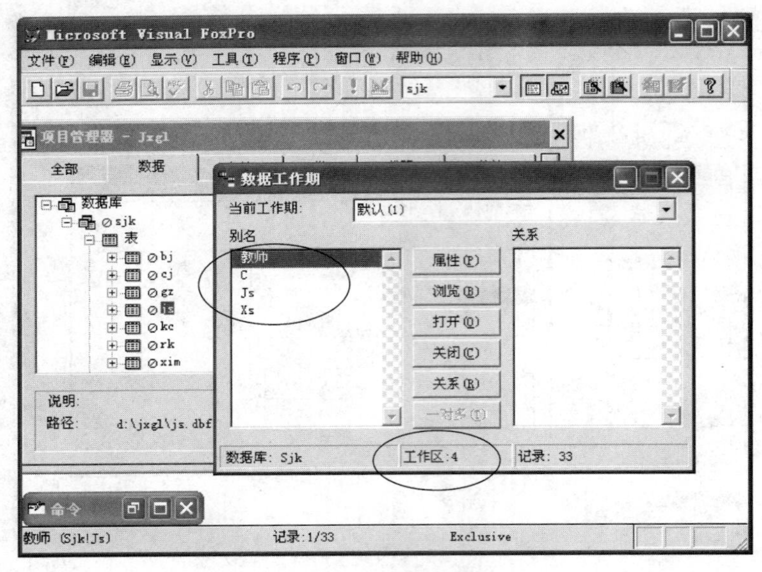

图 9-36 “数据工作期”窗口(6)

号工作区(为当前可用的最小工作区)中被打开,别名是“学生”。关闭“数据工作期”窗口。

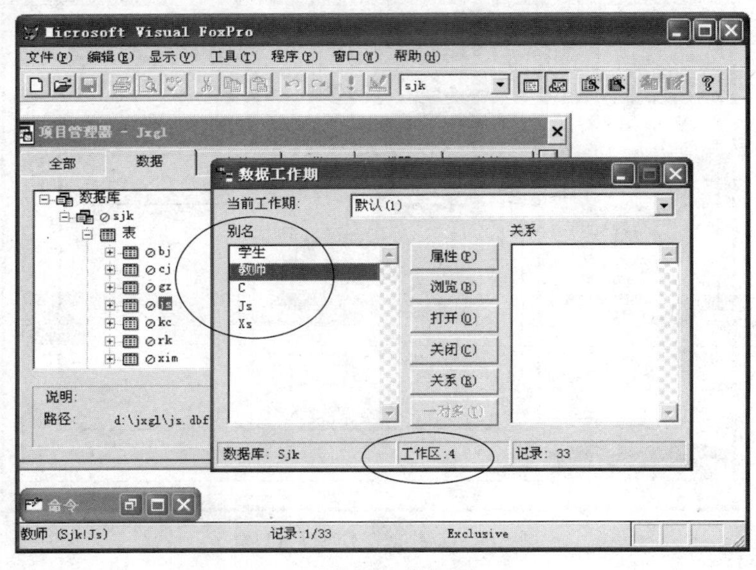

图 9-37 “数据工作期”窗口(7)

⑨ SELECT 0

⑩ USE xs AGAIN

思考: 步骤⑨选择的是几号工作区?步骤⑩将 xs 表在几号工作区打开了?别名是什么?

⑪ USE

⑫ USE IN 4

⑬ USE IN 学生

⑭ USE IN C

⑮ SELECT JS

USE

提示：每执行一次 USE 命令后，请注意状态栏和“数据工作期”窗口的变化。

2. 表记录的浏览

1）借助项目管理器，浏览选定表。

① 如图 9-38 所示，在“jxgl 项目管理器窗口”中，单击 js 表，单击“浏览”按钮。

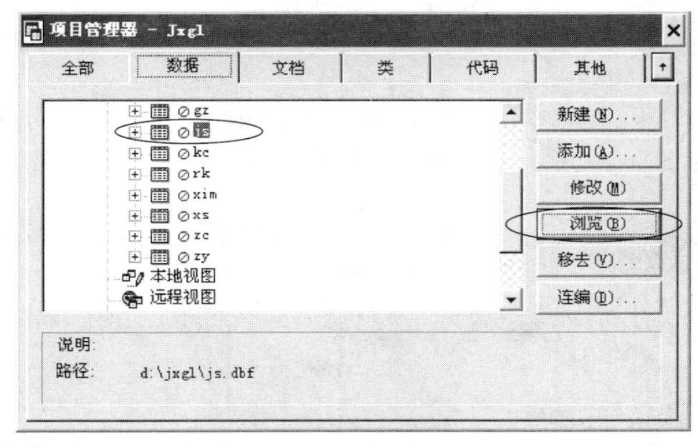

图 9-38 “项目管理器”窗口

② 如图 9-39 所示，单击“浏览”窗口的“关闭”按钮。

Js

Xm	Xb	Zcdh	Csrq	Gzrq	Jl	Email	Xdh	Gh
王一平	男	04	09/04/76	08/03/99	memo	wyp@yahoo.com.cn	05	E0001
李 刚	男	02	04/09/62	08/06/86	memo	ligang@yahoo.com.cn	05	E0002
程东萍	女	01	04/06/50	08/09/74	memo	chendp@263.net	08	H0001
赵 龙	男	01	06/12/50	08/07/82	memo	zhl@163.com	05	E0006
张 彬	女	02	05/02/65	08/04/92	memo	zhangb@sina.com.cn	07	G0002
刘海军	男	04	09/04/77	08/02/00	memo		07	G0001
方 媛	女	03	09/04/72	08/03/97	memo		02	B0001
王大龙	男	02	06/15/66	08/06/87	memo	dr_wang@sina.com.cn	05	E0004
高 山	男	03	08/12/70	08/04/94	memo	gao12@xici.net	02	B0003
陈 林	男	01	02/09/50	08/09/73	memo	chenlin@yahoo.com.cn	02	B0002
吴 凯	男	03	07/20/73	08/03/97	memo	wuk@yahoo.com.cn	08	H0002
蒋方舟	男	02	05/31/66	08/05/90	memo	jfd11@nju.edu.cn	04	D0001
张德龙	男	03	12/21/72	08/03/96	memo		07	G0003
陆友情	男	03	09/23/73	08/03/97	memo	wyq@xici.net	01	A0001
曹 芳	女	02	08/12/64	08/04/92	memo	chfang@yahoo.com.cn	01	A0002
王汝刚	男	01	07/24/59	08/06/87	memo	wang99@xici.net	01	A0003
钱向前	男	02	04/28/62	08/06/84	memo	qxq@yahoo.com.cn	04	D0002
孙向东	男	01	10/11/59	08/07/82	memo	sxd@yahoo.com.cn	04	D0003
强宏伟	男	02	09/09/60	08/06/87	memo		08	H0003
边晓丽	女	03	10/10/73	08/03/98	memo	xiaoli@cctv.com.cn	08	H0004

图 9-39 “浏览”窗口

2）利用“显示”菜单下的“浏览”命令浏览当前工作区中的表。

① USE gz。

② 单击“显示”菜单下的“浏览”命令，如图 9-40 所示。

3）利用“数据工作期”窗口浏览 kc 表。

① 如图 9-41 所示，单击“窗口”菜单下的“数据工作期”命令，打开“数据工作期”窗口，如图 9-42 所示。

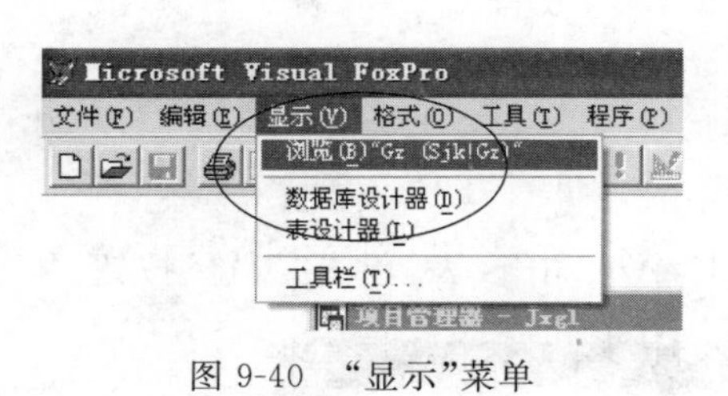

图 9-40 “显示”菜单

图 9-41 “窗口”菜单

② 在图 9-42 中，单击“关闭”按钮，关闭打开的 gz 表；再单击“浏览”按钮，在弹出的“打开”对话框中（如图 9-43 所示），选择 kc，再单击“确定”按钮。

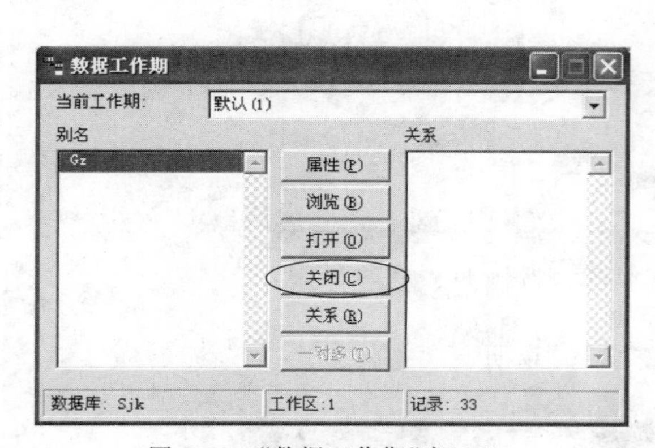

图 9-42 “数据工作期”窗口(8)

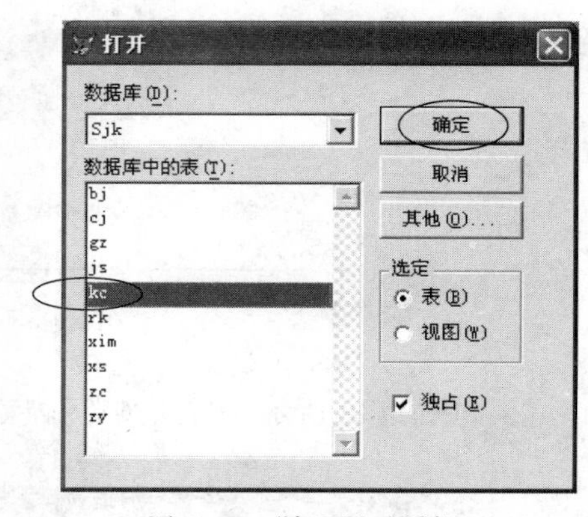

图 9-43 “打开”对话框

提示：若不关闭 gz 表，就单击“浏览”按钮，浏览的将是 gz 表。

4）使用命令浏览表。

① BROWSE

② USE xs &&xs 表成为当前工作区中打开的表，kc 被关闭了

BROWSE

③ CLOSE TABLES ALL

BROWSE && 此时当前工作区中没有打开的表

在弹出的“打开”对话框中选择 js 后单击“确定”按钮。

④ BROWSE FOR xb='男'

⑤ BROWSE FIELDS gh,xm,xb

⑥ BROWSE FIELDS gh,xm,xb,gzrq FOR xb='女'

⑦ BROWSE FOR xb='女' TITLE '女教师'

⑧ BROWSE

⑨ SET FILTER TO xb='女'

BROWSE FIELDS gh,xm,xb

BROWSE

⑩ SET FILTER TO

BROWSE

⑪ SET FIELDS TO gh,xm,xb

BROWSE FOR xb='女'

BROWSE

⑫ SET FIELDS TO ALL

BROWSE

提示：记录和字段的筛选还可以使用图 9-44 所示的“工作区属性”对话框设置。表处于浏览状态，“表”菜单下的“属性”命令可以打开“工作区属性”对话框。

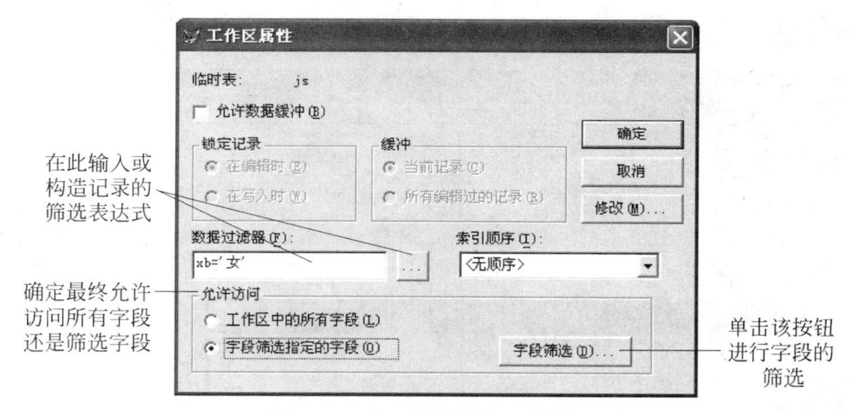

图 9-44 “工作区属性”对话框

3. 表记录的输入

1）在浏览窗口中输入记录

① 如图 9-45 所示浏览 js 表，单击“表”菜单下的“追加新记录”命令，为新追加的空记录输入各字段的值。单击“关闭”按钮，或者按 Ctrl+End 组合键或按 Ctrl+W 组合键关闭“浏览”窗口，结束输入。

② 如图 9-46 所示，双击新记录 jl 字段的 memo 标志，进入备注字段 jl 的数据编辑窗口，输入“张平老师于 1995 年毕业于南京邮电大学计算机学院”后关闭编辑窗口。从 js 表的浏览窗口可以看出输入数据后的备注字段标记变成 Memo。

③ 浏览 xs 表，如图 9-47 所示，单击“显示”菜单下的“追加方式”命令；在尾部依次输入新记录各字段值，关闭浏览窗口。

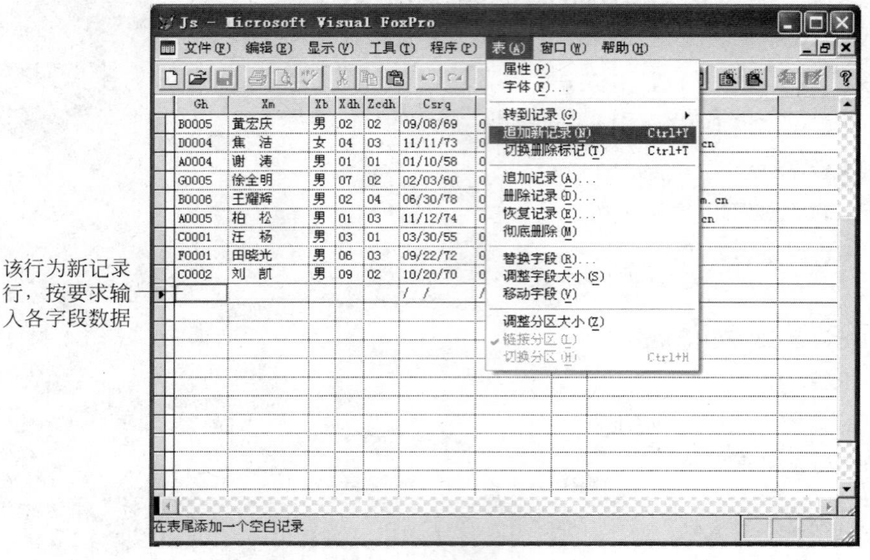

图 9-45 “表浏览”窗口

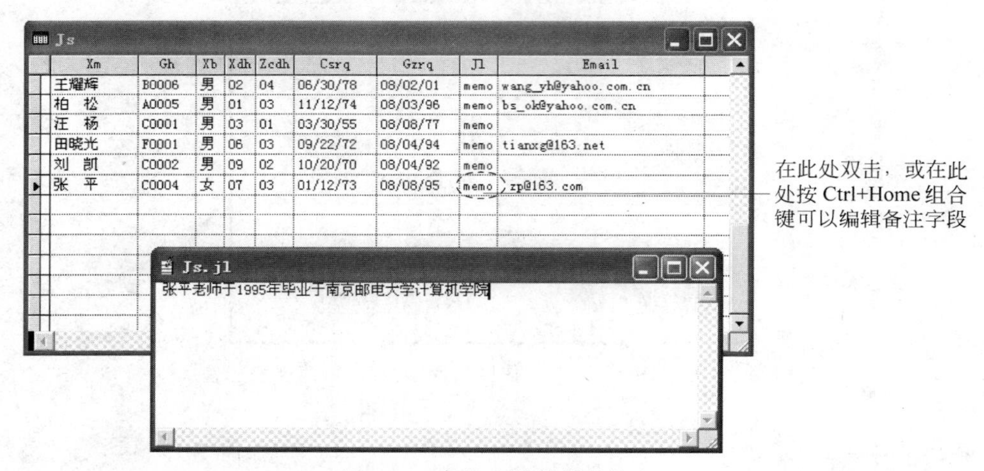

图 9-46 备注字段数据的输入

④ 如图 9-48 所示，在学号为“030226”的学生记录 zp 字段的“gen”标志处双击或按 Ctrl＋Home 或按 Ctrl＋PgDn 组合键，打开通用型字段 zp 的编辑窗口；单击“编辑”菜单下的“插入对象”命令，弹出“插入对象”对话框。

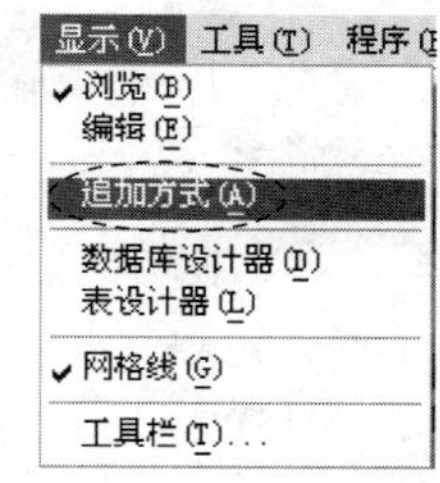

图 9-47 “显示”菜单

如图 9-49 所示，完成“插入对象”对话框的设置，单击“确定”按钮。关闭通用型字段编辑窗口。

⑤ 浏览 js 表；如图 9-50 所示，单击“表”菜单下的“追加记录”命令，在弹出的“追加来源”对话框中确认“类型”为“Table (DBF)”，将“来源于”设置为“d:\jxgl\jsb.dbf”，单击“确定”按钮。

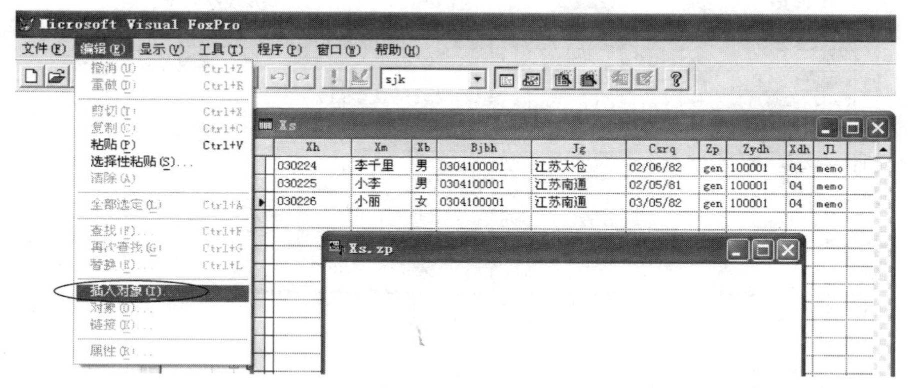

图 9-48　通用型字段数据的输入

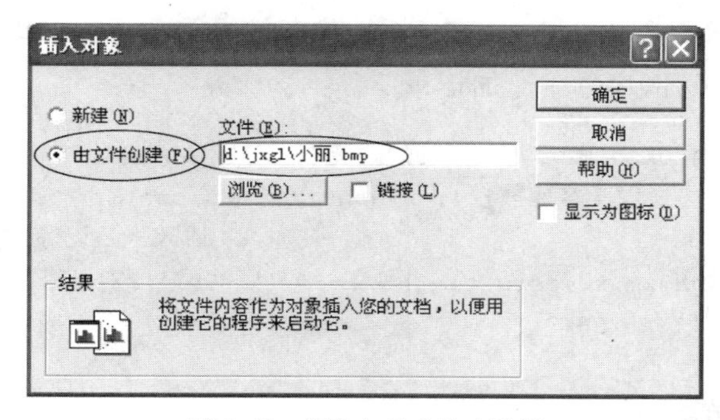

图 9-49　“插入对象”对话框

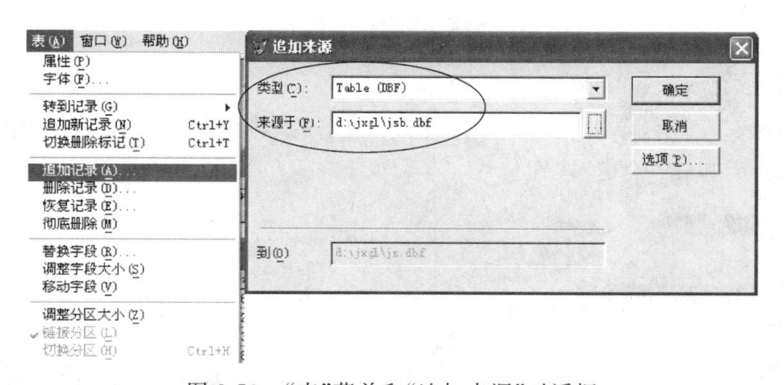

图 9-50　“表”菜单和“追加来源”对话框

如图 9-51 所示，后 5 条记录来源于 jsb 表。

2）利用 APPEND 命令追加记录

① APPEND BLANK

BROWSE

在打开的窗口中最后一个空白行输入数据。

② APPEND　　　　&&“显示”菜单下的“浏览”和“编辑”命令可以切换窗口形式

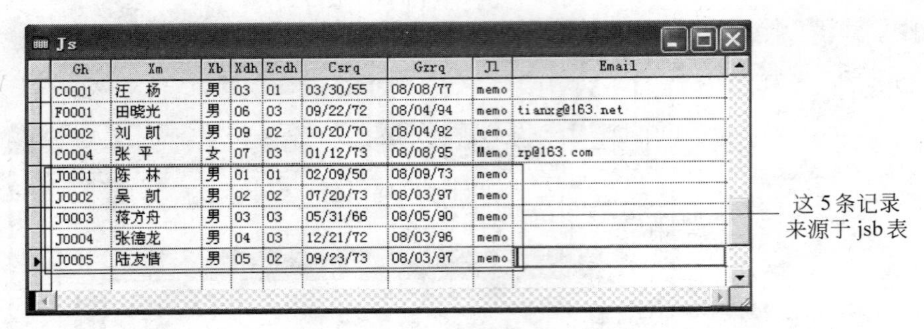

Gh	Xm	Xb	Xdh	Zcdh	Csrq	Gzrq	Jl	Email
C0001	汪 杨	男	03	01	03/30/55	08/08/77	memo	
F0001	田晓光	男	06	03	09/22/72	08/04/94	memo	tianxg@163.net
C0002	刘 凯	男	09	02	10/20/70	08/04/92	memo	
C0004	张 平	女	07	03	01/12/73	08/08/95	Memo	zp@163.com
J0001	陈 林	男	01	01	02/09/50	08/09/73	memo	
J0002	吴 凯	男	02	02	07/20/73	08/03/97	memo	
J0003	蒋方舟	男	03	03	05/31/66	08/05/90	memo	
J0004	张德龙	男	04	03	12/21/72	08/03/96	memo	
J0005	陆友情	男	05	02	09/23/73	08/03/97	memo	

图 9-51 “浏览”窗口

在打开的窗口中输入数据。

③ APPEND FROM jsb　　　　　&& 状态栏提示 5 条记录添加

④ APPEND FROM jsc xls　　　　&& 状态栏提示 7 条记录添加

3) 利用 INSERT-SQL 命令追加记录

```
INSERT INTO js VALUES ('C0009','王海','男','03','01',{^1955/03/30},;
{^1977/08/08}, '南通大学客座教授','wyang@ ntu.edu.cn')
                                                && 插入一条记录并提供所有字段值
INSERT INTO js (gh,xm,xb,csrq,gzrq) VALUES ('I0001','刘云凯','男',;
{^1970/03/03}, {^1995/08/01})                   && 插入一条记录,只为部分字段提供值
```

4. 记录的定位

1) 使用菜单移动记录指针

① 如图 9-52 所示,单击“最后一个”命令。

② 如图 9-52 所示,单击“第一个”命令。

③ 如图 9-52 所示,单击“记录号”命令,在弹出的“转到记录”对话框(如图 9-53 所示)中输入记录号 5,单击“确定”按钮。

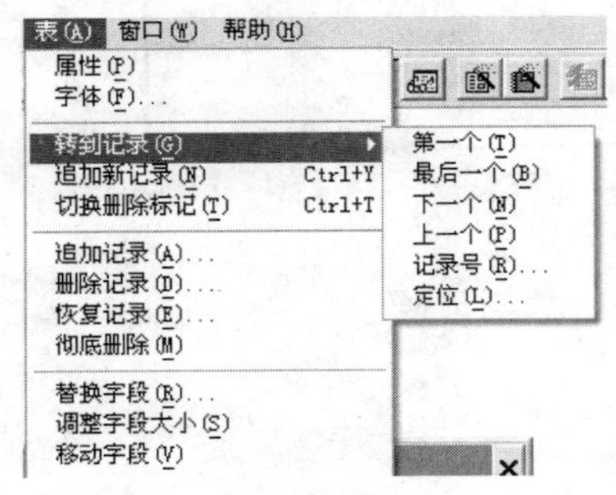

图 9-52 “表”/“转到记录”菜单

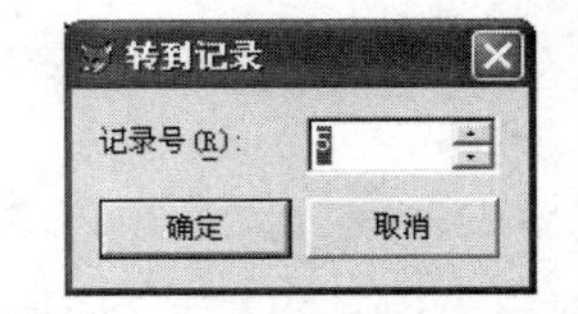

图 9-53 “转到记录”对话框

④ 如图 9-52 所示,单击“上一个”命令。

⑤ 如图 9-52 所示,单击“下一个”命令。

⑥ 如图 9-52 所示，单击“定位”命令，按图 9-54 设置弹出的“定位记录”对话框，单击“定位”按钮。

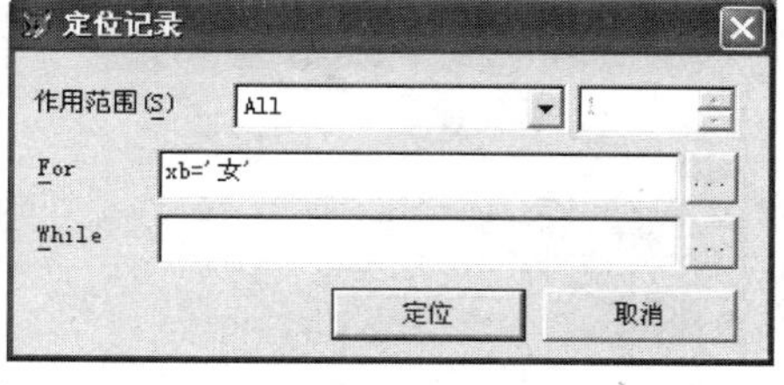

图 9-54 “定位记录”对话框

2）使用命令移动记录指针

```
① GO BOTTOM
   && 绝对定位用 GO 和 GOTO 都可以
② ?RECNO()
   && 返回 152(为 xs 表的记录个数)
③ ?EOF()
   && 返回.F.
④ SKIP                  && 或者用 SKIP 1
⑤ ?RECNO()              && 返回 153(为 xs 表的记录个数+1)
   ?EOF()               && 返回.T.
⑥ GO TOP                && 或者用 GO 1
⑦ ?RECNO()              && 返回 1
⑧ ?BOF()                && 返回.F.
⑨ SKIP -1
⑩ ?RECNO                && 返回 1
   ?BOF()               && 返回.T.
⑪ GO 5
   ?RECNO()             && 返回 5
⑫ SKIP -1
   ?RECNO()             && 返回 4
⑬ SKIP
   ?RECNO()             && 返回 5
⑭ SKIP -3
   ?RECNO()             && 返回 2
⑮ SKIP 2
   ?RECNO()             && 返回 4
⑯ LOCATE FOR xb='女'    && 记录指针指在第一条 xb 为“女”的记录
⑰ CONTINUE              && 记录指针指在第二条 xb 为“女”的记录
⑱ USE
```

5. 表数据的修改

1）使用菜单批量修改表数据

① 如图 9-55 所示，浏览 cj 表，单击“表”菜单下的“替换字段”命令，按照图 9-56 设置弹出的“替换字段”对话框，单击“替换”按钮。

② 单击“表”菜单下的“替换字段”命令，按照图 9-57 设置弹出的“替换字段”对话框，单击“替换”按钮。验证数据修改后关闭浏览窗口。

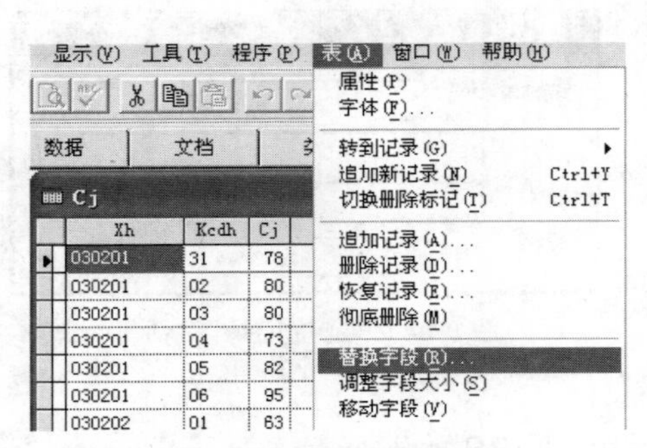

图 9-55 “表”/“替换字段”菜单

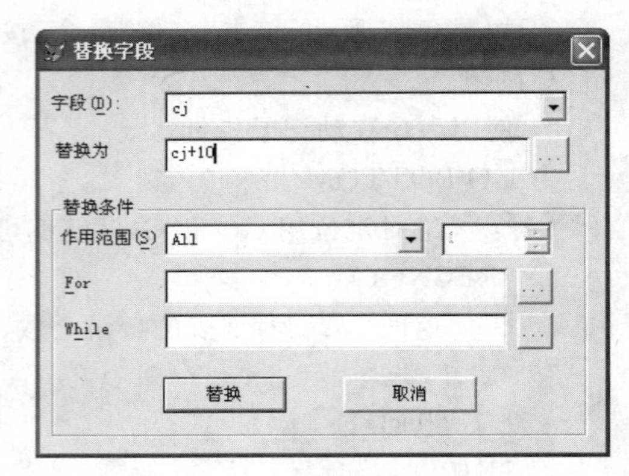

图 9-56 “替换字段”对话框(1)

2）使用 REPLACE 命令修改表数据

① CLOSE TABLES ALL

② USE gz

③ BROWSE

&& 此时的 sfgz 为 0.0

④ REPLACE ALL sfgz WITH yfgz

&& 此时的 sfgz 为 yfgz 的值

⑤ REPLACE ALL sfgz WITH 0

&& 此时的 sfgz 又为 0.0

⑥ LOCATE FOR gh='B0003'

REPLACE jbgz with jbgz+200

&& 只是当前记录的 jbgz 值增加了 200

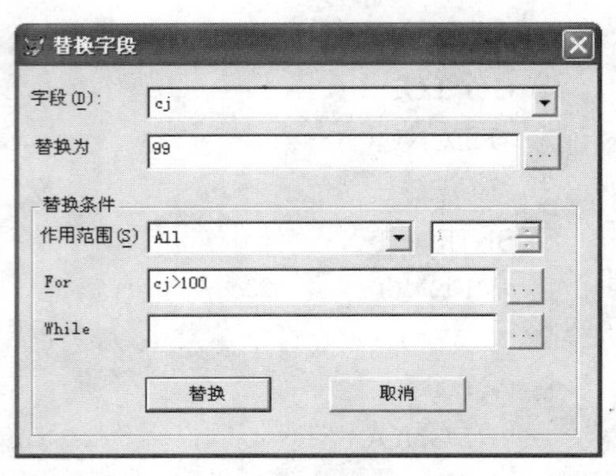

图 9-57 “替换字段”对话框(2)

或者将两条命令合并为：

REPLACE jbgz with jbgz+200 for gh='B0003'

⑦ REPLACE ALL jbgz with jbgz-100 FOR LEFT(ALLT(gh),1)='E'

&& FOR 子句也可改为 FOR SUBS(ALLT(gh),1,1)='E'

⑧ USE

3）使用 UPDATE-SQL 命令修改表数据

① UPDATE js SET jl=IIF(xb='男','男教师','女教师')

② BROWSE &&查看 jl 字段值

③ UPDATE js SET email='xx@ntu.edu.cn' WHERE empty(email)

&& email 字段原本空的都填上了“xx@ntu.edu.cn”

④ UPDATE js SET email='' WHERE email='xx@ntu.edu.cn'

&& email 字段为“xx@ntu.edu.cn”的都恢复为空

⑤ USE

提示：REPLACE 命令使用前需要将被修改表打开，不指定范围时默认为对当前记录操作，用 FOR 子句筛选记录；UPDATE 命令修改表数据前不需要打开表，默认为对所有记录操作，用 WHERE 子句筛选记录。

6. 记录的删除

1）使用菜单删除记录

① 分别单击尾部两条记录的删除标记列。或者使记录指针先后指向尾部两条记录，每指一条记录就单击下“表”菜单下的“切换删除标记”命令；也可以将记录指针指向倒数第二条记录后，使用“表”菜单下的“删除记录”命令，按图 9-58 或图 9-59 设置弹出的“删除”对话框，并单击“删除”按钮。操作后的浏览窗口如图 9-60 所示。

图 9-58 “删除”对话框(1)

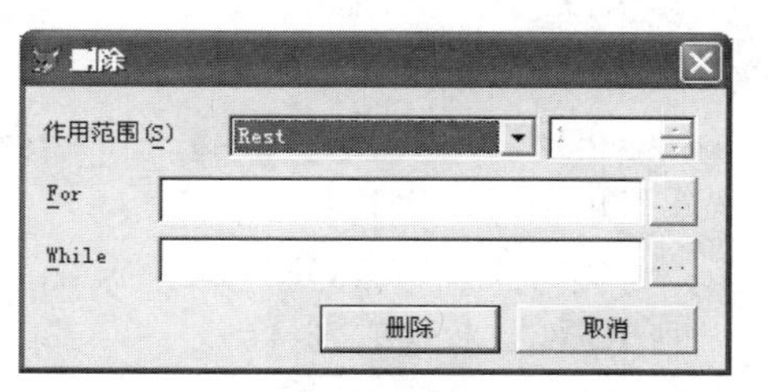

图 9-59 “删除”对话框(2)

尾部两条记录被设置了删除标记

Gh	Xm	Xb	Xdh	Zcdh	Csrq	Gzrq	Jl	Email
J0001	陈　林	男	01	01	02/09/50	08/09/73	memo	
J0002	吴　凯	男	02	02	07/20/73	08/03/97	memo	
J0003	蒋方舟	男	03	03	05/31/66	08/05/90	memo	
J0004	张德龙	男	04	03	12/21/72	08/03/96	memo	
J0005	陆友情	男	05	02	09/23/73	08/03/97	memo	
C0009	汪海	男	03	01	03/30/55	08/08/77	Memo	wyang@ntu.edu.cn
I0001	刘云凯	男			03/03/70	08/01/95	memo	

图 9-60 “浏览”窗口

② 单击“表”菜单下的“彻底删除”命令，在弹出的确认对话框中单击“是”按钮。

③ 浏览 js 表，分别单击 gh 为“H0004”和“H0005”的两条记录的删除标记列，或者使记录指针先后指向这两条记录，每指一条记录就单击一下“表”菜单下的“切换删除标记”命令；也可以单击“表”菜单下的“删除记录”命令，按图 9-61 设置弹出的“删除”对话框，单击“删除”按钮。

④ 单击“表”菜单下的“恢复记录”命令，按图 9-62 设置弹出的“恢复记录”对话框，单击“恢复记录”按钮。或者将记录指针依次指向带删除标记的记录，并单击“表”菜单下的“切换删除标记”命令。

2）使用命令删除记录

① CLOSE TABLES ALL

② USE js

③ DELETE ALL　　　&&DELETE 用于对当前工作区中打开的表做记录删除标记

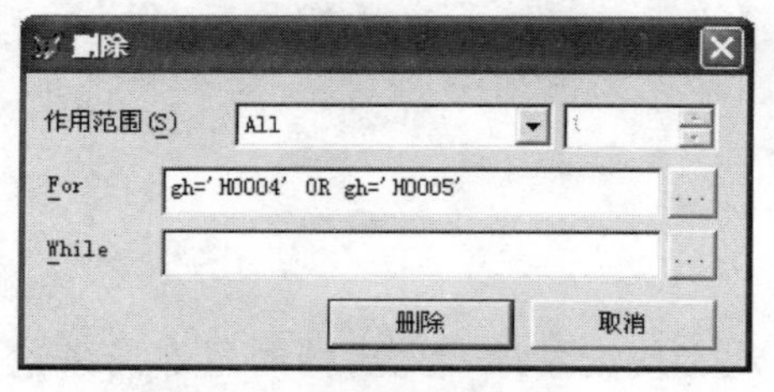

图 9-61 “删除”对话框(3)

图 9-62 “恢复记录”对话框

④ BROWSE

⑤ RECALL ALL

⑥ DELETE RECORD 34

⑦ DELETE NEXT 4　　　　　&& next 范围包含记录指针所指的当前记录

⑧ DELETE REST

⑨ RECALL RECORD 34

⑩ RECALL NEXT 4

⑪ PACK　　　　　&& 此时,js 表的记录数为 37

⑫ USE

⑬ DELETE FROM js WHERE gh='C0004' OR like('J * ',gh)

&&DELETE…FROM 用于对非当前工作区中或未打开的表做记录删除标记

⑭ BROWSE

PACK

USE

提示：ZAP 命令的功能是彻底删除所有记录,不管记录是否添加删除标记,且删除后无法恢复。相当于 DELETE ALL 后再 PACK。要慎用。

7. 记录的复制

1）复制结构

① CLOSE TABLES ALL

USE JS

② COPY STRUCTURE TO jsfull

③ 自由表 jsfull 的结构同 js 表结构,浏览时无记录数据。

④ COPY STRUCTURE TO jspart FIELDS gh,xm,xb,xdh

⑤ 自由表 jspart 结构只包含 js 表结构的前 4 个字段,浏览时无记录数据。

⑥ USE

2）复制数据

① CLOSE TABLES ALL

USE js

② COPY TO jsbackup1

③ COPY TO jsbackup DATABASE sjk NAME 教师表的备份
&& 教师表的备份在项目管理器中可见,浏览并查看记录

④ copy to man_js for xb='男'

⑤ copy to xgjs fields like x*,g* except gh

⑥ copy to js05 fields gh,xm,xdh for xdh='05' sdf

⑦ copy to fmale_js for xb='女' xls

⑧ USE

提示:使用"数据工作期"窗口,打开复制生成的自由表,浏览并验证记录数据。在jxgl文件夹下双击文本文件(js05)和EXCEL文件(fmale_js)可以查看相应内容。

实验3.4 数据库表的索引

【实验步骤】

1. 结构复合索引的创建

1) 利用表设计器创建结构复合索引

① 在jxgl项目管理器中选中js表后单击"修改"按钮,弹出js表的"表设计器"对话框。

② 单击"表设计器"对话框中的"索引"标签,按图9-63输入4个索引的索引名、索引类型和索引表达式,并设置升/降序。

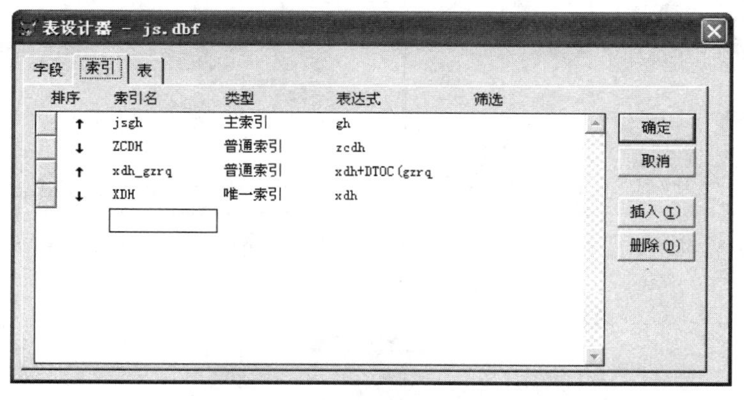

图9-63 "表设计器"对话框

③ 确认输入/设置正确后,单击"确定"按钮,弹出"表设计器"确认对话框,如图9-64所示。

④ 在"表设计器"确认对话框中单击"是"按钮。

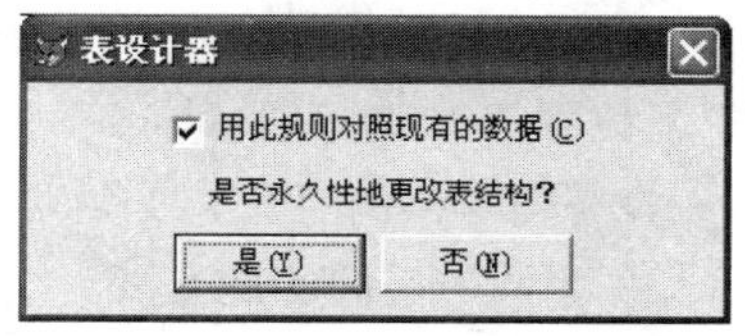

图9-64 "表设计器"确认对话框

操作提示:gh值不能重复要求jsgh索引的类型必须是主索引或候选索引,一个数据库表只能创建一个主索引,候选索引则可以是多个。xdh_gzrq索引的

索引表达式为“xdh＋dtoc(gzrq,1)”，涉及两个不同数据类型的字段，需要将日期型的gzrq转换成与xdh相同的字符型后再连接(即做字符的加“＋”运算)。

2) 利用INDEX命令创建结构复合索引

① INDEX ON kcdh TAG kcdh CANDIDATE

② INDEX ON str(kss)＋kcdh TAG kss_kcdh

&&kss是数值型的不能直接和kcdh连接

③ INDEX ON kss＋xf TAG sumkssxf DESCENDING

&& 数值型的kss和xf可以直接加

④ INDEX ON str(kss)＋str(xf) TAG kssxf

⑤ INDEX ON kss TAG kss DESC UNIQUE

⑥ INDEX ON kcdh TAG kcdhbx FOR bxk

&& 逻辑型字段bxk做筛选条件表达式

提示：使用INDEX命令创建的结构复合索引在“表设计器”的“索引”页中能看到。

3) 结构复合索引的修改与删除

① INDEX ON xh TAG xh CANDIDATE

② INDEX ON zydh＋jg TAG zydh_jg

③ INDEX ON jg＋zydh TAG zydh_jg

&& 执行该命令后，在弹出的图9-65所示对话框中单击“是”按钮

④ INDEX ON jg＋zydh TAG jg_zydh

⑤ DELETE TAG xh

&& 执行该命令后，在弹出的图9-66所示对话框中单击“是”按钮

图9-65 “索引改写确认”对话框

图9-66 “索引删除确认”对话框

⑥ DELETE TAG ALL

2. 结构复合索引的使用

1) 界面操作方式

① 步骤一：在jxgl项目管理器窗口中选中js表后单击“浏览”按钮。

步骤二：单击“表”菜单下的“属性”命令，在出现的“工作区属性”对话框中的“索引顺序”下拉列表中选择“Js:Jsgh”，然后单击“确定”按钮，如图9-67所示。

步骤三：在浏览窗口中查看记录的顺序，gh值由小到大，且不重复。

② 步骤一：同①的步骤一。

步骤二：单击“表”菜单下的“属性”命令，在出现的“工作区属性”对话框中的“索引顺

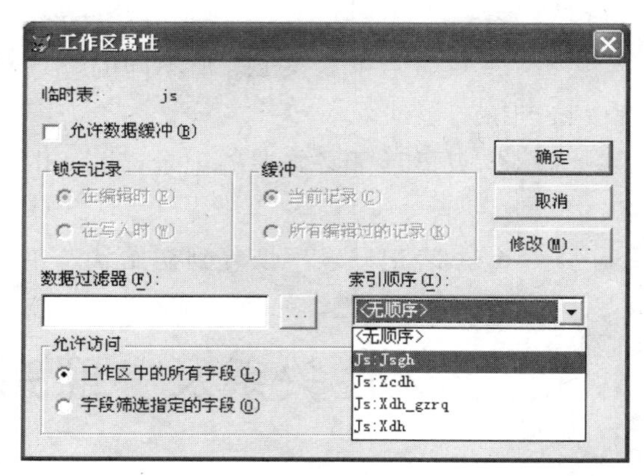

图 9-67 “工作区属性”对话框

序”下拉列表中选择“Js:Zcdh”，然后单击“确定”按钮。

步骤三：在浏览窗口中查看记录的顺序，zcdh 值由大到小。

③ 步骤一：同①的步骤一。

步骤二：单击“表”菜单下的“属性”命令，在出现的“工作区属性”对话框中的“索引顺序”下拉列表中选择“Js:Xdh_gzrq”，然后单击“确定”按钮。

步骤三：在浏览窗口中查看记录的顺序，xdh 值由小到大、xdh 值相同的记录其 gzrq 值由小到大。

④ 步骤一：同①的步骤一。

步骤二：单击“表”菜单下的“属性”命令，在出现的“工作区属性”对话框中的“索引顺序”下拉列表中选择“Js:Xdh”，然后单击“确定”按钮。

步骤三：在浏览窗口中查看记录的顺序，xdh 值由大到小且 xdh 值相同的记录只显示了首次出现的那条。

⑤ 步骤一：同①的步骤一。

步骤二：单击“表”菜单下的“属性”命令，在出现的“工作区属性”对话框中的“索引顺序”下拉列表中选择“无顺序”，然后单击“确定”按钮。

步骤三：在浏览窗口中查看记录的顺序，记录顺序恢复到初始状态。

2）命令方式

① USE kc ORDER kcdh &&打开表的同时用 ORDER 子句设置主控索引
BROWSE &&记录的 kcdh 值由小到大

② SET ORDER TO kss_kcdh
&&表已经打开，使用 SET ORDER TO 命令设置主控索引
BROWSE &&记录的 kss 由小到大，kss 相同的记录 kcdh 由小到大

③ SET ORDER TO sumkssxf
BROW &&记录按 kss+xf 的值由大到小排序

④ SET ORDER TO kssxf
BROW &&记录先按 kss 排序，kss 相同的又按 xf 排序

⑤ SET ORDER TO kss

BROW　　　　　　　&& 只显示了 5 条 kss 值不同的记录，且 kss 值由大到小

⑥ SET ORDER TO kcdhbx

BROW　　　　　　　&& 只显示了必修课的记录，且 kcdh 值由小到大

⑦ SET ORDER TO

BROW　　　　　　　&&kc 表记录顺序恢复到初始状态

实验 3.5　永久性关系及参照完整性

【实验步骤】

1. 创建永久性关系

1）xs 表和 cj 表之间永久性关系的创建过程：

① 查看 xs 表是否已经创建以 xh 为索引表达式的主索引或候选索引，如果没有则利用表设计器创建。

② 查看 cj 表是否已经创建以 xh 为索引表达式的普通索引，如果没有则利用表设计器创建。

③ 在 jxgl 项目管理器中选择 sjk 数据库，单击"修改"命令按钮。

④ 将弹出的"数据库设计器"窗口拖放成合适的大小，单击"数据库"菜单下的"重排"命令，再单击出现的对话框中的"确定"按钮（或者在"数据库设计器"中直接拖放 xs 表和 cj 表到可同时看见的区域）。

⑤ 移动"数据库设计器"窗口中 xs 表和 cj 表的滚动条，使这两张表的索引名（如 xs 表的 xsxh 和 cj 表的 xh）在窗口中可见。

⑥ 如图 9-68 所示，将 xs 表的主索引名 xsxh 拖放到 cj 表的普通索引名 xh，两表之间

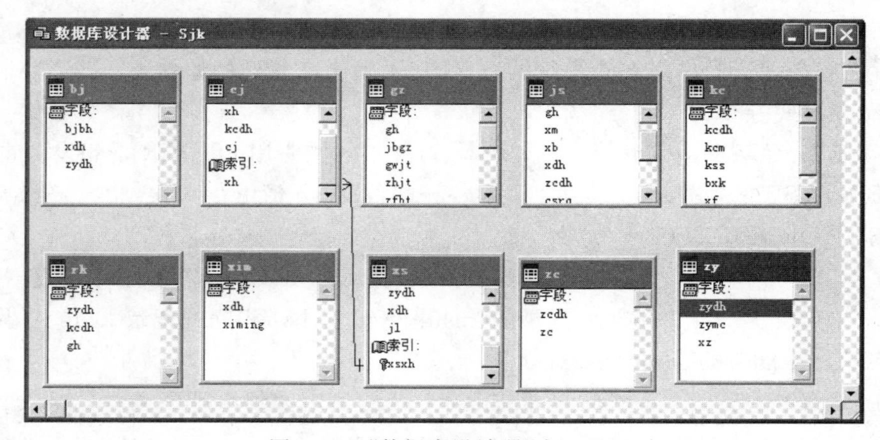

图 9-68　"数据库设计器"窗口(1)

出现的一条连线就标识了它们之间的永久性关系。

2) Js 表、rk 表和 kc 表之间永久性关系的创建过程:

① 查看 js 表是否已经创建以 gh 为索引表达式的主索引或候选索引,如果没有则利用表设计器创建。

② 查看 rk 表是否已经创建以 gh 为索引表达式的普通索引和以 kcdh 为索引表达式的普通索引,如果没有则利用表设计器创建。

③ 查看 kc 表是否已经创建以 kcdh 为索引表达式的主索引或候选索引,如果没有则利用表设计器创建。

④ 在 jxgl 项目管理器中选择 sjk 数据库,单击"修改"命令按钮。

⑤ 将弹出的"数据库设计器"窗口拖放成合适的大小,单击"数据库"菜单下的"重排"命令,再单击出现的对话框中的"确定"按钮(或者在"数据库设计器"窗口中直接拖放 js 表、rk 表和 kc 表到可同时看见的区域)。

⑥ 移动"数据库设计器"窗口中 js 表、rk 表和 kc 表的滚动条,使这 3 张表的索引名在窗口中可见。

⑦ 将 js 表的候选索引名 gh 拖放到 rk 表的普通索引名 gh,将 kc 表的主索引名 kcdh "拖放"到 rk 表的普通索引名 kcdh。在 js 表、rk 表和 kc 表之间出现了两条连线,每条连线标识了它连接的两张表之间的永久性关系,如图 9-69 所示。

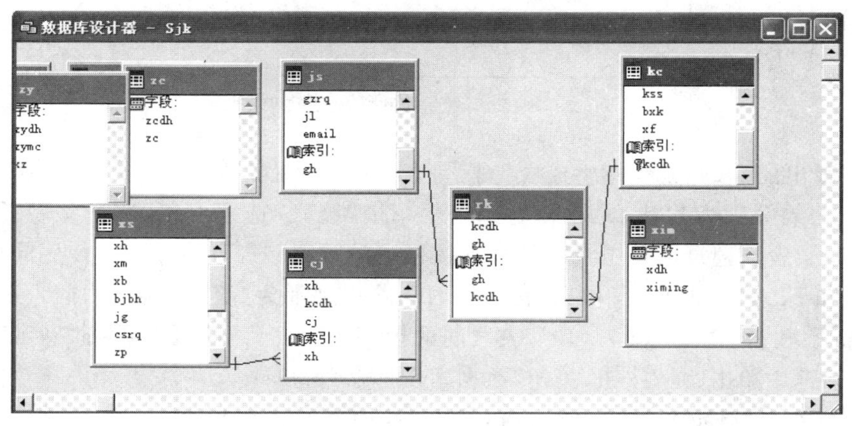

图 9-69 "数据库设计器"窗口(2)

提示: 数据库表之间建立永久性关系的条件是两个表之间有相同的字段(字段类型和宽度相同,字段名可以不同),并且用相同的字段为索引表达式在父表(一对多关系的一方)上创建主索引或候选索引,在子表(一对多关系的多方)上创建普通索引。

2. 设置参照完整性

1) xs 表和 cj 表之间参照完整性规则设置过程(菜单方式):

① 打开 sjk 数据库设计器,单击"数据库"菜单下的"清理数据库"命令。

② 单击"数据库"菜单下的"编辑参照完整性"命令。

③ 在弹出的"参照完整性生成器"对话框中,打开"更新规则"选项卡,在表格控件中

选择 xs 表、cj 表相关的记录后单击“级联”选项按钮。

④ 打开“删除规则”选项卡，在表格控件中选择 xs 表、cj 表相关的记录后单击“限制”选项按钮，单击“确定”按钮，在弹出的对话框中单击“是”按钮，关闭“数据库设计器”窗口。

2）js 表、rk 表、kc 表之间参照完整性规则设置和修改过程（其他方法）：

① 打开 sjk 数据库设计器，单击“数据库”菜单下的“清理数据库”命令。

② 单击 js 表和 rk 表之间的连线，连线变粗，右击连线，弹出快捷菜单，选择快捷菜单里的“编辑参照完整性”命令，如图 9-70 所示（也可以双击连线，在弹出的“编辑关系”对话框中单击“参照完整性”按钮）。

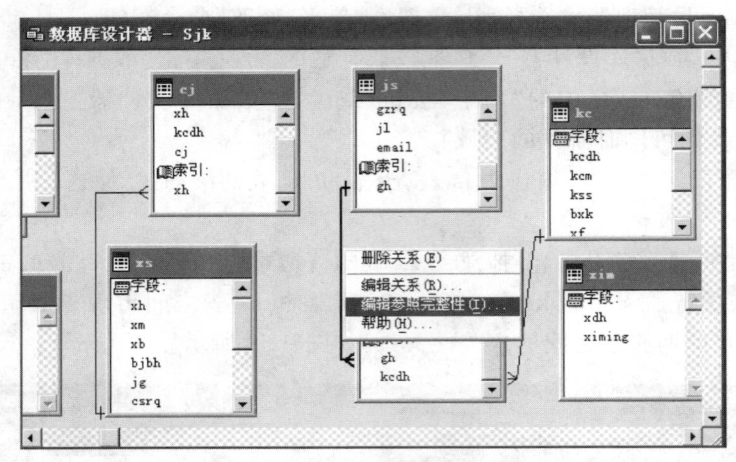

图 9-70 “编辑参照完整性”快捷菜单命令

③ 在弹出的“参照完整性生成器”对话框中，打开“更新规则”选项卡，在表格控件中选择父表、子表分别为 js 表和 rk 表的记录后单击“级联”选项按钮，选择父表、子表分别为 kc 表和 rk 表的记录后单击“级联”选项按钮；打开“删除规则”选项卡，使用同样的方法设置 js 表和 rk 表之间、kc 表和 rk 表之间的删除规则都为“级联”；打开“插入规则”选项卡，设置 js 表和 rk 之间、kc 表和 rk 表之间的插入规则都为“限制”，单击“确定”按钮，在弹出的对话框中单击“是”按钮，关闭“数据库设计器”窗口。

④ 重新打开“数据库设计器”窗口，打开“参照完整性生成器”对话框，打开“删除规则”选项卡，在表格控件中选择父表、子表分别为 kc 表和 rk 表的记录后单击“限制”选项按钮，单击“确定”按钮，在弹出的对话框里单击“是”按钮，关闭“数据库设计器”窗口。

3. 删除永久性关系

1）删除 xs 表和 cj 表之间永久性关系的参考步骤（方法一）：

① 打开 sjk 数据库设计器，单击 xs 表和 cj 表之间的连线，连线变粗。

② 右击连线，弹出快捷菜单，在快捷菜单中选择“删除关系”命令。

2）删除 kc 表和 rk 表之间永久性关系的参考步骤（方法二）：

① 打开 sjk 数据库设计器，单击 kc 表和 rk 表之间的连线，连线变粗。

② 直接按 Delete 键。

4. 数据库及其对象的几个常用函数

写出实现下列功能的命令或函数,并在命令窗口中执行:

① clear

② close databases all

③ ?"当前打开的数据库为:"+DBC()

④ OPEN DATABASE sjk

⑤ ?DBUSED("sjk")

⑥ ?"当前打开的数据库为:"+DBC()

⑦ ?"当前是否在当前工作区中打开了一个表",USED()

⑧ USE js

⑨ ?"当前是否在当前工作区中打开了一个表",USED()

⑩ ?ALIAS() && 返回 js

⑪ USE kc in 3

⑫ ?"当前是否在 3 号工作区中打开了一个表",USED(3)

⑬ ?ALIAS(3) && 返回 kc

⑭ ?SELECT(0) && 返回 1

⑮ ?SELECT(1) && 返回 32767

⑯ ?SELECT("kc") && 返回 3

⑰ ?DBSETPROP("js.jl","field","comment","教师简历字段")
&& 设置成功,并返回.t.
?DBGETPROP("js.jl","field","comment") && 返回“教师简历字段”

⑱ ?DBSETPROP("js.gh","field","caption","工号")
?DBGETPROP("js.gh","field","caption") && 返回“工号”

⑲ ?DBSETPROP("js","table","comment","这是一张用来存放教师信息的数据库表")
?DBGETPROP("js","table","comment")

⑳ ?DBGETPROP("js.xb","field","defaultvalue")
?DBGETPROP("js","table","ruleexpression")

实验 3.6 自由表的创建和使用

【实验步骤】

1) 使用“表设计器”创建自由表图书库存(tskc.dbf)的步骤。

① 在 jxgl 项目管理器中选中“自由表”项,单击“新建”按钮。

② 在弹出的“新建表”对话框中单击“新建表”按钮。

③ 在弹出的“创建”对话框中，输入表名 tskc，单击“保存”按钮。

④ 如图 9-71 所示，在弹出的表设计器中完成图书库存表结构的创建，单击“确定”按钮，再单击“否”按钮。

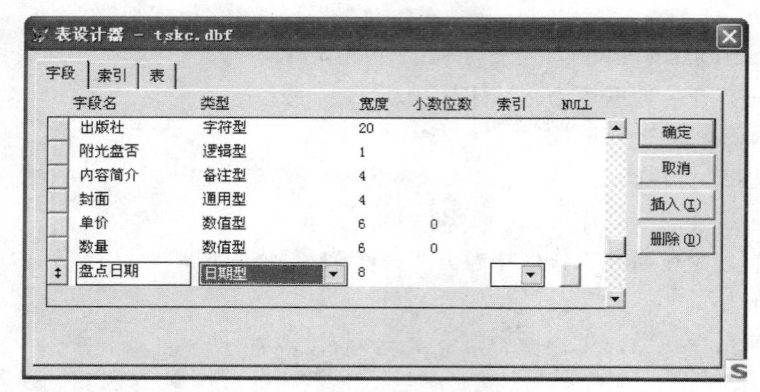

图 9-71 “自由表设计器”对话框

2）创建自由表图书销售(tsxs.dbf)的命令。

```
CLOSE DATABASES ALL                    && 此命令不可少，否则创建的可能是数据库表
CREATE TABLE tsxs(书名编号 C(4),销售日期 D,数量 N(6,0),金额 N(10,2),部门代码 C(3))
```

提示：使用项目管理器创建的图书库存表(tskc.dbf)在 jxgl 项目管理器的“自由表”项下可见，使用命令创建的图书销售表(tsxs.dbf)却不可见。

3）浏览“图书库存表”

① 使用“表”菜单下的“追加新记录”命令输入一条记录，再单击“表”菜单下的“追加新记录”命令，输入第二条记录，如此反复，直到输入完所有记录。或者采用②的方法。

② 使用“显示”菜单下的“追加方式”，一次性输入所有记录。

4）
```
insert into tsxs values("A001",{^2008/06/02},500,11500,'01')
insert into tsxs values("B001",{^2008/06/02},1000,21000,'01')
insert into tsxs values("B002",{^2008/06/02},1000,21000,'01')
insert into tsxs values("C002",{^2008/06/05},200,8000,'02')
```

5）在 jxgl 项目管理器中，选中“自由表”项，单击“添加”按钮，在弹出的“打开”对话框中单击表名 tsxs，单击“确定”按钮(此时，tsxs 在项目管理器的“自由表”项下可见)。

6）在 jxgl 项目管理器中选中“自由表”项下的 tsxs，单击“移去”按钮，在弹出的对话框中单击“删除”按钮(此时，tsxs 在项目管理器中不可见，在 D:\jxgl 文件夹下也不存在了)。

7）具体操作步骤如下。

① 单击“文件”菜单下的“新建”命令，在“新建”对话框中单击“数据库”选项按钮，再单击“新建文件”按钮，在弹出的“创建”对话框中输入数据库名 mysjk，单击“保存”按钮(完成数据库的创建)。

② 在 mysjk 数据库设计器中单击鼠标右键，在弹出的快捷菜单中选择“添加表”命

令，在弹出的“打开”对话框中，单击“tskc.dbf”或直接在“输入表名”后的文本框中输入tskc，单击“确定”按钮(完成表的添加，tskc成数据库表了，可查看“表设计器”)。

③ 在命令窗口中依次执行下列命令，完成mysjk数据库的删除：

```
CLOSE DATABASE              && 关闭 mysjk 数据库
DELETE FILE mysjk.*         && 删除 mysjk 数据库相关的 3 个文件
```

④ 在命令窗口中执行命令：

```
FREE TABLE tskc             && 此步骤不能少,否则会弹出如图 9-72 所示的对话框
```

在jxgl项目管理器中单击“自由表”项，单击“添加”按钮，在弹出的“打开”对话框中选择或输入表名tskc，单击“确定”按钮(tskc又成自由表了，查看下面“表设计器”的变化)。

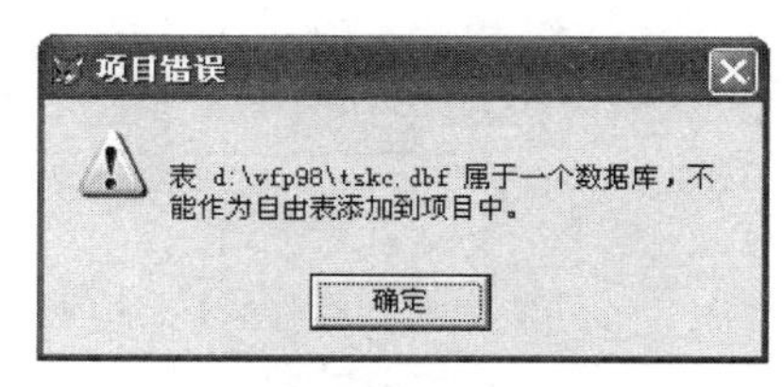

图 9-72 “项目错误”对话框

8) 打开tskc表的“表设计器”对话框，打开“索引”选项卡，按图9-73所示创建索引，单击“确定”按钮，再单击“是”按钮。

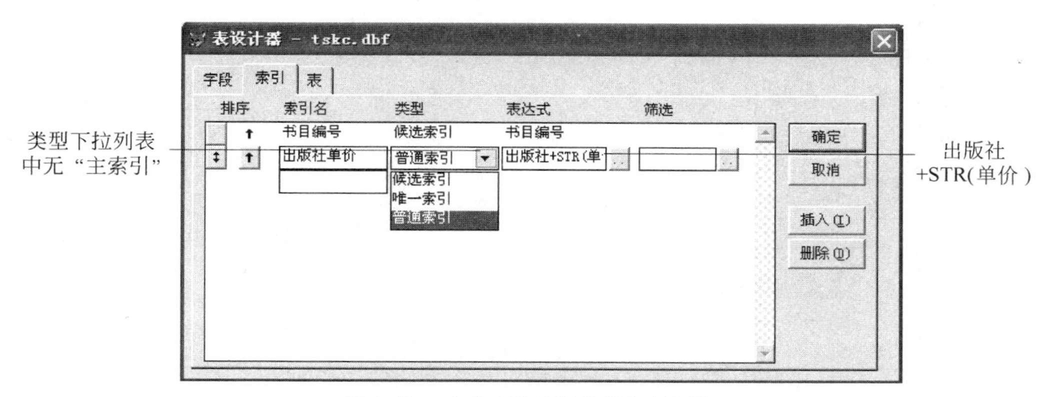

图 9-73 自由表“表设计器”对话框

实验 4.1 使用查询设计器创建查询

【实验步骤】

1. 使用查询设计器创建基于单张表的查询

1) 具体操作步骤如下。

① 在jxgl项目管理器中选中“查询”项，单击“新建”按钮，在弹出的“新建查询”对话框中单击“新建查询”按钮。

② 在弹出的“添加表或视图”对话框中选中“数据库中的表”下拉列表中的“xs”，单击

"添加"按钮，单击对话框标题栏中的"关闭"按钮或单击对话框中的"关闭"命令按钮关闭"添加表或视图"对话框。

③ 打开"查询设计器"窗口中的"字段"选项卡，在"可用字段"列表框中双击"xs. xh"、"xs. xm"、"xs. bjbh"三个字段名，使它们出现在右边的"选定字段"列表框中(提示：也可以选定字段，单击"添加"按钮，将字段添加到"选定字段"列表框中)。

④ 在"函数和表达式"文本框中输入表达式"YEAR(DATE())－YEAR(Xs. csrq) as 年龄"，也可以单击文本框后的...按钮，利用"表达式生成器"完成该表达式的构造，单击"添加"按钮。设置好的"字段"选项卡如图 9-74 所示。

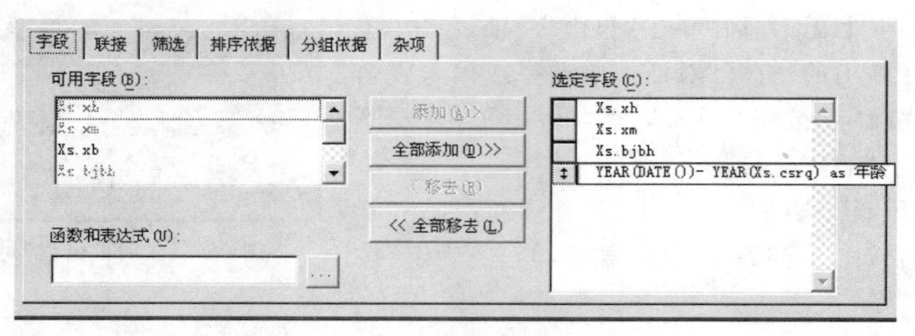

图 9-74 jsnxs 查询的"字段"选项卡

⑤ 打开"筛选"选项卡，如图 9-75 所示设置筛选条件：Xs. xb＝"男" AND Xs. jg＝"江苏"，或者 Xs. xb＝"男" AND LEFT(Xs. jg，4)＝"江苏"。

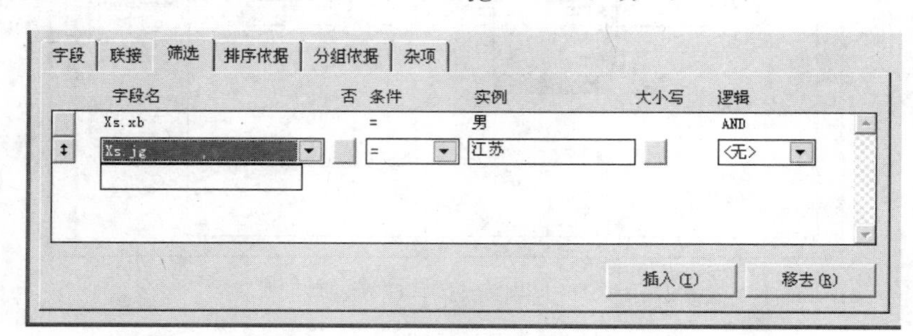

图 9-75 jsnxs 查询的"筛选"选项卡

⑥ 打开"排序依据"选项卡，在"选定字段"列表框中单击表达式"YEAR(DATE())－YEAR(Xs. csrq) as 年龄"，选中"排序选项"下的"降序"选项按钮后再单击"添加"按钮，使该表达式出现在"排序条件"列表框中，如图 9-76 所示。

注 1：此时可单击工具栏中的运行按钮 ! 运行查询，验证查询结果是否同查询要求一致。

注 2：在"查询设计器"窗口中单击鼠标右键，在弹出的快捷菜单中选择"查看 SQL"命令，可以看到实现该查询的 SQL 语句，读懂它。

```
SELECT Xs.xh, Xs.xm, Xs.bjbh, YEAR(DATE())-YEAR(Xs.csrq) as 年龄;
FROM sjk!xs;
WHERE Xs.xb="男" AND Xs.jg="江苏";
```

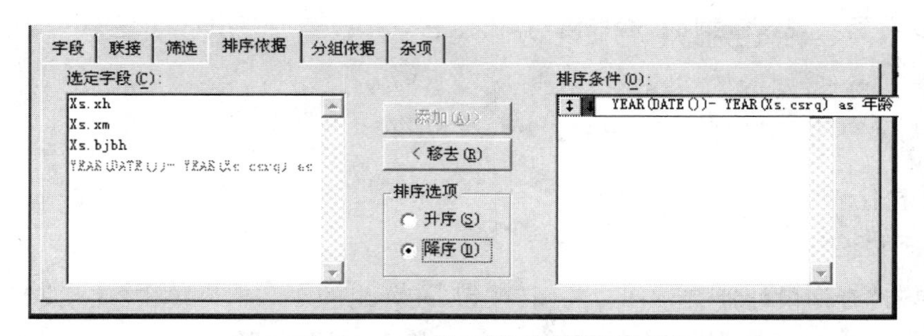

图 9-76　jsnxs 查询的“排序依据”选项卡

ORDER BY 4 DESC

⑦ 单击“查询设计器”窗口中的“关闭”按钮，在弹出的对话框中单击“是”按钮，在“另存为”对话框的“保存文档为”文本框中输入“jsnxs”，单击“保存”按钮。

2）具体操作步骤如下。

① 在 jxgl 项目管理器中选中“查询”项，单击“新建”按钮，在弹出的“新建查询”对话框中单击“新建查询”按钮。

② 在弹出的“添加表或视图”对话框中选中“数据库中的表”下拉列表中的“xs”，单击“添加”按钮，单击对话框标题栏中的“关闭”按钮或单击对话框中的“关闭”命令按钮关闭“添加表或视图”对话框。

③ 打开“查询设计器”窗口中的“字段”选项卡，在“函数和表达式”文本框中输入“LEFT(Xs.jg,4) as 省份”，单击“添加”按钮，添加到“选定字段”列表框中；用同样的方法把“COUNT(*) as 人数”和“AVG(YEAR(DATE())－YEAR(Xs.csrq)) as 平均年龄”添加到“选定字段”列表框中，如图 9-77 所示。

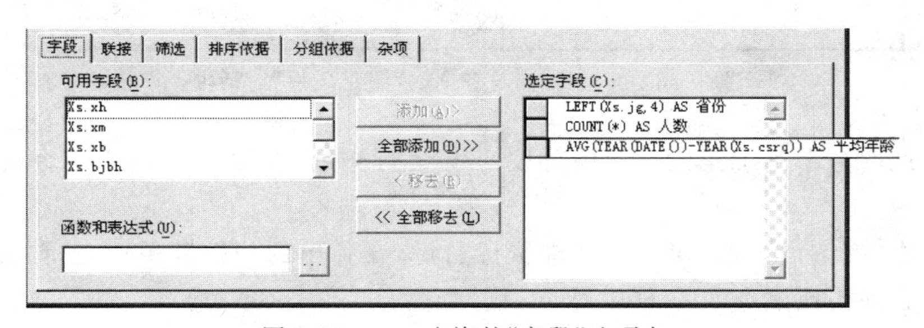

图 9-77　xsrs 查询的“字段”选项卡

④ 打开“排序依据”选项卡，在“选定字段”列表框中双击表达式“COUNT(*) as 人数”，则该表达式出现在“排序条件”列表框中。

⑤ 打开“分组依据”选项卡，在“可用字段”列表框中双击表达式“LEFT(Xs.jg,4) as 省份”，使该表达式出现在“分组字段”列表框中。

注 1：此时可单击工具栏中的运行按钮 ! 运行查询，验证查询结果是否同查询要求一致。

注 2：在“查询设计器”窗口中单击鼠标右键，在弹出的快捷菜单中选择“查看 SQL”

命令,可以看到实现该查询的 SQL 语句,读懂它。

```
SELECT LEFT(Xs.jg,4) as 省份, COUNT(*) as 人数,;
 AVG(YEAR(DATE())-YEAR(Xs.csrq)) as 平均年龄;
 FROM sjk!xs;
 GROUP BY 1;
 ORDER BY 2
```

⑥ 单击"查询设计器"窗口的"关闭"按钮,在弹出的对话框中单击"是"按钮,在"另存为"对话框的"保存文档为"文本框中输入 xsrs,单击"保存"按钮。

3) 具体操作步骤如下。

① 在 jxgl 项目管理器中选中"查询"项下的 xsrs,单击"修改"按钮,打开"查询设计器"窗口。

② 打开"排序依据"选项卡,在"排序条件"列表框中双击移去"COUNT(*) AS 人数"表达式,再双击"选定字段"列表框中的"LEFT(jg,4) AS 省份",则该表达式出现在"排序条件"列表框中。

③ 在"查询设计器"窗口中打开"分组依据"选项卡,再单击"满足条件"按钮。

④ 在弹出的"满足条件"对话框中设置满足条件,如图 9-78 所示,单击"确定"按钮。

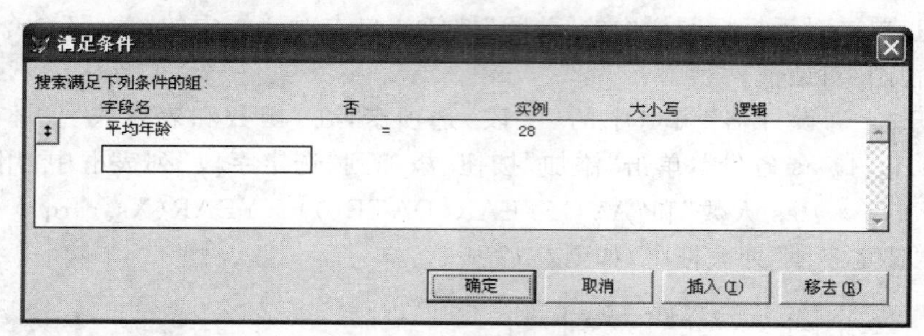

图 9-78　修改的 xsrs 查询的"满足条件"对话框

注 1: 此时可单击工具栏中的运行按钮 ! 运行查询,验证查询结果是否同查询要求一致。

注 2: 在"查询设计器"窗口中单击鼠标右键,在弹出的快捷菜单中选择"查看 SQL"命令,可以看到实现该查询的 SQL 语句,读懂它。

```
SELECT LEFT(jg,4) AS 省份, COUNT(*) AS 人数,;
 AVG(YEAR(DATE())-YEAR(csrq)) AS 平均年龄;
 FROM sjk!xs;
 GROUP BY 1;
 HAVING 平均年龄=28;              && 修改查询后多出的唯一子句
 ORDER BY 1                       && 排序依据改变了
```

⑤ 单击"查询设计器"窗口的"关闭"按钮,在弹出的对话框中单击"是"按钮,关闭查询设计器。

2. 使用查询设计器创建基于多张相关表的查询

1）具体操作步骤如下。

① 在 jxgl 项目管理器中选中“查询”项，单击“新建”按钮，在弹出的“新建查询”对话框中单击“新建查询”按钮。

② 在弹出的“添加表或视图”对话框中双击“数据库中的表”下拉列表中的“xs”和“cj”，确认“联接条件”对话框中的联接条件是“xs. xh＝cj. xh”，联接类型是“内部联接”，如图 9-79 所示，单击“确定”按钮，关闭“添加表或视图”对话框。

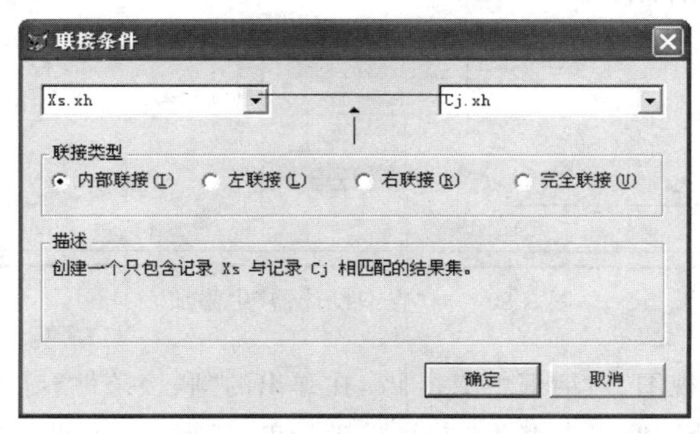

图 9-79 “联接条件”对话框

③ 在“查询设计器”中打开“字段”选项卡，在“可用字段”列表框中分别双击“xs. xh”、“xs. xm”、“cj. kcdh”和“cj. cj”字段，将其添加到“选定字段”列表框中。

④ 在“查询设计器”中打开“排序依据”选项卡，双击“选定字段”列表框中的“xs. xh”，将其添加到“排序条件”列表框中，再双击“选定字段”列表框中的“cj. cj”并单击“排序选项”中的“降序”。

注 1：此时可单击工具栏中的运行按钮 ! 运行查询，验证查询结果是否同查询要求一致。

注 2：在“查询设计器”窗口中单击鼠标右键，在弹出的快捷菜单中选择“查看 SQL”命令，可以看到实现该查询的 SQL 语句（也可以使用“查询”菜单下的“查看 SQL”菜单命令），读懂它。

```
SELECT Xs.xh, Xs.xm, Cj.kcdh, Cj.cj;
FROM  sjk!xs INNER JOIN sjk!cj;
ON  Xs.xh=Cj.xh;
ORDER BY Xs.xh, Cj.cj DESC
```

⑤ 单击“查询设计器”窗口中的“关闭”按钮，在弹出的对话框中单击“是”按钮，在“另存为”对话框的“保存文档为”文本框中输入 xsgkcj，单击“保存”按钮。

2）具体操作步骤如下。

① 在 jxgl 项目管理器中选中“查询”项下的 xsgkcj，单击“修改”按钮，打开“查询设计器”窗口。

② 如图 9-80 所示，在“查询设计器”的“数据表显示区”的空白区域单击鼠标右键，选择快捷菜单中的“添加表”菜单命令打开“添加表或视图”对话框。

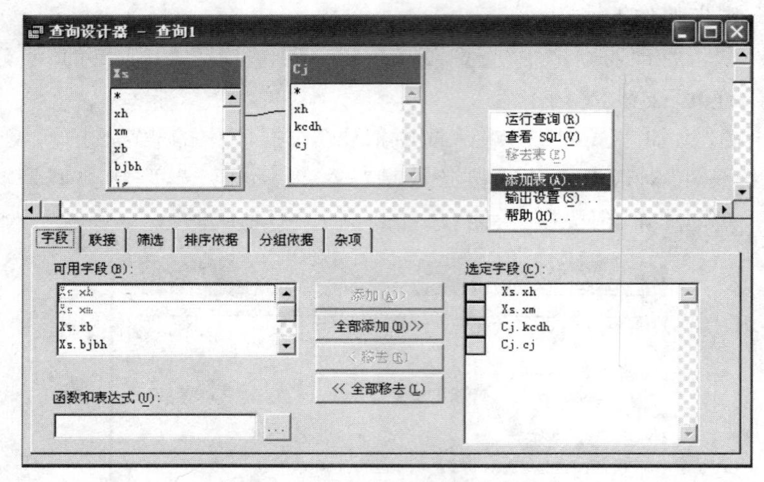

图 9-80　向“查询设计器”中添加表

③ 在“添加表或视图”对话框中双击 kc，在弹出的“联接条件”对话框中设置联接条件为“cj. kcdh＝kc. kcdh”、联接类型为“内部联接”，单击“确定”按钮，关闭“添加表或视图”对话框。

④ 在“字段”选项卡的“选定字段”列表框中双击移去各字段，再将“Xs. xh AS 学号”、“Xs. xm AS 姓名”、“Kc. kcm AS 课程名”、“Cj. cj AS 成绩”4 个表达式添加到“选定字段”列表框中。

⑤ 在“排序依据”选项卡的“选定字段”列表框中依次双击“xs. xh”和“cj. cj”，在“排序条件”列表框中选中“cj. cj”并单击“排序选项”中的“降序”选项按钮。

注 1：此时可单击工具栏中的运行按钮 ! 运行查询，验证查询结果是否同查询要求一致。

注 2：在“查询设计器”窗口中单击鼠标右键，在弹出的快捷菜单中选择“查看 SQL”命令，可以看到实现该查询的 SQL 语句（也可以使用“查询”菜单下的“查看 SQL”菜单命令），读懂它。

```
SELECT Xs.xh AS 学号, Xs.xm AS 姓名, Kc.kcm AS 课程名, Cj.cj AS 成绩;
    FROM  sjk!xs INNER JOIN sjk!cj;
    INNER JOIN sjk!kc;                && 新增加的 kc 表
    ON  Cj.kcdh= Kc.kcdh;             && 新增加的 kc 表和 cj 表的联接条件
    ON  Xs.xh= Cj.xh;
    ORDER BY Xs.xh, Cj.cj DESC        && "排序条件"随输出字段的移去而移去,要重新设置
```

⑥ 关闭“查询设计器”，单击“是”按钮。

3）具体操作步骤如下。

① 在 jxgl 项目管理器中选中“查询”项，单击“新建”按钮，在弹出的“新建查询”对话

框中单击“新建查询”按钮。

② 在弹出的“添加表或视图”对话框中双击“数据库中的表”下拉列表中的“xs”和“cj”，确认“联接条件”对话框中的联接条件是“xs. xh＝cj. xh”，联接类型是“内部联接”，单击“确定”按钮，关闭“添加表或视图”对话框。

③ 在“查询设计器”中打开“字段”选项卡，在“可用字段”列表框中分别双击“xs. xh”和“xs. xm”字段，将其添加到“选定字段”列表框中；在“函数和表达式”文本框中输入“count(*) as 选课门数”，单击“添加”按钮将其添加到“选定字段”列表框中。用同样的方法把“sum(cj. cj) as 总成绩”、“avg(cj. cj) as 平均成绩”、“max(cj. cj) as 最高分”和“min(cj. cj) as 最低分”添加到“选定字段”列表框中，如图 9-81 所示。

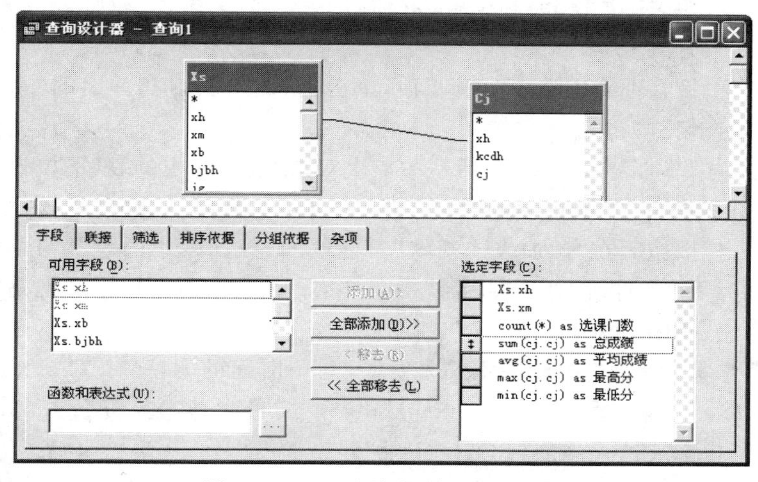

图 9-81　xscj 查询的“字段”选项卡

④ 在“查询设计器”中打开“筛选”选项卡，设置筛选条件“xs. xb＝'男'”(在实例中输入“男”时，不必加引号)。

⑤ 在“查询设计器”的“排序依据”选项卡中设置排序条件，把“选定字段”列表框中的“avg(cj. cj) as 平均成绩”和“count(*) as 选课门数”依次添加到“排序条件”列表框中，设置每个排序条件的排序选项为“降序”。

⑥ 在“分组依据”选项卡中设置分组依据为“xs. xh”。方法是：在“可用字段”列表框中选中“xs. xh”后单击“添加”按钮，或者直接双击“可用字段”列表框中的“xs. xh”使之出现在“分组字段”列表框中。

注 1：此时可单击工具栏中的运行按钮 ! 运行查询，验证查询结果是否同查询要求一致。

注 2：在“查询设计器”窗口中单击鼠标右键，在弹出的快捷菜单中选择“查看 SQL”命令，可以看到实现该查询的 SQL 语句，读懂它。

```
SELECT Xs.xh, Xs.xm, count(*) as 选课门数, sum(cj.cj) as 总成绩,;
avg(cj.cj) as 平均成绩, max(cj.cj) as 最高分, min(cj.cj) as 最低分;
FROM  sjk!xs INNER JOIN sjk!cj;
```

```
ON  Xs.xh=Cj.xh;
WHERE Xs.xb="男";
GROUP BY Xs.xh;
ORDER BY 5 DESC, 3 DESC
```

⑦ 单击“查询设计器”窗口的“关闭”按钮，在弹出的对话框中单击“是”按钮，在“另存为”对话框的“保存文档为”文本框中输入 xscj，单击“保存”按钮。

4) 分析：该查询要求涉及系名(xim.dbf)、教师(js.dbf)和工资(gz.dbf)三张表，因为输出内容系名(ximing 字段)只在系名表中有，平均基本工资等三个输出项与工资表中的基本工资(jbgz 字段)相关。因为系名表和教师表没有相关字段，所以必须引进教师表来联接系名表(通过相关字段 xdh)和工资表(通过相关 gh 字段)。教师表成为系名表和工资表的“纽带表”。操作步骤如下。

① 在 jxgl 项目管理器中选中“查询”项，单击“新建”按钮，在弹出的“新建查询”对话框中单击“新建查询”按钮。

② 在弹出的“添加表或视图”对话框中依次双击“数据库中的表”下拉列表中的“xim”和“js”，确认“联接条件”对话框中的联接条件是“xim.xdh＝js.xdh”，联接类型是“内部联接”后单击“确定”按钮。在“添加表或视图”对话框的“数据库中的表”下拉列表中再次双击 gz，确认“联接条件”对话框中的联接条件是“js.gh＝gz.gh”，联接类型是“内部联接”，单击“确定”按钮，关闭“添加表或视图”对话框。

③ 打开“查询设计器”中的“字段”选项卡，利用前面的方法将“Xim.ximing”字段和“avg(gz.jbgz) as 平均基本工资”、“max(gz.jbgz) as 最高基本工资”、“min(gz.jbgz) as 最低基本工资”三个表达式添加到“选定字段”列表框中。

④ 在“筛选”选项卡中设置筛选条件“YEAR(DATE())－YEAR(Js.csrq)＞＝35 AND YEAR(DATE())－YEAR(Js.csrq)＜＝45”，如图 9-82 所示。

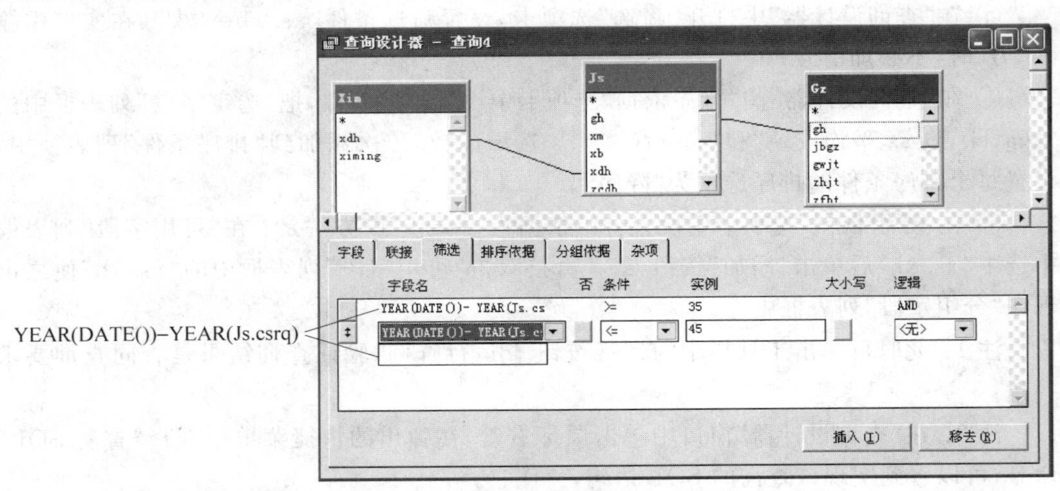

图 9-82 查询设计器的“筛选”选项卡

⑤ 在“排序依据”选项卡的“选定字段”列表框中双击“AVG(Gz.jbgz)”使之出现在

“排序条件”列表框中，排序选项为默认的“升序”。

⑥ 在“分组依据”选项卡中设置“分组字段”为“Xim. xdh”，单击“分组依据”选项卡中的“满足条件”按钮，在弹出的“满足条件”对话框中设置满足条件“平均基本工资>700”后单击“确定”按钮。

注 1：此时可单击工具栏中的运行按钮 ! 运行查询，验证查询结果是否同查询要求一致。

注 2：在“查询设计器”窗口中单击鼠标右键，在弹出的快捷菜单中选择“查看 SQL”命令，可以看到实现该查询的 SQL 语句，读懂它。

```
SELECT Xim.ximing, AVG(Gz.jbgz) AS 平均基本工资,;
MAX(Gz.jbgz) AS 最高基本工资, MIN(Gz.jbgz) AS 最低基本工资;
FROM  sjk!xim INNER JOIN sjk!js INNER JOIN sjk!gz;
ON  Js.gh=Gz.gh ON  Xim.xdh=Js.xdh;
WHERE YEAR(DATE())-YEAR(Js.csrq)>=35;
AND YEAR(DATE())-YEAR(Js.csrq)<=45;
GROUP BY Xim.xdh;
HAVING 平均基本工资>700;
ORDER BY 2
```

⑦ 单击“查询设计器”窗口的“关闭”按钮，在弹出的对话框中单击“是”按钮，在“另存为”对话框的“保存文档为”文本框中输入 gxjsgz，单击“保存”按钮。

5）具体操作步骤如下。

① 在 jxgl 项目管理器中选中“查询”项，单击“新建”按钮，在弹出的“新建查询”对话框中单击“新建查询”按钮。

② 在弹出的“添加表或视图”对话框中依次双击“数据库中的表”下拉列表中的“zc”和“js”，确认“联接条件”对话框中的联接条件是“zc. zcdh＝js. zcdh”，联接类型是“内部联接”后单击“确定”按钮。在“添加表或视图”对话框的“数据库中的表”下拉列表中再次双击 gz，确认“联接条件”对话框中的联接条件是“js. gh＝gz. gh”，联接类型是“内部联接”，单击“确定”按钮，关闭“添加表或视图”对话框。

③ 打开“查询设计器”中的“字段”选项卡，将“Js. xm”、“Zc. zc”字段和“Gz. jbgz＋Gz. gwjt AS 个人所得”、“IIF((Gz. jbgz＋Gz. gwjt)>2000，(Gz. gwjt＋Gz. jbgz－2000) * 0. 1，IIF((Gz. jbgz＋Gz. gwjt)>1000，(Gz. jbgz＋Gz. gwjt－1000) * 0. 05，0. 00)) AS 个人所得税”两个表达式添加到“选定字段”列表框中。

④ 设置筛选条件“Zc. zc＝"教授" OR (Zc. zc＝"副教授")”。

⑤ 设置排序条件：zc. zc(升序)，gz. jbgz＋gz. gwjt as 个人所得(降序)。

注 1：此时可单击工具栏中的运行按钮 ! 运行查询，验证查询结果是否同查询要求一致。

注 2：在“查询设计器”窗口中单击鼠标右键，在弹出的快捷菜单中选择“查看 SQL”命令，可以看到实现该查询的 SQL 语句，读懂它。

```
SELECT Js.xm, Zc.zc, Gz.jbgz+Gz.gwjt AS 个人所得,;
```

```
IIF((Gz.jbgz+Gz.gwjt)>2000,(Gz.gwjt+Gz.jbgz-2000)*0.1,IIF((Gz.jbgz+;Gz.
gwjt)>1000,(Gz.jbgz+Gz.gwjt-1000)*0.05,0.00)) AS 个人所得税;
FROM  sjk!zc INNER JOIN sjk!js INNER JOIN sjk!gz;
ON  Js.gh=Gz.gh  ON  Zc.zcdh=Js.zcdh;
WHERE Zc.zc="教授" OR (Zc.zc="副教授");
ORDER BY Zc.zc, 3 DESC
```

⑥ 单击“查询设计器”窗口的“关闭”按钮，在弹出的对话框中单击“是”按钮，在“另存为”对话框的“保存文档为”文本框中输入“jszcgz”，单击“保存”按钮。

3. 交叉表查询的创建

① 在 jxgl 项目管理器中选中“查询”项，单击“新建”按钮，在弹出的“新建查询”对话框中单击“查询向导”按钮。

② 在弹出的“向导选取”对话框中选择“交叉表向导”后单击“确定”按钮。

③ 在“交叉表向导”对话框中根据提示完成 4 个步骤的设置。具体如下。

步骤 1——字段选取：选择 sjk 数据库下的 cj 表的所有字段，单击“下一步”按钮。

步骤 2——定义布局：从“可用字段”列表框中将 xh 字段拖放到“行”框中，将 kcdh 字段拖放到“列”框中，将 cj 字段拖放到“数据”框中，单击“下一步”按钮。

步骤 3——加入总结信息：在“总结”区域中选择“求和”选项按钮，在“分类汇总”区域中选择“数据求和”选项按钮，添加一个包含总结信息的列，总和出现在交叉表查询结果的最右列内，单击“下一步”按钮。

步骤 4——完成：取消“显示 NULL 值”复选框，选择“保存并运行交叉表查询”选项按钮，单击“完成”按钮，在“另存为”对话框的“保存查询为”文本框中输入查询文件名 cj 后单击“保存”按钮。

4. 查询的使用

1）具体操作步骤如下。

① 执行命令“modify query jszcgz”，打开 jszcgz 的“查询设计器”。

② 在“分组依据”选项卡中单击“满足条件”按钮，设置满足条件“个人所得税＞50”，如图 9-83 所示，单击“确定”按钮。

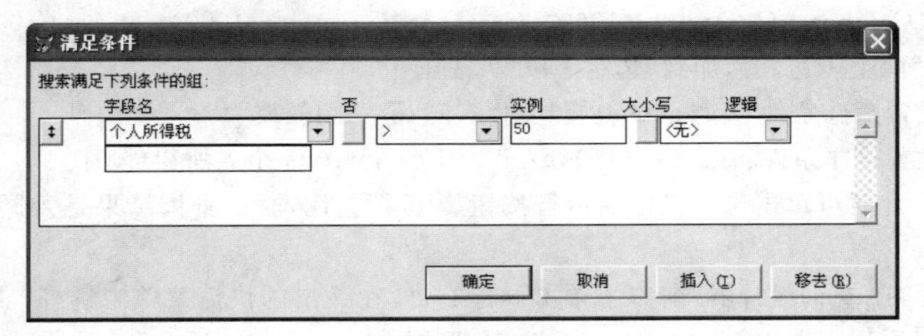

图 9-83　查询设计器“满足条件”对话框

③ 在“查询设计器”的“数据表显示区”的空白区域单击鼠标右键，选择快捷菜单中的“输出设置”命令，在弹出的“查询去向”对话框中单击“表”按钮，输入表名 Jszcgz，单击“确定”按钮，如图 9-84 所示。

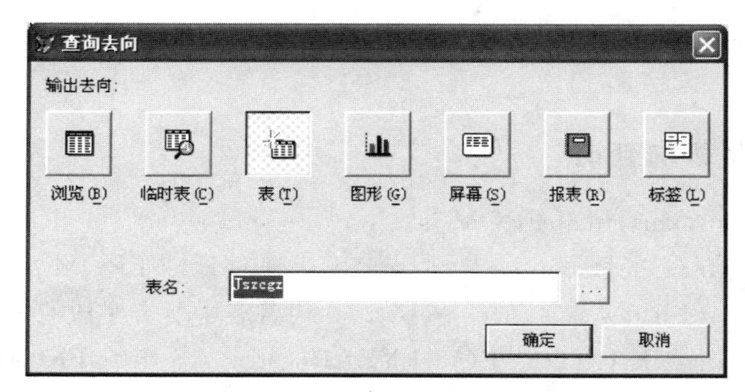

图 9-84 “查询去向”对话框

注 1：此时可通过运行按钮 ! 、“查询”菜单或快捷菜单中的“运行查询”命令运行查询。因为输出去向不是默认的“浏览”，所以不会看到包含查询结果的浏览窗口。

注 2：使用快捷菜单或“查询”菜单下的“查看 SQL”命令，可以看到实现该查询的 SQL 语句，读懂它。

```
SELECT Js.xm, Zc.zc, Gz.jbgz+Gz.gwjt AS 个人所得,;
IIF((Gz.jbgz+Gz.gwjt)>2000,(Gz.gwjt+Gz.jbgz-2000)*0.1,IIF((Gz.jbgz+;Gz.
gwjt)>1000,(Gz.jbgz+Gz.gwjt-1000)*0.05,0.00)) AS 个人所得税;
FROM  sjk!zc INNER JOIN sjk!js INNER JOIN sjk!gz;
ON  Js.gh=Gz.gh  ON  Zc.zcdh=Js.zcdh;
WHERE Zc.zc="教授" OR (Zc.zc="副教授");
HAVING 个人所得税>50;
ORDER BY Zc.zc, 3 DESC;
INTO TABLE jszcgz.dbf                 && 输出去向对应的子句
```

④ 关闭“查询设计器”，单击“是”按钮。

2）查询的运行。

使用命令完成下列要求：

① DO cj.qpr

&& 查询结果在浏览窗口中显示

② DO jszcgz.qpr

&& 查看状态栏信息，存放查询结果的 jszcgz 表已打开

③ BROW

&& 查询结果如图 9-85 所示

Jszcgz

Xm	Zc	个人所得	个人所得税
钱向前	副教授	2600.0	60.0
徐全明	副教授	2600.0	60.0
陈 林	教授	4200.0	220
程东萍	教授	4060.0	206
汪 杨	教授	3600.0	160
谢 涛	教授	3360.0	136
赵 龙	教授	3200.0	120
孙向东	教授	3200.0	120
王汝刚	教授	2950.0	95.0

图 9-85 “查询结果”浏览窗口

实验 4.2 使用 SELECT-SQL 语句创建查询

【实验步骤】

1. 基于单张表的查询

1) SELECT gh,xm,email FROM js

2) SELECT gh as 工号,xm as 姓名,email as 邮件地址 FROM js

3) SELECT * FROM js &&*代替表中所有字段

4) SELECT xm,YEAR(DATE())－YEAR(csrq) AS 年龄 FROM js

5) SELECT * FROM js WHERE xb='女'

6) SELECT * FROM js WHERE xdh='08' AND xb='女'

7) SELECT * FROM js WHERE xdh='08' OR xb='女'

8) SELECT * FROM js WHERE xb='女' ORDER BY xdh

或 SELECT * FROM js WHERE xb='女' ORDER BY 4

9) SELECT xh FROM cj

10) SELECT DISTINCT xh FROM cj

&&DISTINCT 用来去掉查询结果中重复的记录

11) SELECT TOP 5 Cj. xh, MAX(cj. cj) as 最高分;

FROM sjk!cj;

GROUP BY Cj. xh; &&需要按学号分组

ORDER BY 2 DESC

提示:"TOP 数值表达式":在符合查询条件的所有记录中,选取指定数量的记录,必须与 ORDER BY 子句同时使用。若指定的数值表达式值为 n,在查询结果中可能多于 n 个记录,因为有多个记录在排序依据上具有相同的值。本题 TOP 子句的数值表达式的值为"5",实际的查询结果却是 16 条记录,如图 9-86 所示。

12) SELECT xh FROM cj GROUP BY xh HAVING COUNT(*)＞3

2. 基于两张表的查询

1) SELECT Xs. xh, Xs. xm, Cj. kcdh, Cj. cj FROM sjk!xs INNER JOIN sjk!cj;

ON Xs. xh=Cj. xh; &&用 JOIN…ON 子句确定基本表间的联接

WHERE Xs. xh="03"

提示:"="用于字符表达式比较时是从左到右逐个字符进行比较,一直到两个表达式中的对应字符不相等,或者到达操作符右端表达式的末端(SET EXACT OFF:默认),或者到达两个表达式的末端(SET EXACT ON)。所以,默认时 Xs. xh="03"能表示"学号以 03 开头"这个条件。表达式 left(Xs. xh,2)=="03"、subs(Xs. xh,1,2)==

	Xh	最高分
▶	010101	100
	010104	100
	030305	100
	002903	99
	002911	99
	002917	99
	002922	99
	010102	99
	010103	99
	010105	99
	010106	99
	030201	99
	030202	99
	030301	99
	030302	99
	030304	99

图 9-86 “查询结果”浏览窗口

"03"、LIKE('03 * ',xs. xh)等都可以表示“学号以 03 开头”这个条件。

或者

```
SELECT xs. xh,xm,kcdh,cj FROM sjk!xs,sjk!cj;
WHERE xs. xh=cj. xh and LIKE('03 * ',xs. xh)
                    && 用 WHERE 子句筛选基表记录和确定基本表之间的联接
```

2) SELECT xs. xh,xs. xm FROM xs,cj WHERE xs. xh=cj. xh GROUP BY cj. xh HAVING COUNT(*)>3

或者

```
SELECT Xs. xh, Xs. xm FROM  sjk!xs INNER JOIN sjk!cj;
ON  Xs. xh=Cj. xh;
GROUP BY Xs. xh;
HAVING count( * )>3
```

3) SELECT Xs. xh, Xs. xm, count(*) as 选课门数;

```
FROM  sjk!xs INNER JOIN sjk!cj;
ON  Xs. xh=Cj. xh;
GROUP BY Xs. xh;
HAVING CNT( * )>3;
ORDER BY 3 DESC
```

或者

```
SELECT Xs. xh, Xs. xm, count( * ) as 选课门数;
FROM  sjk!xs ,sjk!cj;
WHERE  Xs. xh=Cj. xh;
GROUP BY Xs. xh;
HAVING CNT( * )>3;
ORDER BY 3 DESC
```

```
4) SELECT Xs. xh, Xs. xm, COUNT( * ) AS 选课门数;
   FROM   sjk!xs INNER JOIN sjk!cj;
   ON   Xs. xh=Cj. xh;
   GROUP BY Xs. xh;
   HAVING CNT( * )>3;
   ORDER BY 3 DESC;
   INTO CURSOR xsxkms                 && 输出到临时表 xsxkms
   或者
   SELECT Xs. xh, Xs. xm, count( * ) as 选课门数;
   FROM   sjk!xs ,sjk!cj;
   WHERE   Xs. xh=Cj. xh;
   GROUP BY Xs. xh;
   HAVING CNT( * )>3;
   ORDER BY 3 DESC;
   INTO CURSOR xsxkms
   注：执行下列命令查看查询结果。
   DIR xsxkms                         && 发现磁盘上不存在 xsxkms. dbf 文件，
                                      && 状态栏显示了 xsxkms 的相关信息
   BROWSE                             && 浏览临时表的记录
5) SELECT Xs. xh, Xs. xm, Cj. cj;
   FROM   sjk!xs INNER JOIN sjk!cj;
   ON   Xs. xh=Cj. xh;
   WHERE Cj. kcdh="02" AND Cj. cj<60;
   INTO TABLE bjgcj
   或者
   SELECT Xs. xh, Xs. xm, Cj. cj;
   FROM   sjk!xs ,sjk!cj;
   WHERE Xs. xh=Cj. xh AND Cj. kcdh="02" AND Cj. cj < 60
   INTO DBF bjgcj
   注：执行下列命令查看查询结果。
   DIR bjgcj                          && 发现磁盘上存在 bjgcj. dbf 文件,状态栏
                                      && 也显示了 bjgcj 的相关信息
   BROWSE                             && 浏览表记录
6) SELECT TOP 10 xs. xh,xs. xm,SUM(cj. cj) AS 总分;
   FROM sjk!xs INNER JOIN sjk!cj ON xs. xh=cj. xh;
   GROUP BY xs. xh;
   ORDER BY 3 DESC;
   HAVING MIN(cj. cj)>=60
```

或者

```
SELECT TOP 10 xs.xh,xs.xm,SUM(cj.cj) AS 总分 FROM sjk!xs,sjk!cj;
WHERE xs.xh=cj.xh;
GROUP BY xs.xh;
ORDER BY 3 DESC;
HAVING MIN(cj.cj)>=60
```

7）

```
SELECT Rk.kcdh, Js.xm;
FROM  sjk!rk INNER JOIN sjk!js;
ON  Rk.gh=Js.gh;
ORDER BY Rk.kcdh
```

或者

```
SELECT Rk.kcdh, Js.xm;
FROM  sjk!rk ,sjk!js;
WHERE Rk.gh=Js.gh;
ORDER BY Rk.kcdh
```

8）

```
SELECT Kc.kcm, COUNT(*) AS 任课教师人数;
FROM  sjk!rk INNER JOIN sjk!kc;
ON  Rk.kcdh=Kc.kcdh;
GROUP BY Rk.kcdh
```

或者

```
SELECT Kc.kcm, COUNT(*) AS 任课教师人数;
FROM  sjk!rk,sjk!kc;
WHERE Rk.kcdh=Kc.kcdh;
GROUP BY Rk.kcdh
```

3. 基于多张相关表的查询

1）

```
SELECT Kc.kcm, Js.xm;
FROM  sjk!js INNER JOIN sjk!rk;
INNER JOIN sjk!kc;
ON  Rk.kcdh=Kc.kcdh;
ON  Js.gh=Rk.gh
```

或者

```
SELECT Kc.kcm, Js.xm;
FROM  sjk!js,sjk!rk,sjk!kc;          && 基于3张表的查询
WHERE Rk.kcdh=Kc.kcdh AND Js.gh=Rk.gh
```

2）

```
SELECT DISTINCT Kc.kcm, Js.xm;
FROM  sjk!js INNER JOIN sjk!rk;
INNER JOIN sjk!kc;
```

```
ON   Rk. kcdh=Kc. kcdh;
ON   Js. gh=Rk. gh;
ORDER BY Kc. kcm
```

或者

```
SELECT DISTINCT Kc. kcm, Js. xm;
FROM   sjk!js,sjk!rk,sjk!kc;                && 基于 3 张表的查询
WHERE Rk. kcdh=Kc. kcdh AND Js. gh=Rk. gh;
ORDER BY Kc. kcm
```

3)
```
SELECT DISTINCT Kc. kcm, Js. xm, Zc. zc;
FROM   sjk!zc INNER JOIN sjk!js;
INNER JOIN sjk!rk;
INNER JOIN sjk!kc;
ON   Rk. kcdh=Kc. kcdh;
ON   Js. gh=Rk. gh;
ON   Zc. zcdh=Js. zcdh;
ORDER BY Kc. kcm
```

或者

```
SELECT DISTINCT Kc. kcm, Js. xm, Zc. zc;
FROM   sjk!zc,sjk!js,sjk!rk,sjk!kc;         && 基于 4 张表的查询
WHERE Rk. kcdh=Kc. kcdh AND Js. gh=Rk. gh AND Zc. zcdh=Js. zcdh;
ORDER BY Kc. kcm
```

4)
```
SELECT Xim. ximing, Kc. kcm, count(*) as 学习人数, avg(cj. cj) as 平均成绩;
FROM    sjk! xim INNER JOIN sjk! xs INNER JOIN sjk! cj INNER JOIN sjk!kc;
ON   Cj. kcdh=Kc. kcdh ON   Xs. xh=Cj. xh ON   Xim. xdh=Xs. xdh;
WHERE Kc. kcm="英语" OR (Kc. kcm="Visual FoxPro 5.0");
GROUP BY Cj. kcdh, Xs. xdh;
HAVING 平均成绩>70;
ORDER BY Xim. ximing, Kc. kcm
```

或者

```
SELECT Xim. ximing, Kc. kcm, count(*) as 学习人数, avg(cj. cj) as 平均成绩;
FROM   sjk!xim,sjk!xs,sjk!cj,sjk!kc;
WHERE Cj. kcdh=Kc. kcdh AND Xs. xh=Cj. xh AND Xim. xdh=Xs. xdh;
AND (Kc. kcm="英语" OR Kc. kcm="Visual FoxPro 5.0");
GROUP BY Cj. kcdh, Xs. xdh;
HAVING 平均成绩 > 70;
```

```
    ORDER BY Xim.ximing, Kc.kcm
5) SELECT xs.xm FROM xs WHERE xs.xh IN (SELECT xh FROM cj)
6) SELECT xs.xm FROM xs WHERE xs.xh NOT IN (SELECT xh FROM cj)
   && 学生表共152条记录，选修了课程的学生人数为41，剩下111个学生没选修
   && 课程
   SELECT js.xm,xim.ximing FROM sjk!js INNER JOIN xim;
   ON js.xdh=xim.xdh
   WHERE js.gh  IN (SELECT DISTINCT rk.gh FROM sjk!rk)
   或者
   SELECT js.xm,xim.ximing FROM sjk!js,sjk!xim;
   WHERE js.xdh=xim.xdh AND js.gh  IN (SELECT DISTINCT rk.gh FROM
   sjk!rk)
```

实验 4.3　视图的创建和使用

【实验步骤】

1. 使用视图设计器创建本地视图

1）具体操作步骤如下。

① 在jxgl项目管理器中选择sjk数据库下的“本地视图”项，单击“新建”按钮。

② 在弹出的“新建本地视图”对话框中单击“新建视图”按钮。

③ 将xs表和cj表添加到“视图设计器”中，并设置两表的联接条件为“xs.xh=cj.xh”，联接类型为：内部联接，关闭“添加表或视图”对话框。

④ 在“字段”选项卡中设置输出字段：Xs.xh，Xs.xm，Cj.kcdh，Cj.cj。

⑤ 在“排序依据”选项卡中设置排序条件为：xs.xh(升序)。

⑥ 关闭“视图设计器”窗口，单击“是”按钮，输入视图名：xscjview。

注：像运行查询一样，在“视图设计器”中，单击“常用”工具栏中的“运行”按钮，或选择“查询”菜单中的“运行查询”命令，或使用快捷菜单中的“运行查询”命令都可以运行视图。关闭视图设计器后还可以在项目管理器中选中视图名后单击“运行”按钮来运行视图。

2）具体操作步骤如下。

① 在jxgl项目管理器中选择sjk数据库下的“本地视图”项，单击“新建”按钮。

② 在弹出的“新建本地视图”对话框中单击“新建视图”按钮。

③ 将xs表和zy表添加到“视图设计器”中，并设置两表的联接条件为“xs.zydh=cj.zydh”，联接类型为：内部联接，关闭“添加表或视图”对话框。

④ 在“字段”选项卡中设置输出字段和表达式：Xs.xdh，Xs.zydh，Zy.zymc，

left(bjbh,2) as 年级,avg(year(date())－year(xs.csrq)) as 平均年龄。

⑤ 在“排序依据”选项卡的“选定字段”列表框中依次双击“xs.xdh”和“xs.zydh”,将这两个字段添加到“排序条件”列表框中。

⑥ 在“分组”依据选项卡的“可用字段”列表框中依次双击“xs.xdh”、“xs.zydh”和“left(bjbh,2) as 年级”,将它们添加到“分组字段”列表框中。

注:此时可运行并验证视图。

⑦ 关闭“视图设计器”窗口,单击“是”按钮,输入视图名:xsnlview。

3) 具体操作步骤如下。

① 在 jxgl 项目管理器中选择 sjk 数据库下的“本地视图”项,单击“新建”按钮。

② 在弹出的“新建本地视图”对话框中单击“新建视图”按钮。

③ 将 zc 表、js 表和 zy 表依次添加到“视图设计器”中,并设置三表的联接条件为“zc.zcdh＝js.zcdh”和“Js.gh＝Gz.gh”,联接类型都为:内部联接,关闭“添加表或视图”对话框。

④ 在“字段”选项卡中设置输出字段:Js.gh, Js.xm, Zc.zc, Gz.jbgz。

⑤ 在“排序依据”选项卡的“选定字段”列表框中依次双击“zc.zc”和“gz.jbgz”,将这两个字段添加到“排序条件”列表框中。

注:此时可运行并验证视图。

⑥ 关闭“视图设计器”窗口,单击“是”按钮,输入视图名:jsjbgzview。

2. 使用 CREATE SQL VIEW 命令创建本地视图

1) 具体操作如下。

创建视图 xscjview2 的命令:

```
CREATE SQL VIEW xscjview2;
AS;
SELECT Xs.xh, Xs.xm, Cj.kcdh, Cj.cj;
FROM  sjk!xs INNER JOIN sjk!cj;
ON  Xs.xh=Cj.xh;
ORDER BY Xs.xh
```

创建视图 xsnlview2 的命令:

```
CREATE SQL VIEW xsnlview2;
AS;
SELECT Xs.xdh, Xs.zydh, Zy.zymc, LEFT(bjbh,2) AS 年级,;
AVG(YEAR(DATE())-YEAR(Xs.csrq)) AS 平均年龄;
FROM  sjk!xs INNER JOIN sjk!zy;
ON  Xs.zydh=Zy.zydh;
GROUP BY Xs.xdh, Xs.zydh, 4;
ORDER BY Xs.xdh, Xs.zydh
```

创建视图 jsjbgzview2 的命令：

```
CREATE SQL VIEW jsjbgzview2;
AS;
SELECT Js.gh, Js.xm, Zc.zc, Gz.jbgz;
FROM  sjk!zc INNER JOIN sjk!js;
INNER JOIN sjk!gz;
ON  Js.gh=Gz.gh;
ON  Zc.zcdh=Js.zcdh;
ORDER BY Zc.zc, Gz.jbgz
```

2）CREATE SQL VIEW xsview AS SELECT xs. xh, xs. xm, xs. jg FROM xs

3）CREATE SQL VIEW xkxsmdview AS SELECT DISTINCT xs. xh, xs. xm FROM xs, cj; WHERE xs. xh=cj. xh

或者

CREATE SQL VIEW xkxsmdview AS SELECT xs. xh, xs. xm FROM xs;
WHERE xs. xh IN (SELECT DISTINCT cj. xh FROM cj)

注意：使用命令创建的本地视图会自动添加到当前数据库中，可以在"视图设计器"中打开或修改，运行方法同"视图设计器"创建的视图。

3. 视图的使用

1）CLOSE TABLES ALL

2）在 jxgl 项目管理器中选中本地视图下的 xscjview，单击"浏览"按钮。

3）具体操作步骤如下。

① 打开"数据工作期"窗口，"别名"列表框中有刚打开的 xscjview 视图和它的两张基表。

② 单击"打开"按钮，在弹出的"打开"对话框中单击"选定"框中的"视图"选项按钮，在"数据库中的视图"列表框中，单击 xsnlview，再单击"确定"按钮。

③ "数据工作期"的"别名"列表框中 xsnlview 处于被选中的状态，单击"浏览"按钮。关闭"浏览"窗口和"数据工作期"窗口。

4）具体操作步骤如下。

① USE jsjbgzview

&& 打开 jsjbgzview 的同时关闭了 xsnlview，它的基表还处于打开状态

② BROWSE

5）具体操作步骤如下。

① USE jsjbgzview IN 0

&&"数据工作期"窗口显示这次打开视图使用的别名是 I

② BROWSE

6）USE

7）SELECT xscjview

USE

8）打开“数据工作期”窗口，选中“别名”列表框中的“I”，单击“关闭”按钮。

9）具体操作步骤如下。

① USE xsnlview IN 3

② 从“数据工作期”窗口可以看出，xsnlview 视图及其基表都打开了。

③ CLOSE TABLES ALL　　　　　&& 也可以使用 CLOSE DATABASES ALL

④ 从“数据工作期”窗口可以看出，所有打开的表和视图均关闭了。

10）在 jxgl 项目管理器中，选中 sjk 数据库的本地视图 xscjview2，单击“移去”按钮，在弹出的对话框中再单击“移去”按钮。用同样的方法可以删除 xsnlview2 视图。

注意：同表的移去不同，移去视图就是删除视图。

11）DELETE VIEW jsjbgzview2

12）具体操作步骤如下。

方法一：使用“视图字段属性”对话框进行设置。

① 在 nsnlview 视图设计器的“字段”选项卡中单击“属性”按钮，弹出“视图字段属性”对话框。

② 在“字段”下拉列表框中依次单击“xs. xdh”、“xs. zydh”和“zy. zymc”，在标题文本框中为各个字段输入中文标题。

③ 如图 9-87 所示，在“字段”下拉列表框中选择“xs. xdh”，在“默认值”文本框和“注释”编辑框中分别设置默认值‘08’和注释文本“为 xdh 字段设置了默认值：08”，单击“确定”按钮。关闭“视图设计器”窗口。

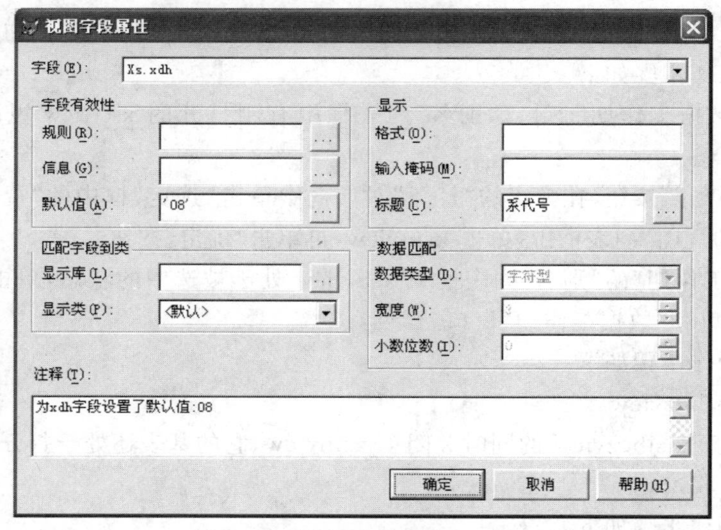

图 9-87　“视图字段属性”对话框

④ 浏览视图并验证属性设置。

方法二：使用“DBSETPROP()”函数进行设置：

```
OPEN DATABASE sjk
DBSETPROP("xsnlview.xdh","FIELD","CAPTION","系代号")
```

```
DBSETPROP("xsnlview.zydh","FIELD","CAPTION","专业代号")
DBSETPROP("xsnlview.zymc","FIELD","CAPTION","专业名称")
DBSETPROP("xsnlview.xdh","FIELD","DEFAULT","08")
DBSETPROP("xsnlview.xdh","FIELD","COMMENT","为 xdh 字段设置了默认值：08")
```

4. 更新数据

1）使用“项目管理器”上的“修改”按钮或在“命令窗口”中执行“MODIFY VIEW xscjview”命令，打开“视图设计器”窗口，在“筛选”选项卡中设置条件：Xs. xb＝"男"，关闭“视图设计器”窗口。

2）使用“项目管理器”中的“浏览”按钮或执行 BROWSE 命令浏览 xscjview 视图，在浏览窗口中将学号为“002901”、课程代号为“01”的记录的成绩值改为 100，关闭浏览窗口。浏览成绩表：学号为“002901”、课程代号为“01”的成绩值仍为“95”，没有跟着视图的改变而改变。关闭所有表文件(CLOSE TABLES ALL)。

3）具体操作步骤如下。

① 将 xscjview 视图在“视图设计器”中打开，在“更新条件”选项卡(注：这是视图设计器比查询设计器多出来的一个选项卡)的“字段名”列表框中设置 cj. kcdh 为关键字段，设置 cj. cj 为可更新字段，选中“发送 SQL 更新”复选框，如图 9-88 所示，关闭“视图设计器”并保存修改。

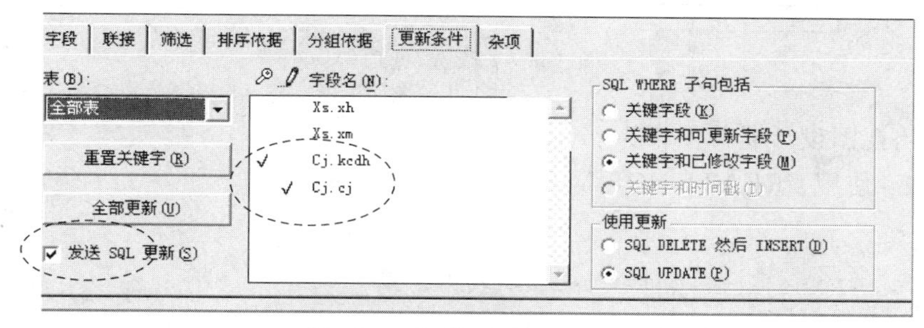

图 9-88 “更新条件”选项卡

② 浏览视图，将学号为“002901”、课程代号为“01”的记录的成绩值改为 100，用鼠标单击其他记录的任意位置，关闭浏览窗口。

③ 浏览成绩表，学号为“002901”、课程代号为“01”的成绩值显示为“100”，说明在视图中的修改已经发送到基表的相应记录的相应字段中了。

5. 参数化视图的创建和使用

1）具体操作步骤如下。

方法一：使用“视图设计器”创建。

① 打开 sjk 数据库。

② 单击“文件”菜单下的“新建”命令，在弹出的“新建”对话框中选中“视图”选项按钮后单击“新建文件”按钮。

③ 利用"添加表或视图"对话框将 js 表添加到"视图设计器"中，关闭"添加表或视图"对话框。

④ 在"字段"选项卡中将所有可用字段"全部添加"到"选定字段"列表框中。

⑤ 单击"查询"菜单下的"视图参数"命令，在弹出的"视图参数"对话框中设置"教师工号"参数，如图 9-89 所示，单击"确定"按钮。

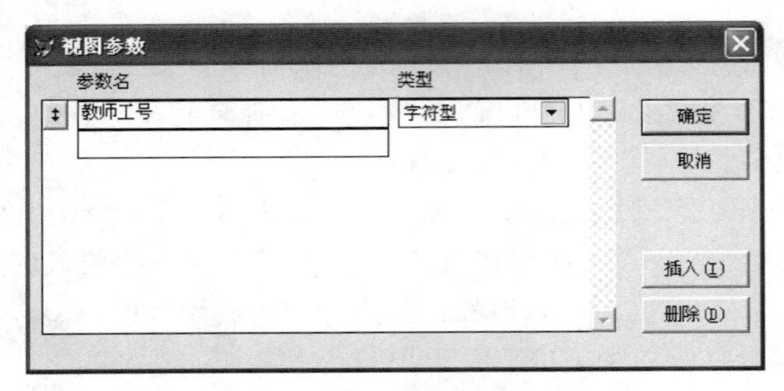

图 9-89 "视图参数"定义对话框

⑥ 在"筛选"选项卡中设置筛选条件：Js. gh=？教师工号，如图 9-90 所示。

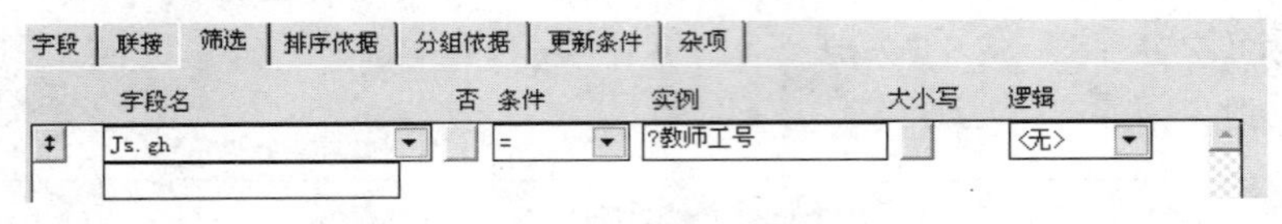

图 9-90 "筛选"选项卡

⑦ 关闭视图设计器并保存为 jsview。

方法二：使用 CREATE SQL VIEW 命令创建。

```
CREATE SQL VIEW jsview AS;
SELECT * FROM sjk!js  WHERE Js.gh=?教师工号
```

注：不管是使用"新建"菜单，还是使用项目管理器上的"新建"按钮或者是使用 CREATE 命令，只要所属的数据库在项目中，该视图就在项目管理器中可见。

2）具体操作步骤如下。

界面操作方式：使用项目管理器中的"浏览"按钮，或在视图设计器中，使用工具栏中的"运行"按钮，或使用"查询"菜单中的"运行查询"命令都可以运行参数化视图，在弹出的"视图参数"对话框中输入"A0001"，单击"确定"按钮，如图 9-91 所示。

图 9-91 "视图参数"输入对话框

编程方式：在“命令窗口”中依次执行下列命令。

```
教师工号='A0001'
USE sjk!jsview
BROWSE
```

实验 5.1 顺序结构

【实验步骤】

1. 创建程序文件并保存的步骤

1）选择“项目管理器”窗口中的“代码”标签，在“代码”选项卡中单击“程序”项，单击窗口中的“新建”命令按钮，如图 9-92 所示。

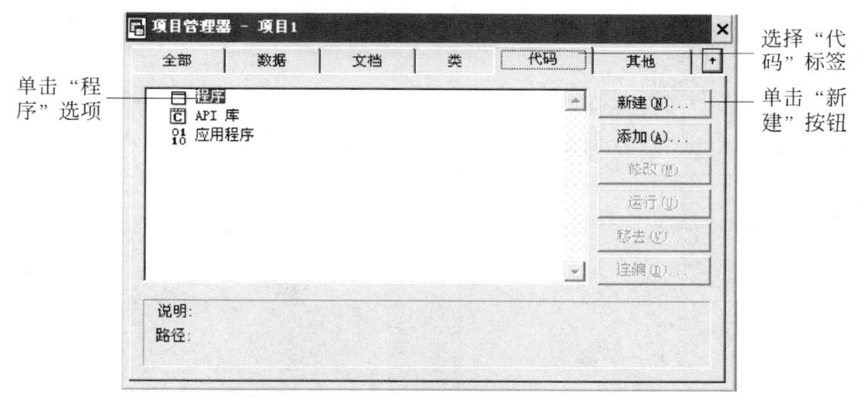

图 9-92　新建程序文件

2）在出现的编辑窗口中输入程序，如图 9-93 所示。

图 9-93　程序编辑窗口

3）编写好程序后单击“常用”工具栏中的“保存”按钮，在出现的对话框中输入文件名，如f1-1，并保存，如图 9-94、图 9-95 所示。

图 9-94 工具栏的“保存”按钮

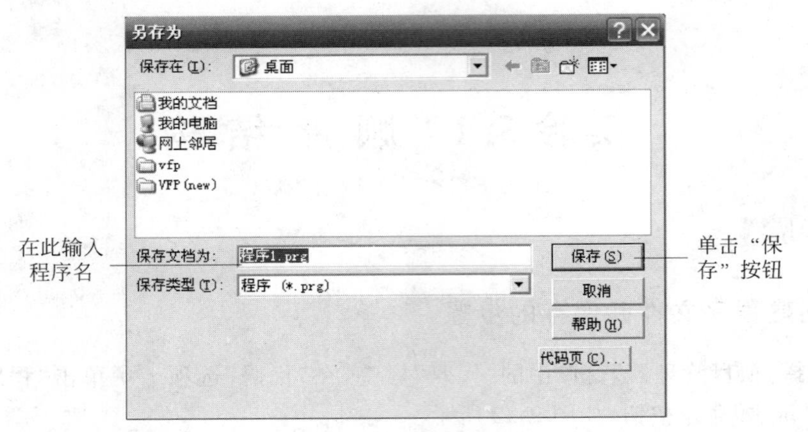

图 9-95 程序文件的保存

2. 编写程序并调试

打开程序编辑窗口，编写程序，保存并调试运行。

参考的程序：

1）f1-1. prg 程序清单

```
CLEAR
INPUT "请输入长：" TO x
INPUT "请输入宽：" TO y
area=x* y
?"长方形的面积为：", area
```

2）f1-2. prg 程序清单

```
CLEAR
INPUT "请输入半径：" TO r
pi=3.1415926
s=pi* r* r
l=2* pi* r
?"圆的面积为：",s
?"圆的周长为：",l
```

3）f1-3. prg 程序清单

```
USE xs
INPUT "请输入被查询者姓名：" TO xingm
LOCATE FOR xm=xingm                  && 定位指定学生的记录
CLEAR
```

```
?"姓名:"+xm
    ?"学号:"+xh
    ?"出生日期:"+csrq
    ……                                  && 根据数据表 xs 的字段显示学生信息
USE
```

3. 运行程序的步骤

常用的运行程序的方法有以下三种。

1）对于已创建的程序，在"项目管理器"窗口中单击需运行的程序文件，然后单击"项目管理器"窗口中的"运行"命令按钮，如图 9-96 所示。

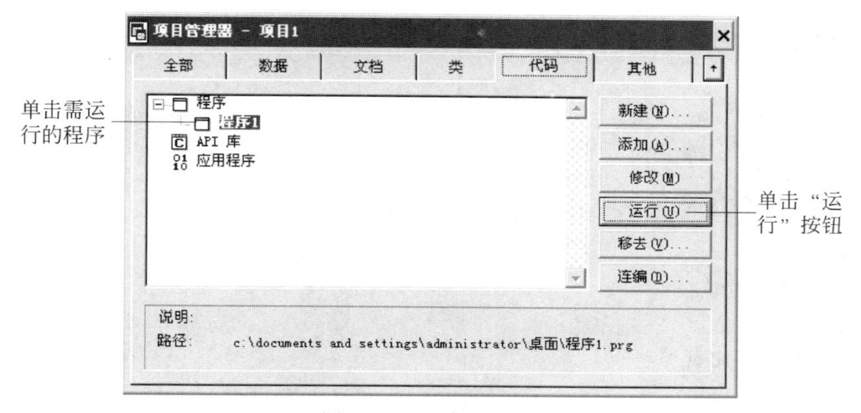

图 9-96　程序的运行

2）在"命令"窗口中输入并执行命令：DO 文件名。例如 DO f1-1.prg。

3）如果程序处于编辑状态，单击"常用"工具栏中的"运行"按钮即可运行该程序，如图 9-97 所示。

图 9-97　工具栏的"运行"按钮

实验 5.2　分支结构

【实验步骤】

打开程序编辑窗口，编写程序，保存并调试运行。

参考的程序：

1）f2-1.prg 程序清单

```
CLEAR
INPUT "请输入：" TO x
```

```
IF x>60
    y="及格"
ELSE
    y="不及格"
ENDIF
?y
```

2) f2-2.prg 程序清单

```
CLEAR
INPUT "请输入：" TO a
INPUT "请输入：" TO b
IF a>b
    ?"大数为：",a
ELSE
    ?"大数为：",b
ENDIF
```

3) f2-3.prg 程序清单

```
CLEAR
INPUT "里程："TO lc
IF lc<=5
    ?"车费为：10元"
ELSE
    cf=10+(lc-5)*1.6
    ?"车费为："+STR(cf,6,2)
ENDIF
```

4) f2-4.prg 程序清单

```
*使用嵌套的IF…ENDIF语句
CLEAR
INPUT "员工号：" TO ygh
INPUT "工时：" TO gs
IF gs>120
    gz=gs*20+(gs-120)*20*0.15
ELSE
    IF gs<80
        gz=gs*20-500
    ELSE
        gz=gs*20
    ENDIF
ENDIF
?ygh+"号员工应发工资："+STR(gz,8,2)
*使用DO CASE…ENDCASE语句
CLEAR
```

```
INPUT "员工号：" TO ygh
INPUT "工时：" TO gs
DO CASE
    CASE gs>120
        gz=gs*20+(gs-120)*20*0.15
    CASE gs<80
        gz=gs*20-500
    OTHERWISE
        gz=gs*20
ENDCASE
?ygh+"号员工应发工资："+STR(gz,8,2)
```

实验5.3　循环结构

【实验步骤】

打开程序编辑窗口，编写程序，保存并调试运行。

参考的程序：

1）f3-1.prg 程序清单

```
CLEAR
STORE 0 TO s
FOR n=1 TO 100
    s=s+n
ENDFOR
?"累加和为："+STR(s,6)
```

2）f3-2.prg 程序清单

```
CLEAR
x=0
DO WHILE .T.                          && 无条件循环
  x=RAND()*100                        && 产生 0～100 之间的随机数
  IF x>20 and x<30
    EXIT                              && 找到满足条件的数，跳出整个循环
  ENDIF
ENDDO
?x
```

3）f3-3.prg 程序清单

```
CLEAR
FOR i=1 TO 10 STEP 2                  && 变量 i 存放奇数
```

```
  FOR j=0 TO 10 STEP 2                    && 变量 j 存放偶数
    IF MOD(i+j,3)!=0
        LOOP                              && 判断和是否为 3 的倍数,不是则跳过这次
                                          && 循环执行下一次循环
    ENDIF
    ?STR(i,1),"+",STR(j,2),"=",STR(i+j,2)
  ENDFOR
ENDFOR
```

4) f3-4. prg 程序清单

```
CLEAR
DIMENSION a(10)                           && 定义数组 a,用来保存 10 个随机数
FOR i=1 to 10
  a(i)=INT(RAND() * 100)
  ??a(i)
ENDFOR
max=a(1)                                  && 假设第一个数为最大数
min=a(1)                                  && 假设第一个数为最小数
FOR i=1 to 10
  IF a(i)>max
    max=a(i)
  ENDIF
  IF a(i)<min
    min=a(i)
  ENDIF
ENDFOR
?"最大数为：",max
?"最小数为：",min
```

5) f3-5. prg 程序清单

```
CLEAR
ACCEPT "请输入一个字符串：" TO instring
outstring=space(0)                        && 初始化输出字符串为空字符串
FOR i=1 TO LEN(instring)
  cstr=ASC(SUBSTR(instring,i,1))
  IF cstr<65                              &&ASCII 值小于 65 的为数字
    outstring=SUBSTR(instring,i,1)+outstring
  ENDIF
ENDFOR
?outstring
```

实验 5.4　过程与用户自定义函数

【实验步骤】

打开程序编辑窗口，编写程序，保存并调试运行。

参考的程序：

1）f4-1.prg 程序清单

```
CLEAR
INPUT "请输入长：" TO x
INPUT "请输入宽：" TO y
s=AREA(x,y)
?s
FUNCTION  AREA
  PARAMETERS x,y                      && 长方形的长和宽作为参数
    s1=x * y
    RETURN  s1                        && 返回值为长方形的面积
ENDFUNC
```

2）f4-2.prg 程序清单

```
CLEAR
nsum=0
FOR i=1 TO 2
  nsum=nsum+jc(i)
ENDFOR
?nsum
FUNCTION jc                           && 计算 n!的函数
PARAMETER x
  s=1
  FOR m=1 TO x
    s=s * i
  ENDFOR
RETURN s
```

3）f4-3.prg 程序清单

```
CLEAR
FOR i=2 TO 999
  IF F(i)
    ?i
  ENDIF
ENDFOR
```

```
FUNCTION F
  PARAMETERS n
   flg=.f.                          && 定义一个逻辑变量用来判断一个数是否为水仙花数
  a=INT(n/100)                      && 取数字的百位
  b=INT(n%100/10)                   && 取数字的十位
  c=n%10                            && 取数字的个位
  IF a^3+b^3+c^3=n
    flg=.t.                         && 判断此数为水仙花数
  ENDIF
  RETURN flg                        && 返回判断的逻辑值
ENDFUNC
```

4) f4-4.prg 程序清单

```
CLEAR
ACCEPT "请输入一个字符串：" TO cstr
ACCEPT "请输入一个字符：" TO cchar
DO del WITH cstr,cchar
?cstr
PROCEDURE del
  PARAMETERS str1,char1
  n=OCCURS(char1,str1)              && n为char1在str1中出现的次数
  FOR i=1 TO n
    m=AT(char1,str1)
     str1=SUBSTR(str1,1,m-1)+SUBSTR(str1,m+1)       && 删除字符后将前后的字符串
                                                     && 连接起来
  ENDFOR
ENDPROC
```

实验6.1　表单向导和表单生成器

【实验步骤】

1. 利用表单向导创建单表表单

1) 选择“文件”菜单中的“新建”菜单，弹出“新建”对话框，如图9-98所示。

2) 选择“表单”选项，单击“向导”按钮，弹出“向导选取”对话框，选择“表单向导”选项，单击“确定”按钮，如图9-99所示。

3) 在“字段选取”页中，选择sjk数据库中的js表，选取js表中所有字段，单击“下一步”按钮，如图9-100所示。

4) 在“选择表单样式”页中，选择“标准式”，其余按默认设置，单击“下一步”按钮，如图9-101所示。

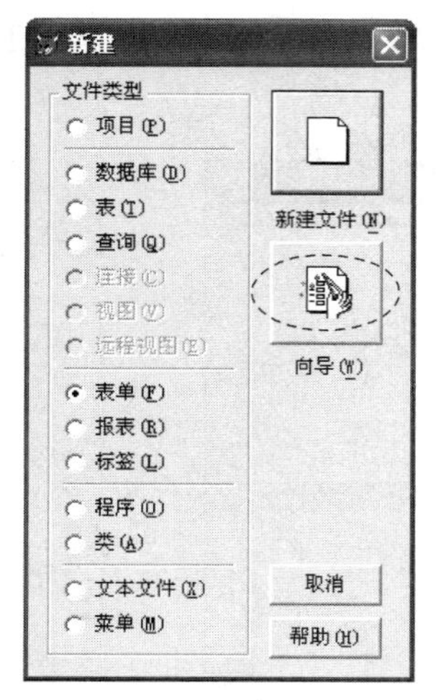

图 9-98 “新建”对话框

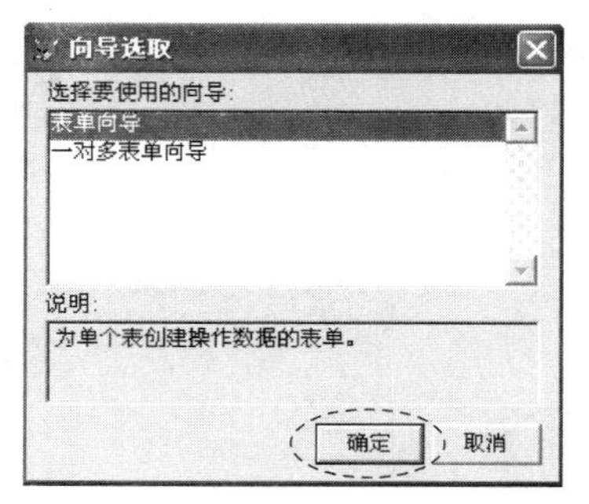

图 9-99 表单“向导选取”对话框

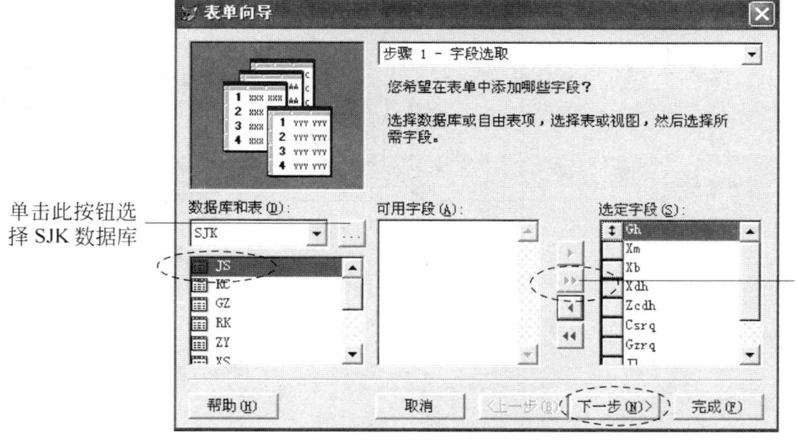

图 9-100 表单向导“字段选取”页

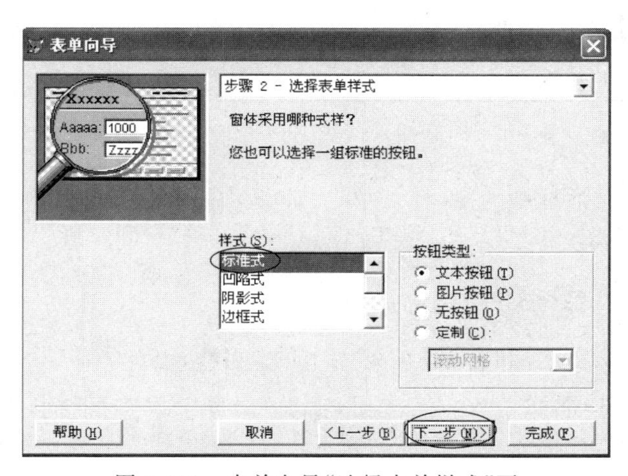

图 9-101 表单向导“选择表单样式”页

5）在“排序次序”页中，选择排序字段为 gh，排序次序为“升序”，单击“下一步”按钮，如图 9-102 所示。

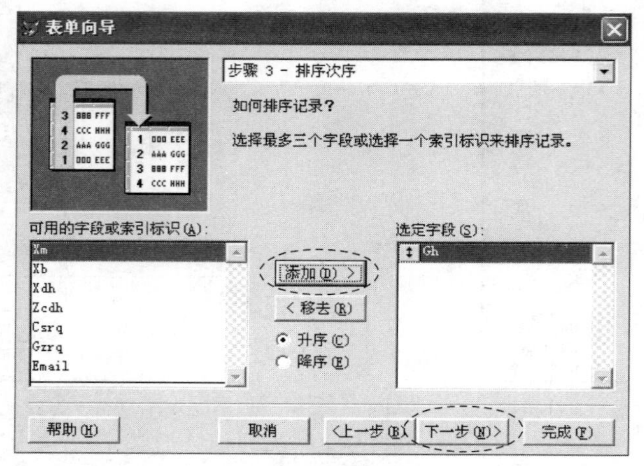

图 9-102　表单向导“排序次序”页

6）在“完成”页中，设置表单的标题为“教师信息表”，选择“保存并运行表单”选项，其余按默认设置，单击“完成”按钮，如图 9-103 所示。

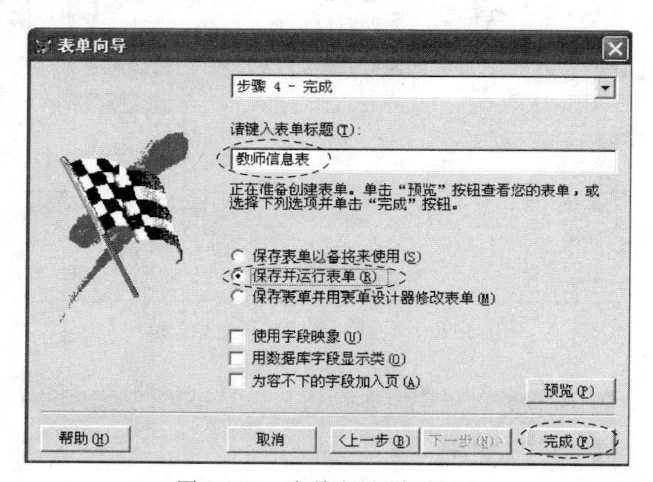

图 9-103　表单向导“完成”页

7）在“另存为”对话框中的“保存表单”文本框中输入表单名 bd_js，然后单击“保存”按钮，如图 9-104 所示。

2. 利用表单向导创建一对多表单

1）选择“文件”菜单中的“新建”菜单，弹出“新建”对话框。

2）选择“表单”选项，单击“向导”按钮，弹出“向导选取”对话框，选择“一对多表单向导”选项，单击“确定”按钮，如图 9-105 所示。

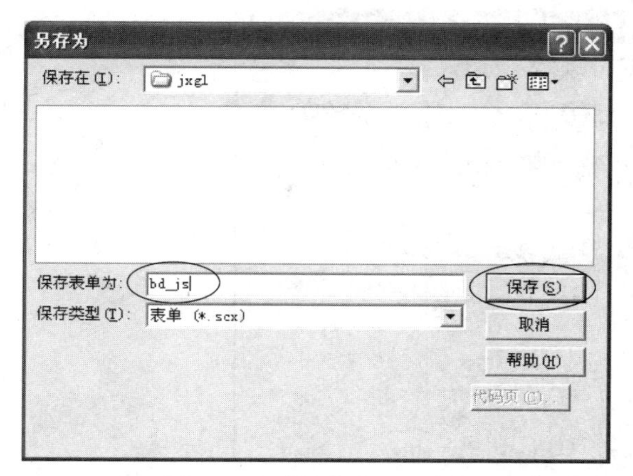

图 9-104 “另存为”对话框

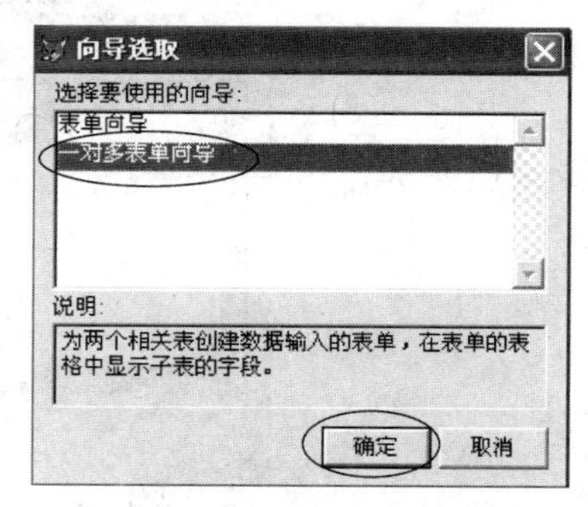

图 9-105 新建表单向导对话框

3）在“从父表中选定字段”页中，选择 sjk 数据库中的 xs 表，选取 xs 表中所有字段，单击“下一步”按钮，如图 9-106 所示。

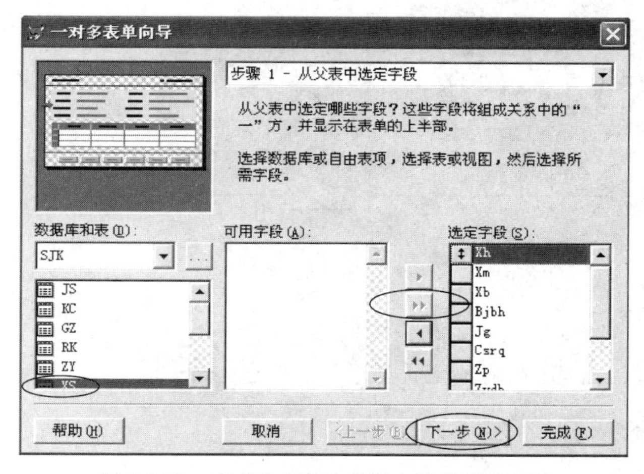

图 9-106 表单向导“从父表中选定字段”页

4）在“从子表中选定字段”页中，选择 sjk 数据库中的 cj 表，选取 cj 表中 kcdh 和 cj 字段，单击“下一步”按钮，如图 9-107 所示。

5）在“建立表之间的关系”页中，选择 xh 字段，单击“下一步”按钮，如图 9-108 所示。

6）在“选择表单样式”页中，选择“凹陷式”，其余按默认设置，单击“下一步”按钮，如图 9-109 所示。

7）在“排序次序”页中，选择排序字段为 xh，排序次序为“升序”，单击“下一步”按钮，如图 9-110 所示。

8）在“完成”页中，设置表单的标题为“学生成绩表”，选择“保存并运行表单”选项，其余按默认设置，单击“完成”按钮，如图 9-111 所示。

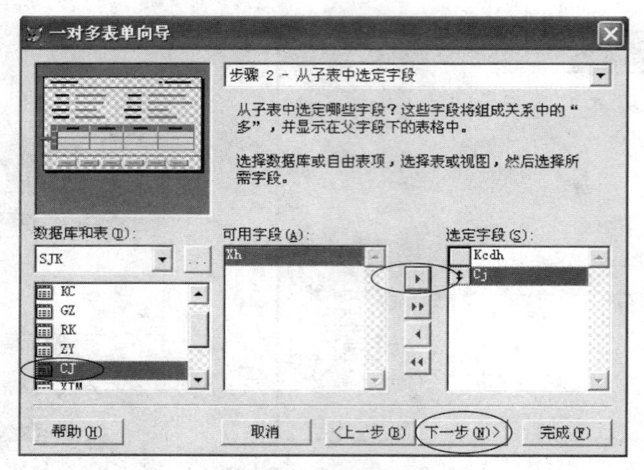

图 9-107　表单向导“从子表中选定字段”页

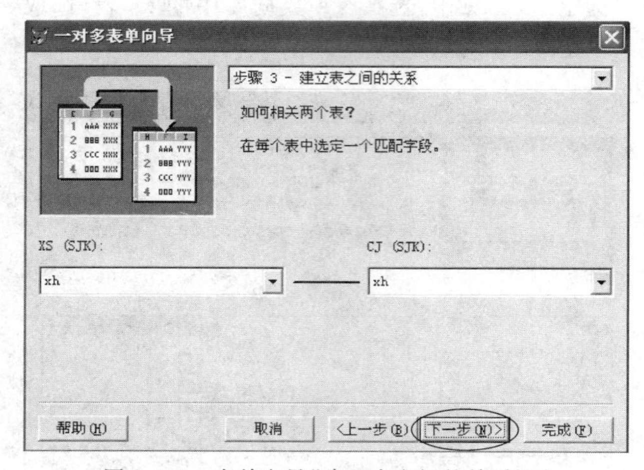

图 9-108　表单向导“建立表之间的关系”页

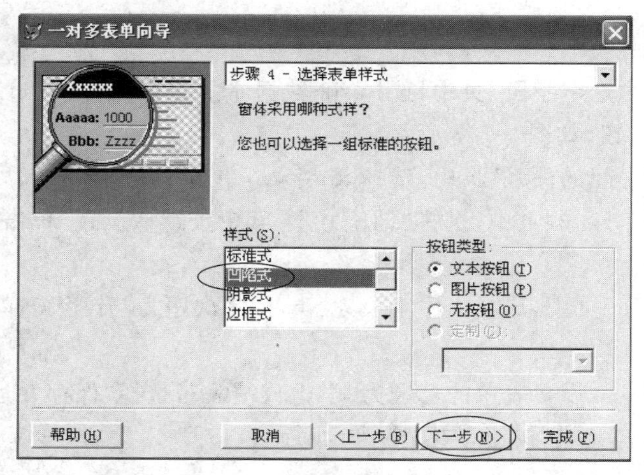

图 9-109　表单向导“选择表单样式”页

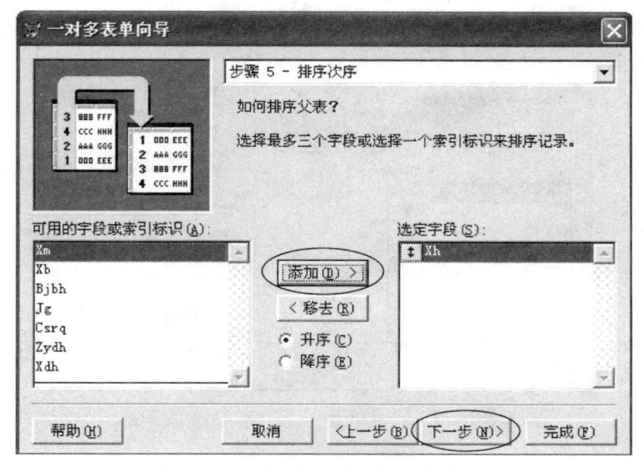

图 9-110　表单向导“排序次序”页

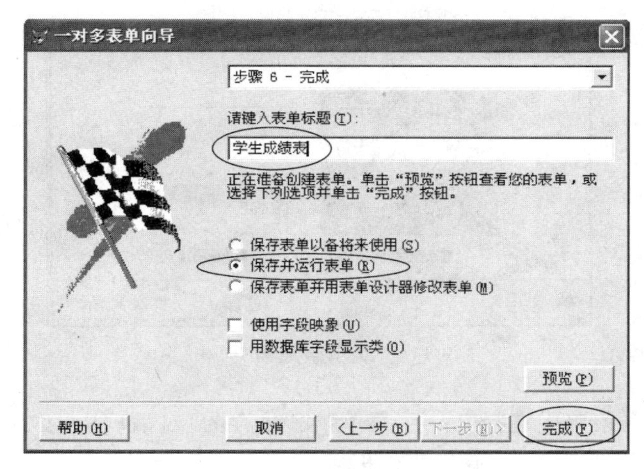

图 9-111　表单向导“完成”页

9）在“另存为”对话框中的“保存表单”文本框中输入表单名 bd_xscj,然后单击“保存”按钮。

3. 利用表单生成器创建表单

1）选择“文件”菜单中的“新建”菜单,弹出“新建”对话框。

2）选择“表单”选项,单击“新建表单”按钮,建立一个表单。

3）在表单上右击鼠标,在弹出的快捷菜单(如图 9-112 所示)中选择“生成器”菜单,打开“表单生成器”对话框。

4）在“字段选取”页中,选择 sjk 数据库中的 js 表,选取 js 表中所有字段,如图 9-113 所示。

5）在“样式”页中,表单样式用“浮雕式”,其余按默认设置,单击“确定”按钮,如图 9-114 所示。

图 9-112　表单右击后的快捷菜单

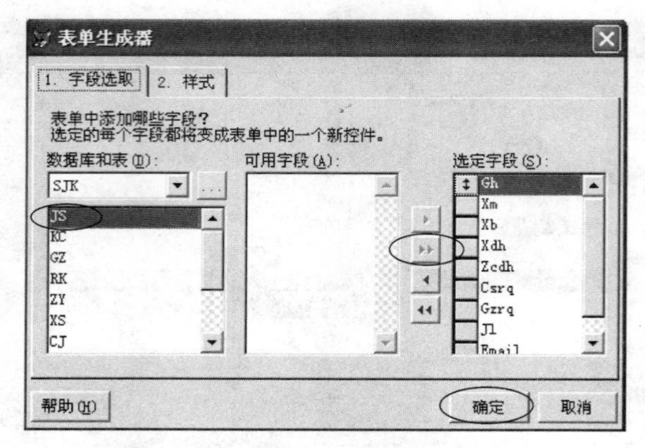

图 9-113　表单生成器“字段选取”页

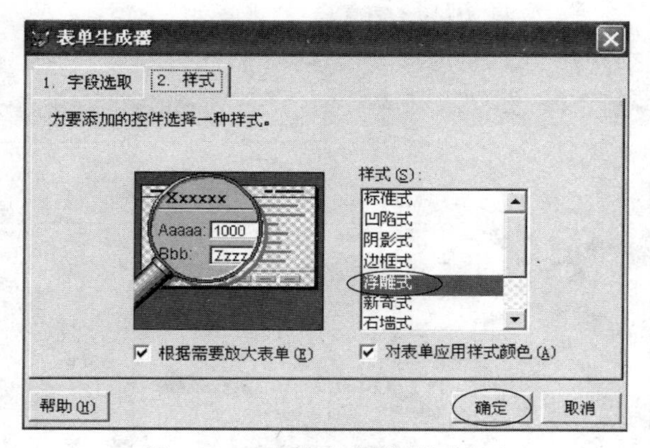

图 9-114　表单生成器“样式”页

6）在“文件”主菜单中选择“保存”菜单，在“另存为”对话框中的“保存表单”文本框中输入表单名 bd_scq，然后单击“保存”按钮。

实验 6.2　表单设计器和面向对象程序设计基础

【实验步骤】

利用表单设计器修改表单及其面向对象程序设计基础。

1）选择“文件”菜单中的“打开”菜单，弹出“打开”对话框，如图 9-115 所示，更改“文件类型”为“scx”，选择“bd_scq. scx”表单文件，单击“确认”按钮。

2）用鼠标单击表单空白处，在属性窗口中设置表单的 Name 属性为“frm1”，MaxButton 属性为“. F. -假”，MinButton 属性为“. F. -假”，Closeable 属性为“. F. -假”，AutoCenter 属性为“. T. -真”，BackColor 属性为“128，128，255”，如图 9-116 所示。

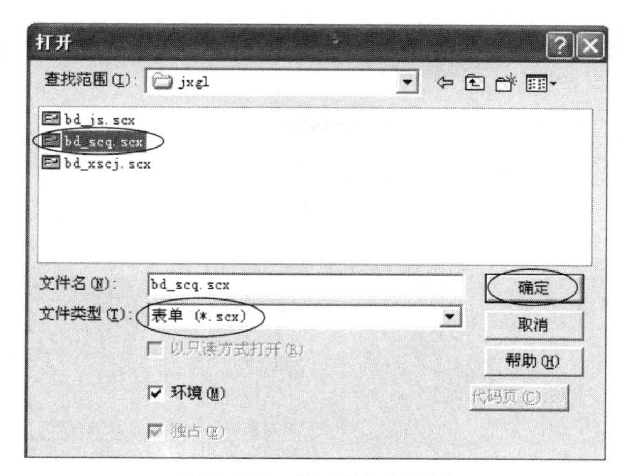

图 9-115 “打开”对话框

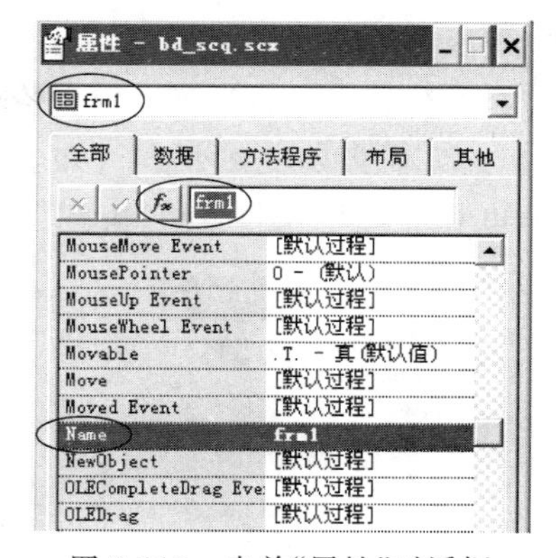

图 9-116 表单“属性”对话框

3）设置表单的 Caption 为“=Dtoc(date())”;设置 Icon 属性图标文件名“Net.ico”，设置方法如图 9-117、图 9-118 所示。

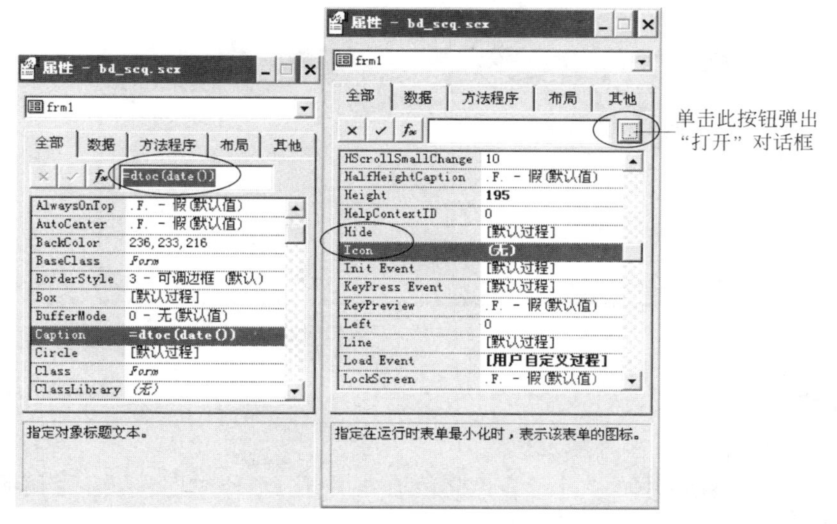

图 9-117 表单“属性”对话框

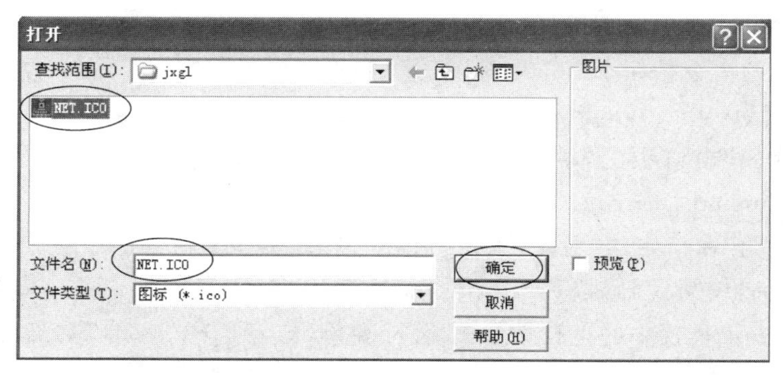

图 9-118 选择“Icon 属性图标文件”对话框

4）在表单控件工具栏（如图 9-119 所示）中选择“命令按钮”，在表单上添加一个命令按钮。

5）在表单上右击鼠标弹出快捷菜单，如图 9-120 所示，选择“代码”菜单，打开“代码”窗口，如图 9-121 所示，在“过程”下拉组合框中选择 Load 事件，编写代码为“Wait windows "Frm load 事件触发！"”。

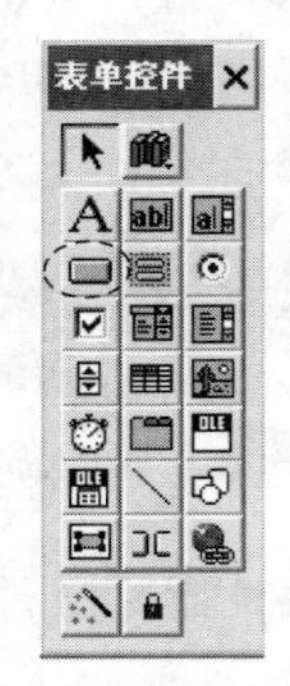

图 9-119 “表单控件”工具栏

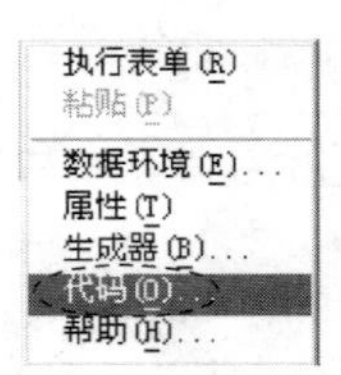

图 9-120 表单右击后的快捷菜单

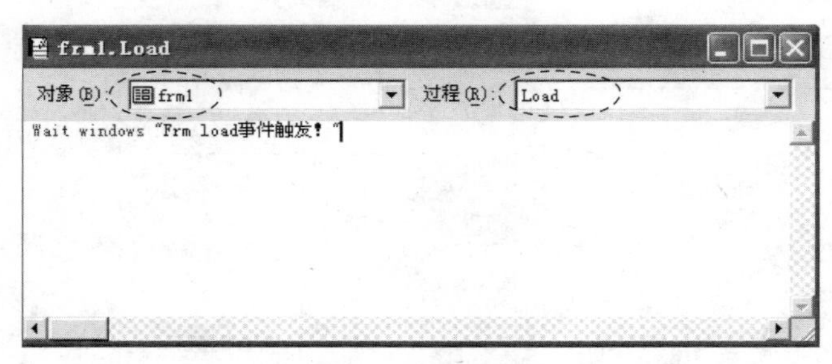

图 9-121 “代码”编辑窗口

6）在“代码”窗口中的“过程”下拉组合框中选择 UnLoad 事件，编写代码为“Wait windows "Form Unload 事件触发！"”。

7）在“代码”窗口中的“过程”下拉组合框中选择 Init 事件，编写代码为“Wait windows "Form Init 事件触发！"”。

8）在“代码”窗口中的“过程”下拉组合框中选择 Destroy 事件，编写代码为“Wait windows "Form Destroy 事件触发！"”。

9）在表单的命令按钮上双击鼠标，打开“代码”窗口，在“过程”下拉组合框中选择 Init 事件，编写代码为“Wait windows "Command Init 事件触发！"”。

10）在“代码”窗口中的“过程”下拉组合框中选择 Destroy 事件，编写代码为“Wait windows "Command Destroy 事件触发！"”。

11）在“代码”窗口中的“对象”下拉组合框中选择 frm1 对象，“过程”下拉组合框中选择 DbClick 事件，编写代码为“Thisform. release”。

此时可单击工具栏中的运行按钮 ! 运行表单，或者选择“表单”主菜单中的“执行表单”菜单来运行表单。

12）选择“文件”菜单中的“保存”菜单，保存表单。

实验 6.3　标签、文本框和编辑框

【实验步骤】

1. 标签控件

1）选择“文件”菜单中的“新建”菜单，弹出“新建”对话框，选择“表单”选项，单击“新建表单”按钮，建立一个表单；在表单控件工具栏中选择“标签”**A**按钮，在表单上添加一个标签控件。

2）选择标签控件，在属性窗口中设置标签控件 Name 属性为“Lb1”。

3）在属性窗口中设置标签控件 Caption 属性为“这是标签控件中文多行示例！”。

4）在属性窗口中设置标签控件 BackStyle 属性为“0-透明”。

5）在属性窗口中设置标签控件 AutoSize 属性为“. T. -真”。

6）在属性窗口中设置标签控件 WordWrap 属性为“. T. -真”。

7）在属性窗口中设置标签控件 FontSize 属性为“14”、FontName 属性为“楷体_GB2313”，并适当调整标签大小和位置。

8）在表单控件工具栏中选择“标签”按钮，在表单上添加第二个标签控件。

9）选择该标签控件，在属性窗口中设置该标签控件 Name 属性为“Lb2”。

10）在属性窗口中设置标签控件 Caption 属性为“这是第二个标签控件”。

11）在表单上双击鼠标，打开“代码”窗口，在“代码”窗口中的“对象”下拉组合框中选择“Lb1”对象，“过程”下拉组合框中选择 Click 事件，编写代码为：

```
t=Thisform.Lb1.Caption
Thisform.Lb1.Caption=Thisform.Lb2.Caption
Thisform.Lb2.Caption=t
```

在“代码”窗口中的“对象”下拉组合框中选择“Lb2”对象，“过程”下拉组合框中选择 Click 事件，编写代码为：

```
t=Thisform.Lb1.Caption
Thisform.Lb1.Caption=Thisform.Lb2.Caption
Thisform.Lb2.Caption=t
```

12）在“文件”主菜单中选择“保存”菜单，在“另存为”对话框中的“保存表单”文本框中输入表单名“bd_lb”，然后单击“保存”按钮。

2. 文本框控件

1）选择“文件”菜单中的“新建”菜单，弹出“新建”对话框，选择“表单”选项，单击“新建表单”按钮，建立一个表单；在表单控件工具栏中选择“标签”按钮，在表单上添加两个标签;在表单控件工具栏中选择“文本框”按钮,在表单上添加两个文本框控件。在属性窗口中设置标签控件的Caption属性分别为“学号:”,“密码:”;设置文本框控件的Name属性分别为“Tx_1”和“Tx_2”。

2) 用鼠标一起选中两个文本框控件,在属性窗口中设置Alignment属性为“0-左”,FontSize属性为“10”。

3) 在属性窗口中设置Tx_1文本框MaxLength属性为“6”;设置Tx_2文本框InputMask属性为“9999999”,PasswordChar属性为“*”。

4) 用鼠标双击Tx_1文本框控件,打开“代码”窗口,在“过程”下拉组合框中选择Valid事件,编写代码为:

```
if len(allt(this.value))<6
  messagebox("宽度小于 6,请重新输入!",48+0+0)
  return .F.
else
  return .T.
endif
```

5) 在主菜单中选择“表单”中的“新建属性”菜单,弹出“新建属性”对话框,如图9-122所示,在“名称”文本框中输入Nnum,单击“添加”按钮;在表单属性窗口中更改Nnum属性为“0”。

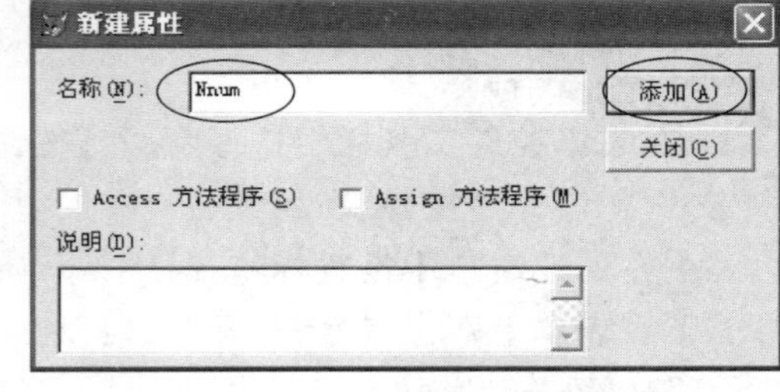

图9-122 “新建属性”对话框

6) 用鼠标双击Tx_2文本框控件,打开“代码”窗口,在“过程”下拉组合框中选择KeyPress事件,编写代码为:

```
if nKeyCode=10 or nKeyCode=13
    if allt(thisform.tx_1.value)==
"xh1234" and;
      allt(thisform.tx_2.value)=="123456"
        wait windows "用户登录" timeout 5
        thisform.release
    else
        thisform.Nnum=thisform.Nnum+1
        if thisform.Nnum>=3
          wait windows "三次输入错误!"
          thisform.release
      endif
    endif
endif
```

7) 在“文件”主菜单中选择“保存”菜单,在“另存为”对话框中的“保存表单”文本框中输入表单名bd_tx,然后单击“保存”。

3. 编辑框控件

1）选择“文件”菜单中的“新建”菜单，弹出“新建”对话框，选择“表单”选项，单击“新建表单”按钮，建立一个表单；在表单控件工具栏中选择“标签”按钮，在表单上添加两个标签，在属性窗口中设置 caption 分别为“查找”、“替换”。

2）在表单控件工具栏中选择“文本框”按钮，添加文本框控件，在属性窗口中设置 Name 属性为“Tx_1”；在表单控件工具栏中选择“编辑框”按钮，添加编辑框控件，设置 Name 属性为“Ed_1”。

3）设置编辑框的 ScrollBars 属性为“0-无”。

4）用鼠标双击“查找”标签控件，打开“代码”窗口，在“过程”下拉组合框中选择 Click 事件，编写代码为：

```
n=at(allt(thisform.tx_1.value),allt(thisform.ed_1.value))
if n<>0
    thisform.ed_1.selstart=n-1
    thisform.ed_1.sellength=len(allt(thisform.tx_1.value))
else
    wait windows "未找到!"
endif
```

5）用鼠标双击“替换”标签控件，打开“代码”窗口，在“过程”下拉组合框中选择 Click 事件，编写代码为：

```
n=at(allt(thisform.tx_1.value),allt(thisform.ed_1.value))
if n<>0
    thisform.ed_1.selstart=n-1
    thisform.ed_1.sellength=len(allt(thisform.tx_1.value))
    thisform.ed_1.seltext="changed"
else
    wait windows "未找到!"
endif
```

6）在“文件”主菜单中选择“保存”菜单，在“另存为”对话框中的“保存表单”文本框中输入表单名 bd_ed，然后单击“保存”按钮。

实验 6.4　命令按钮和命令按钮组

【实验步骤】

1. 命令按钮控件

1）选择“文件”菜单中的“新建”菜单，弹出“新建”对话框，选择“表单”选项，单击“新建表单”按钮，建立一个表单；选择“表单”菜单中的“快速表单”菜单，弹出“表单生成器”对话框。

2）在“字段选取”页中，选择 sjk 数据库中的 js 表，选取 js 表中所有字段。

3）在“样式”页中，表单样式用“标准式”，其余按默认设置，单击“确定”按钮，生成基于 js 表的表单。

4）在表单控件工具栏中选择“命令按钮”▭按钮，在表单上添加 5 个命令按钮控件，在属性窗口中分别设置命令按钮控件的 Name 属性为 Cmd1，Cmd2，Cmd3，Cmd4，Cmd5。

5）在属性窗口中分别设置命令按钮控件的 Caption 属性为“到最前\<T”，“上一条\<P”，“到最后\<B”，“下一条\<N”，“关闭\<C”。

6）在属性窗口中分别设置命令按钮控件的 Picture 属性为“top. ico”，“ previous. ico”，“bottom. ico”，“next. ico”，“close. ico”文件。

7）用鼠标双击 cmd1 命令按钮控件，打开“代码”窗口，在“过程”下拉组合框中选择 Click 事件，编写代码为：

```
go top
Thisform.refresh
```

8）用鼠标双击 cmd2 命令按钮控件，打开“代码”窗口，在“过程”下拉组合框中选择 Click 事件，编写代码为：

```
if not bof()
  skip-1
endif
Thisform.refresh
```

9）用鼠标双击 cmd3 命令按钮控件，打开“代码”窗口，在“过程”下拉组合框中选择 Click 事件，编写代码为：

```
go bottom
Thisform.refresh
```

10）用鼠标双击 cmd4 命令按钮控件，打开“代码”窗口，在“过程”下拉组合框中选择 Click 事件，编写代码为：

```
if not eof()
  skip
endif
Thisform.refresh
```

11）用鼠标双击 cmd5 命令按钮控件，打开“代码”窗口，在“过程”下拉组合框中选择 Click 事件，编写代码为：

```
Thisform.release
```

12）在“文件”主菜单中选择“保存”菜单，在“另存为”对话框中的“保存表单”文本框中输入表单名 bd_cmd，然后单击“保存”按钮。

2. 命令按钮组

1）选择“文件”菜单中的“新建”菜单，弹出“新建”对话框，选择“表单”选项，单击“新建表单”按钮，建立一个表单；选择“表单”菜单中的“快速表单”菜单，弹出“表单生成器”对话框。

2）在“字段选取”页中，选择 sjk 数据库中的 js 表，选取 js 表中的所有字段。

3）在“样式”页中，表单样式用“标准式”，其余按默认设置，单击“确定”按钮，生成基于 js 表的表单。

4）在表单控件工具栏中选择“命令按钮组”按钮，在表单上添加一个命令按钮组控件。

5）用鼠标右击命令按钮组控件，在快捷菜单中选择“生成器”菜单，弹出“命令组生成器”对话框，如图 9-123 所示，在“按钮”页中，设置按钮数目为“5”，设置按钮“标题”分别为“到最前\＜T”，“上一条\＜P”，“到最后\＜B”，“下一条\＜N”，“关闭\＜C”。

6）设置按钮“图形”文件分别为“top. ico”，“ previous. ico”，“bottom. ico”，“next. ico”，“close. ico”文件。

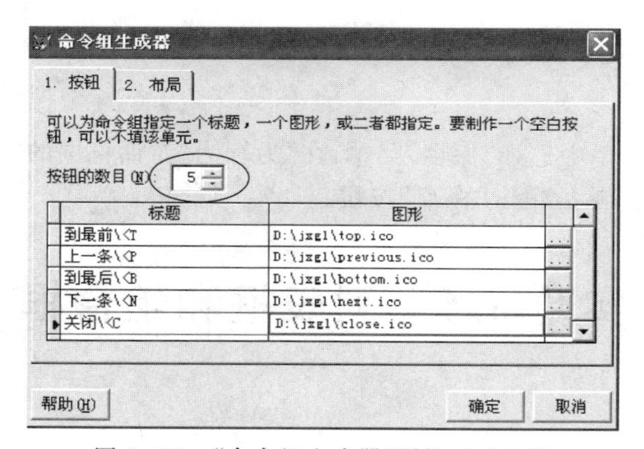

图 9-123 “命令组生成器”属性页对话框

7）在“布局”页中，如图 9-124 所示，选择按钮布局为“水平”选项，修改“按钮间隔”为

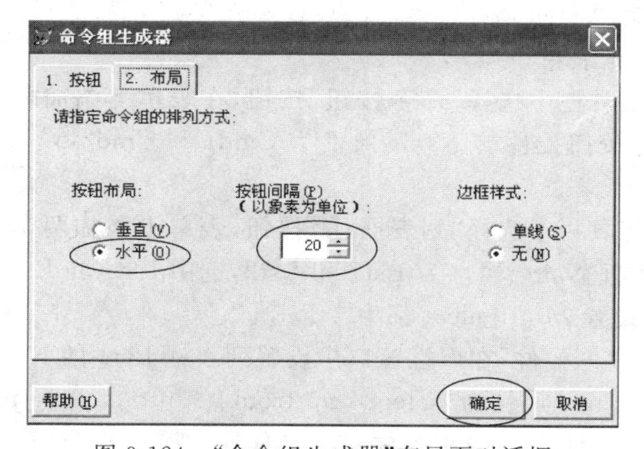

图 9-124 “命令组生成器”布局页对话框

“20”,单击“确定”按钮。

8）用鼠标双击命令组按钮控件，打开“代码”窗口，在“过程”下拉组合框中选择 Click 事件，编写代码为：

```
Do case
    Case this.value=1
        go top
    Case this.value=2
        if not bof()
            skip -1
        endif
    Case this.value=3
        go bottom
    Case this.value=4
        if not eof()
            skip
        endif
    Case this.value=5
        Thisform.release
Endcase
Thisform.refresh
```

9）在“文件”主菜单中选择“保存”菜单，在“另存为”对话框中的“保存表单”文本框中输入表单名 bd_cmdg，然后单击“保存”按钮。

实验 6.5　列表框和组合框

【实验步骤】

1. 列表框控件

1）选择“文件”菜单中的“新建”菜单，弹出“新建”对话框，选择“表单”选项，单击“新建表单”按钮，建立一个表单。

2）在表单控件工具栏中选择“命令按钮”按钮，在表单上添加两个命令按钮，在属性窗口中分别设置命令按钮控件的 Name 属性为 Cmd1 和 Cmd2，设置 Caption 属性为“右移”和“删除”。

3）在表单控件工具栏中选择“列表框”按钮，表单上添加两个列表框控件，在属性窗口中分别设置列表框 Name 属性为 Lst1 和 Lst2，选中 Lst1 和 Lst2 列表框控件，在“多重选定”属性窗口中设置 MultiSelect 都为“. T. -真”。

4）选中 Lst1 列表框控件，在属性窗口中设置列表框 Lst1 的 RowsourceType 属性为“3-SQL 语句”，Rowsource 属性为“select kcm from kc into cursor tmp”。

5）用鼠标双击 Cmd1 命令按钮控件，打开“代码”窗口，在“过程”下拉组合框中选择

Click 事件，编写代码为：

```
for i=1 to thisform.lst1.listcount
    if thisform.lst1.selected(i)
        thisform.lst2.additem(thisform.lst1.list(i))
    endif
endfor
```

6）用鼠标双击 Cmd2 命令按钮控件，打开“代码”窗口，在“过程”下拉组合框中选择 Click 事件，编写代码为：

```
i=1
do while i<=thisform.lst2.listcount
    if thisform.lst2.selected(i)
        thisform.lst2.removeitem(i)
    else
        i=i+1
    endif
enddo
```

7）用鼠标双击 lst1 列表框控件，打开“代码”窗口，在“过程”下拉组合框中选择 DbClick 事件，编写代码为：

```
thisform.lst2.additem(this.value)
```

8）用鼠标双击 lst2 列表框控件，打开“代码”窗口，在“过程”下拉组合框中选择 DbClick 事件，编写代码为：

```
thisform.lst2.removeitem(this.listindex)
```

9）在“文件”主菜单中选择“保存”菜单，在“另存为”对话框中的“保存表单”文本框中输入表单名 bd_lst，然后单击“保存”按钮。

2. 组合框控件

1）选择“文件”菜单中的“新建”菜单，弹出“新建”对话框，选择“表单”选项，单击“新建表单”按钮，建立一个表单。

2）在表单控件工具栏中选择“标签”按钮，在表单上添加 5 个标签控件，在属性窗口中分别设置标签控件的 Caption 属性为“字号”，“中文字体”，“字形”，“字体颜色”，“组合框更改字体示例！”；选中所有标签，在“多重选定”属性窗口中设置 AutoSize 属性为“. T. -真”，如图 9-125 所示；设置 Caption 属性为“组合框更改字体示例！”的标签控件的 Name 属性为 Lb1。

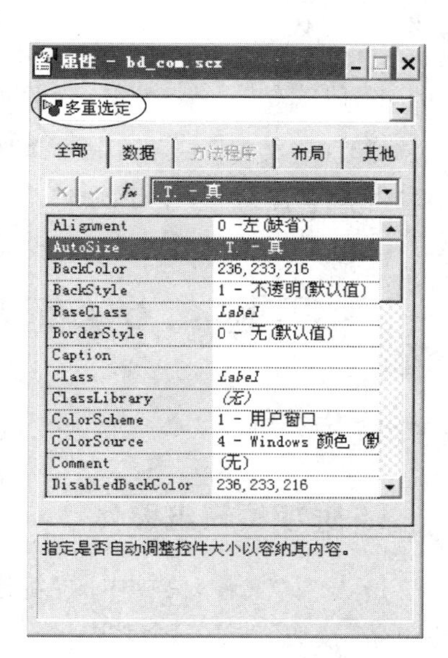

图 9-125 “多重选定”属性对话框

3）在表单控件工具栏中选择“组合框”按钮，在表单上添加3个组合框控件，在属性窗口中分别设置 Name 属性为 Com1，Com2，Com3；选中所有组合框，在“多重选定”属性窗口中设置 Style 属性为“2-下拉列表框”。

4）选中 Com1 组合框，在属性窗口中设置 RowSourceType 属性为“1-值”，RowSource 属性为“8，9，10，11，12，14，16，18，20，22，24，36，48，72”，Value 属性为“1”。

5）选中 Com2 组合框，在属性窗口中设置 RowSourceType 属性为“1-值”，RowSource 属性为“宋体，黑体”，Value 属性为“1”。

6）选中 Com3 组合框，在属性窗口中设置 RowSourceType 属性为“1-值”，RowSource 属性为“. F. ，. T. ”，Value 属性为“1”。

7）在表单控件工具栏中选择“命令按钮”按钮，在表单上添加一个命令按钮控件，在属性窗口中设置 Picture 属性为 fontcolor. bmp 文件，调整命令按钮到合适大小。

8）用鼠标双击 Com1 组合框控件，打开“代码”窗口，在“过程”下拉组合框中选择 InterActiveChange 事件，编写代码为：

```
thisform.lb1.fontsize=val(thisform.com1.list(thisform.com1.value))
```

9）用鼠标双击 Com2 组合框控件，打开“代码”窗口，在“过程”下拉组合框中选择 InterActiveChange 事件，编写代码为：

```
thisform.lb1.fontname=thisform.com2.list(thisform.com2.value)
```

10）用鼠标双击 Com3 组合框控件，打开“代码”窗口，在“过程”下拉组合框中选择 InterActiveChange 事件，编写代码为：

```
thisform.lb1.fontbold=iif(thisform.com3.value=1,.f.,.t.)
```

11）用鼠标双击命令按钮控件，打开“代码”窗口，在“过程”下拉组合框中选择 Click 事件，编写代码为：

```
thisform.lb1.forecolor=getcolor()
```

12）在“文件”主菜单中选择“保存”菜单，在“另存为”对话框中的“保存表单”文本框中输入表单名 bd_com，然后单击“保存”按钮。

实验 6.6　选项按钮组、复选框和微调框

【实验步骤】

1. 选项按钮组控件

1）选择“文件”菜单中的“新建”菜单，弹出“新建”对话框，选择“表单”选项，单击“新建表单”按钮，建立一个表单。

2）在表单上右击鼠标，在快捷菜单中选择“数据环境”菜单，弹出“数据环境设计器”

窗口,如图 9-126 所示,在“数据环境设计器”窗口空白处右击鼠标,在快捷菜单中选择“添加”菜单,弹出“打开”表窗口,选择自由表 exam,添加到数据环境中。将数据环境中的 exam 表的 question 字段拖到表单上,自动生成 edtQuestion 编辑框控件和 lblQuestion 标签控件,删除 lblQuestion 标签控件。

3) 选中 edtQuestion 编辑框控件,在属性窗口中设置 ScrollBars 属性为“0-无”,设置 BackStyle 属性为“0-透明”,设置 BackColor 属性为“236,233,216”,设置 ControlSource 属性为“exam. question”字段。

4) 在表单控件工具栏中选择“选项按钮组”按钮,在表单上添加一个选项按钮组控件,在属性窗口中设置 ButtonCount 属性为“4”,Value 属性设置为“0”,ControlSource 属性为 exam. userkey 字段。

5) 用鼠标右击选择选项按钮组控件,在弹出的快捷菜单中选择“编辑”菜单,出现蓝色边框,如图 9-127 所示,分别选择 4 个选项按钮并在其对应的属性窗口中设置 Caption 属性为“\<A”,“\<B”, “\<C”, “\<D”,如图 9-128 所示;选择选项按钮组后,在其属性窗口中设置选项按钮组的 AutoSize 属性为“. T. -真”,BackStyle 属性为“0-透明”,BorderStyle 属性为“0-无”;或者通过属性窗口“对象”下拉组合框选择选项按钮对象的方法来设置,如图 9-129 所示。

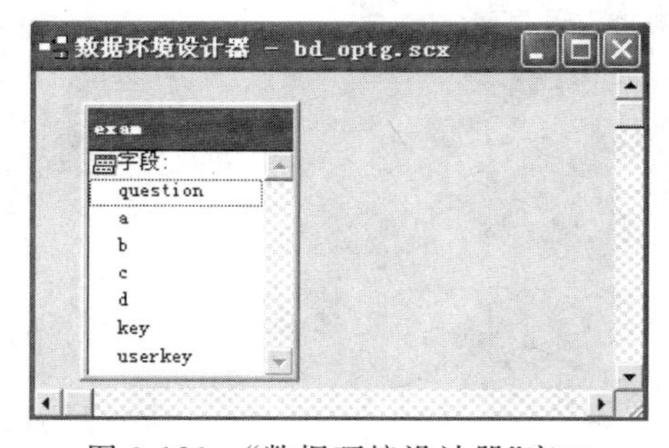

图 9-126 “数据环境设计器”窗口

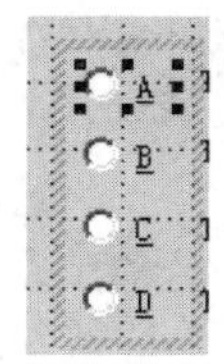

图 9-127 选项按钮组控件“编辑”状态

6) 在表单控件工具栏中选择“文本框”按钮,在表单上添加 4 个文本框控件,分别与 4 个选项按钮水平对齐。在属性窗口中分别设置 4 个文本框的 BackStyle 属性为“0-透明”,BorderStyle 属性为“0-无”,Alignment 属性为“0-左”,ControlSource 属性分别设置为“Exam. A”字段,“Exam. B”字段,“Exam. C”字段,“Exam. D”字段。

7) 在表单控件工具栏中选择“命令按钮组”按钮,在表单上添加一个命令按钮组控件,利用命令按钮组生成器设置按钮的数目为“4”,“标题”分别为“上一题”,“下一题”,“总成绩”,“关闭”,按钮布局为“水平”,并适当调整按钮间隔。

8) 用鼠标双击命令按钮组控件,打开“代码”窗口,在“过程”下拉组合框中选择 Click 事件,编写代码为:

```
do case
    case this.value=1
        if not bof()
```

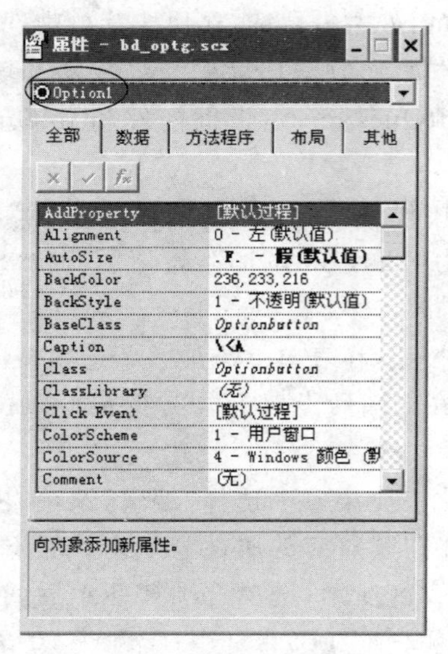

图 9-128　选项按钮属性窗口

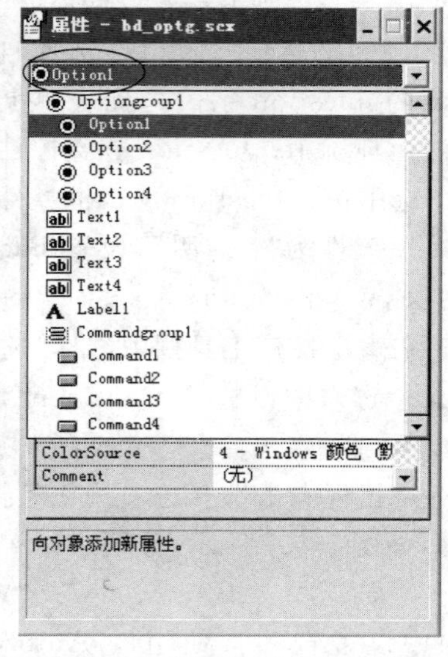

图 9-129　通过属性窗口"对象"下拉组合框选择选项按钮对象

```
            skip -1
        endif
    case this.value=2
        if not eof()
            skip
        endif
    case this.value=3
        nrec=recno()
        nright=0
        scan
            if allt(userkey)==key
                nright=nright+1
            endif
        endscan
        ntotal=reccount()
        cscore=allt(str(nright/ntotal*100,6,2))+"%"
        messagebox("正确率为"+cscore,64+0+0,"成绩")
        goto nrec
    case this.value=4
        thisform.release
endcase
    thisform.refresh
```

9）在"文件"主菜单中选择"保存"菜单，在"另存为"对话框中的"保存表单"文本框中输入表单名 bd_optg，然后单击"保存"按钮。

2. 复选框控件

1）选择“文件”菜单中的“新建”菜单，弹出“新建”对话框，选择“表单”选项，单击“新建表单”按钮，建立一个表单。

2）在表单上右击鼠标，在快捷菜单中选择“数据环境”菜单，弹出“数据环境设计器”窗口，在“数据环境设计器”窗口空白处右击鼠标，在快捷菜单中选择“添加”菜单，弹出“打开”表窗口，选择自由表 drag_tbl，添加到数据环境中。将数据环境中的 drag_tbl 表中每个字段拖到表单上，自动生成各个字段默认对应的控件。

3）在表单控件工具栏中选择“命令按钮组”按钮，在表单上添加一个命令按钮组控件，利用命令按钮组生成器设置按钮的数目为“4”，“标题”分别为“上一条”，“下一条”，“添加”，“关闭”，按钮布局为“水平”，并适当调整按钮间隔。

4）用鼠标双击命令按钮组控件，打开“代码”窗口，在“过程”下拉组合框中选择 Click 事件，编写代码为：

```
do case
    case this.value=1
        if not bof()
            skip -1
        endif
    case this.value=2
        if not eof()
            skip
        endif
    case this.value=3
        append blank
    case this.value=4
        thisform.release
endcase
    thisform.refresh
```

5）在“文件”主菜单中选择“保存”菜单，在“另存为”对话框中的“保存表单”文本框中输入表单名 bd_chk，然后单击“保存”。

3. 微调框控件

1）选择“文件”菜单中的“新建”菜单，弹出“新建”对话框，选择“表单”选项，单击“新建表单”按钮，建立一个表单。

2）在表单控件工具栏中选择“标签”按钮，在表单上添加一个标签控件，用鼠标单击标签控件，在属性窗口中设置 Caption 属性为“请单击/输入更改表单大小”，并设置 Autosize 属性为“.T.-真”，Wordwrap 属性为“.T.-真”。

3）在表单控件工具栏中选择“微调框”按钮，在表单上添加一个微调框控件，用鼠标单击微调框控件，在属性窗口中设置 Increment 属性为“10”，SpinnerLowValue 属性为

“150”，SpinnerHighValue 属性为“600”，KeyboardLowValue 属性为“150”，KeyboardHighValue 属性为“600”，Value 属性值为“150”。

4）用鼠标双击微调框控件，打开“代码”窗口，在“过程”下拉组合框中选择 InteractiveChange 事件，编写代码为：

```
thisform.height=this.value
thisform.width=this.value
```

5）在“文件”主菜单中选择“保存”菜单，在“另存为”对话框中的“保存表单”文本框中输入表单名 bd_sp，然后单击“保存”按钮。

实验 6.7　表格、线条和形状

【实验步骤】

1. 表格控件

1）选择“文件”菜单中的“新建”菜单，弹出“新建”对话框，选择“表单”选项，单击“新建表单”按钮，建立一个表单。

2）在表单上右击鼠标，在快捷菜单中选择“数据环境”菜单，弹出“数据环境设计器”窗口，在“数据环境设计器”窗口空白处右击鼠标，在快捷菜单中选择“添加”菜单，弹出“打开”表窗口，向表单“数据环境”窗口中添加 xs 表和 cj 表。

3）在表单控件工具栏中选择“标签”按钮，在表单上添加一个标签控件，用鼠标单击标签控件，在属性窗口中设置 Caption 属性为“学号”，在表单上添加一个文本框控件，并设置文本框控件的 Name 属性为 txtxh。

4）在表单控件工具栏中选择“表格”按钮，在表单上添加一个表格控件，用鼠标单击表格控件，在属性窗口中设置表格的 Name 属性为 Grdcj，ColumnCount 属性为“3”，RecordSourceType 属性为“4-SQL 说明”。

5）在属性窗口的对象名下拉组合框中选择 Hearder1，Hearder2，Hearder3，分别设置表格的各列标题为“学号”，“课程代号”，“成绩”，如图 9-130 所示。在对象名下拉组合框中选择 Column1，Column2，Column3，分别设置它们的 Alignment 属性为“2-居中”。

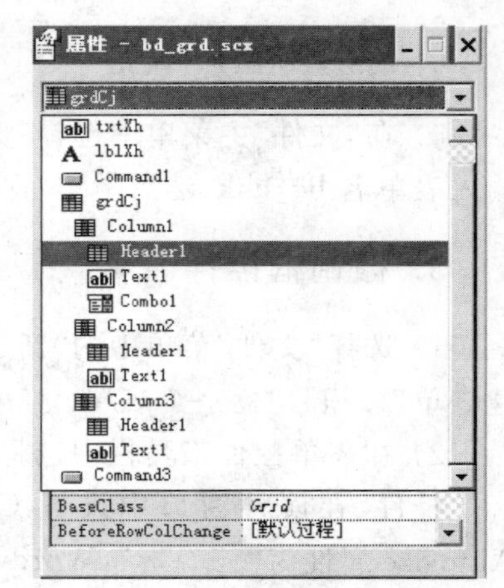

图 9-130　通过属性窗口“对象”下拉组合框选择 Header1 对象

6）选中表格控件，在属性窗口中设置表格的 DeleteMark 属性为“.F.”，ReadOnly 属性为“.T.”。

7）用鼠标双击表格控件，打开“代码”窗口，在“过程”下拉组合框中选择 Init 事件，编写代码为：

```
this.setall("DynamicBackColor",;
"iif(mod(recno(),2)=0,rgb(255,255,255),rgb(192,192,192))","column")
this.column3.dynamicfontsize="iif(cj<60,12,9)"
this.column3.dynamicfontbold="iif(cj<60,.t.,.f.)"
this.column3.dynamicforecolor="iif(cj<60,rgb(255,0,0),rgb(0,0,255))"
```

8）在表单控件工具栏中选择“命令按钮”按钮，在表单上添加两个命令按钮控件，在属性窗口中分别设置命令按钮的 Caption 的属性为“查询”，“关闭”；Name 属性为 cmd1，cmd2。

9）用鼠标双击 Cmd1 命令按钮控件，打开“代码”窗口，在“过程”下拉组合框中选择 Click 事件，编写代码为：

```
thisform.grdcj.recordsource=;
"sele * from cj where xh=allt(thisform.txtxh.value) into cursor tmp"
thisform.refresh
```

10）用鼠标双击 Cmd2 命令按钮控件，打开“代码”窗口，在“过程”下拉组合框中选择 Click 事件，编写代码为：

```
thisform.release
```

11）在“文件”主菜单中选择“保存”菜单，在“另存为”对话框中的“保存表单”文本框中输入表单名 bd_grd，然后单击“保存”按钮。

2. 线条和形状控件

1）选择“文件”菜单中的“新建”菜单，弹出“新建”对话框，选择“表单”选项，单击“新建表单”按钮，新建一个表单。

2）在表单控件工具栏中选择“线条”按钮，在表单上添加一个线条控件，在属性窗口中设置线条控件的 BorderColor 属性为“255，0，0”。

3）在表单控件工具栏中选择“形状”按钮，在表单上添加一个形状控件，在属性窗口中设置形状控件的 BorderColor 属性为“0，0，255”，FillColor 属性为“255，0，0”，FillStyle 属性为“7-对角交叉线”。

4）在表单控件工具栏中选择“选项按钮组”按钮，在表单上添加一个选项按钮组控件，用鼠标右击选项按钮组控件，在快捷菜单中选择“生成器”菜单，弹出“选项组生成器”对话框，在“按钮”页中设置按钮的数目为“7”，并按照要求设置标题，其他为默认设置，单击“确认”按钮。

5）用鼠标双击选项按钮组控件，打开“代码”窗口，在“过程”下拉组合框中选择 InteractiveChange 事件，编写代码为：

```
thisform.line1.borderstyle=this.value-1
thisform.shape1.borderstyle=this.value-1
```

6）在表单控件工具栏中选择“微调框”按钮，在表单上添加一个微调框控件，设置微调框控件的 SpinnerLowValue 属性为“0”，SpinnerHighValue 属性为“99”，KeyboardLowValue 属性为“0”，KeyboardHighValue 属性为“99”。

7）用鼠标双击微调框控件，打开“代码”窗口，在“过程”下拉组合框中选择 InteractiveChange 事件，编写代码为：

```
thisform.shape1.curvature=thisform.spinner1.value
thisform.line1.borderwidth=thisform.spinner1.value
```

8）在“文件”主菜单中选择“保存”菜单，在“另存为”对话框中的“保存表单”文本框中输入表单名 bd_shp，然后单击“保存”按钮。

实验 6.8 页框、计时器和 OLE 绑定控件

【实验步骤】

1. 页框控件

1）选择“文件”菜单中的“新建”菜单，弹出“新建”对话框，选择“表单”选项，单击“新建表单”按钮，建立一个表单。

2）在表单上右击鼠标，在快捷菜单中选择“数据环境”菜单，弹出“数据环境设计器”窗口，在“数据环境设计器”窗口空白处右击鼠标，在快捷菜单中选择“添加”菜单，弹出“打开”表窗口，向表单“数据环境”窗口中添加 js 表、xs 表和 kc 表。

3）在表单控件工具栏中选择“页框”按钮，在表单上添加页框控件，在属性窗口中设置页框控件的 PageCount 属性为“3”，用鼠标右击页框控件，在快捷菜单中选择“编辑”菜单，使其处于编辑状态，在属性窗口中修改各页的 Caption 属性值为“教师”，“学生”，“课程”，并将数据环境中的 js 表拖到教师页，xs 表拖到学生页，kc 表拖到课程页。

4）在表单控件工具栏中选择“选项按钮组”按钮，在表单上添加选项按钮组控件，选择选项按钮组控件，在属性窗口中设置 buttoncount 属性为“3”，用鼠标右击选项按钮组控件，在快捷菜单中选择“编辑”菜单，使其处于编辑状态，修改各选项的 Caption 属性值为“教师”，“学生”，“课程”。

5）用鼠标双击选项按钮组控件，打开“代码”窗口，在“过程”下拉组合框中选择 Click 事件，编写代码为：

```
do case
    case this.value=1
        thisform.pageframe1.activepage=1
    case this.value=2
        thisform.pageframe1.activepage=2
    case this.value=3
        thisform.pageframe1.activepage=3
```

```
endcase
```

6）在“文件”主菜单中选择“保存”菜单，在“另存为”对话框中的“保存表单”文本框中输入表单名 bd_pgf，然后单击“保存”按钮。

2. 计时器和 OLE 绑定控件

1）选择“文件”菜单中的“新建”菜单，弹出“新建”对话框，选择“表单”选项，单击“新建表单”按钮，建立一个表单。

2）在表单上右击鼠标，在快捷菜单中选择“数据环境”菜单，弹出“数据环境设计器”窗口，在“数据环境设计器”窗口空白处右击鼠标，在快捷菜单中选择“添加”菜单，弹出“打开”表窗口，向表单“数据环境”窗口中添加 drag_tbl 表。

3）在表单控件工具栏中选择“标签”按钮，在表单上添加标签控件，在属性窗口中设置标签控件的 Caption 属性为“图片自动浏览器”，并相应设置 Autosize 属性为“. T. ”。

4）在表单控件工具栏中选择“OLE 绑定”按钮，在表单上添加 OLE 绑定控件，在属性窗口中设置 OLE 绑定控件的 ControlSource 的属性为“drag_tbl. g_ex”，设置 Stretch 属性为“1-等比填充”。

5）在表单控件工具栏中选择“计时器”按钮，在表单上添加计时器控件，在属性窗口中设置计时器控件的 interval 属性为“2000”。

6）用鼠标双击计时器控件，打开“代码”窗口，在“过程”下拉组合框中选择 Timer 事件，编写代码为：

```
if not eof()
    skip
else
    go top
endif
thisform.refresh
```

7）在“文件”主菜单中选择“保存”菜单，在“另存为”对话框中的“保存表单”文本框中输入表单名 bd_tim，然后单击“保存”按钮。

实验 7.1　报表向导和快速报表

【实验步骤】

1. 使用报表向导创建单表报表

1）选择“文件”菜单中的“新建”菜单，弹出“新建”对话框，如图 9-131 所示。

2）选择“报表”选项，单击“向导”按钮，弹出“向导选取”对话框，选择“报表向导”选项，单击“确定”按钮，如图 9-132 所示。

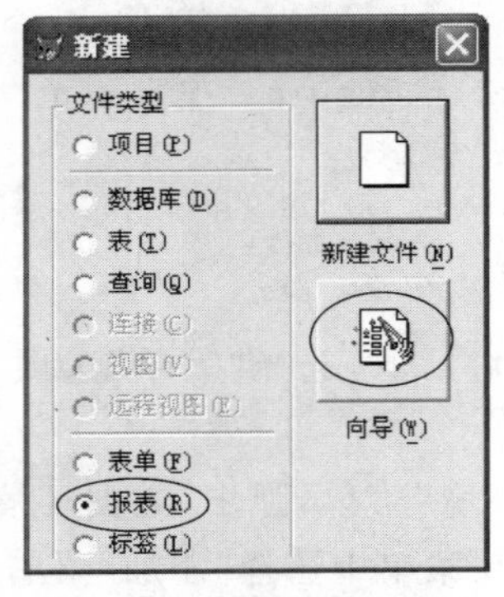

图 9-131 “新建”对话框

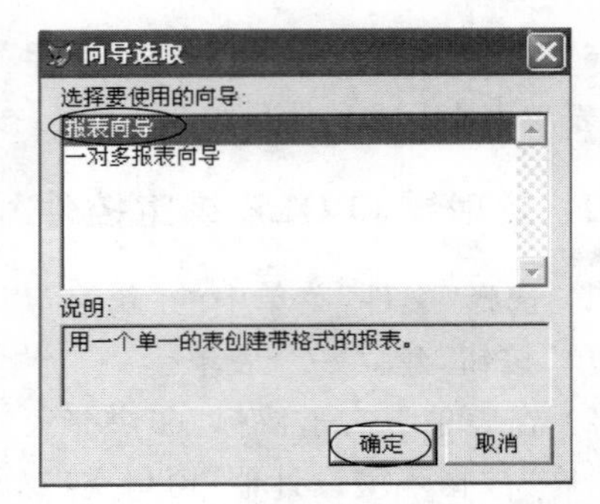

图 9-132 报表“向导选取”对话框

3）在“字段选取”页中，选择 sjk 数据库中的 js 表，选取 js 表中所有字段，单击“下一步”按钮，如图 9-133 所示。

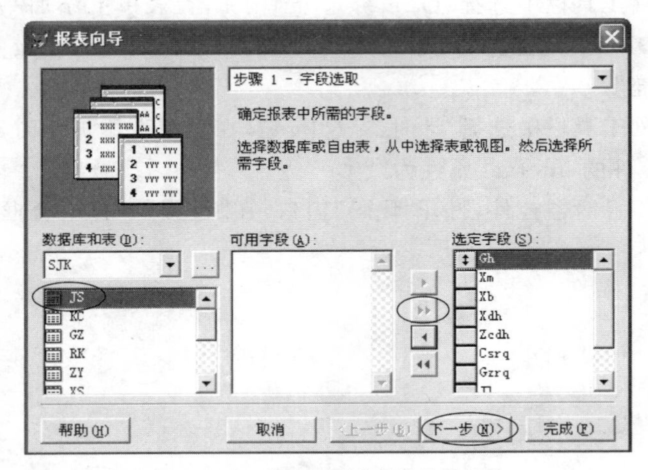

图 9-133 报表向导“字段选取”页

4）在“分组记录”页中，在“分组选项”的下拉组合框中选择 zcdh 字段，单击“下一步”按钮，如图 9-134 所示。

5）在“选择报表样式”页中，选择“账务式”，其余按默认设置，单击“下一步”按钮，如图 9-135 所示。

6）在“定义报表布局”页中，选择“纵向”，单击“下一步”按钮，如图 9-136 所示。

7）在“排序记录”页中，选择排序字段为 gh，排序次序为“升序”，单击“下一步”按钮，如图 9-137 所示。

8）在“完成”页中，设置报表的标题为“教师信息表”，选择“保存报表以备将来使用”选项，其余按默认设置，单击“完成”按钮，如图 9-138 所示。

9）在“另存为”对话框中的“保存报表”文本框中输入报表名 bb_js，然后单击“保存”按钮。

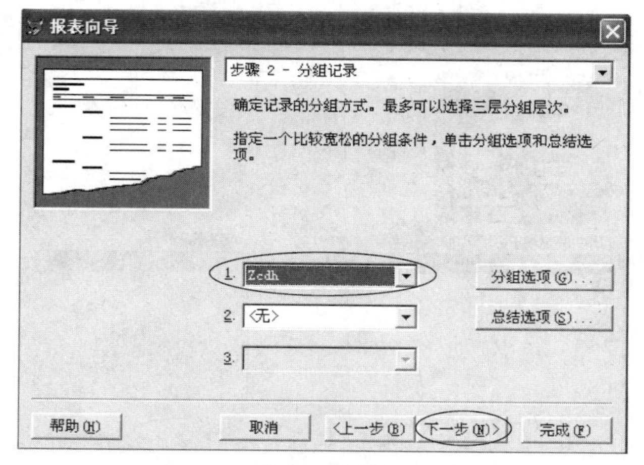

图 9-134　报表向导“分组记录”页

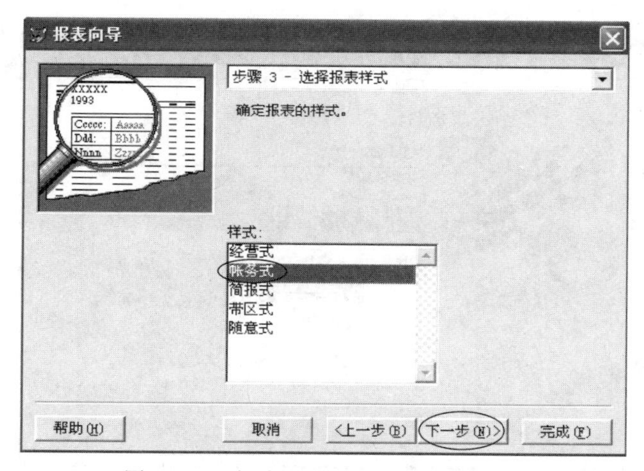

图 9-135　报表向导“选择报表样式”页

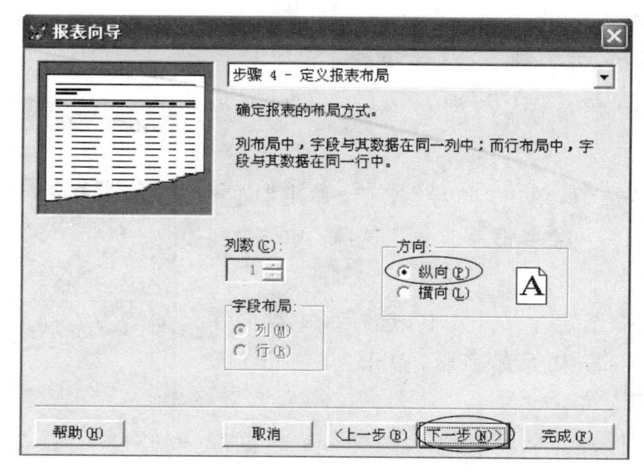

图 9-136　报表向导“定义报表布局”页

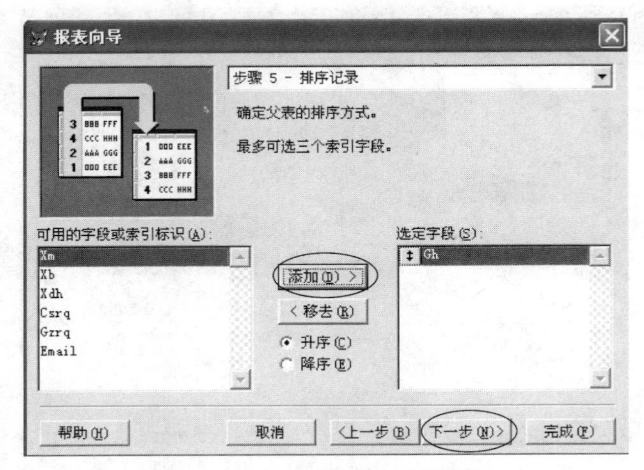

图 9-137　报表向导“排序记录”页

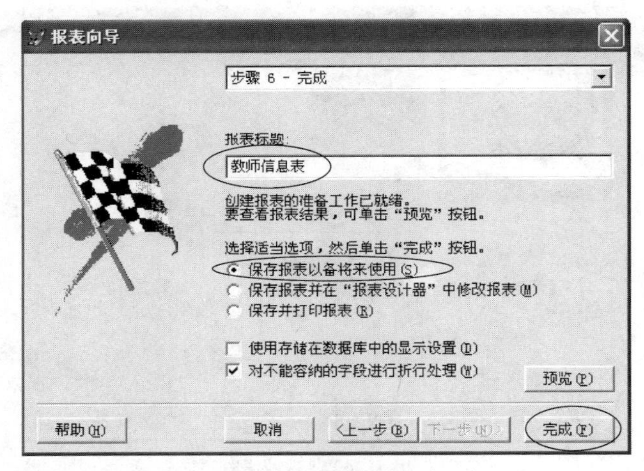

图 9-138　报表向导“完成”页

2. 使用报表向导创建一对多报表

1) 选择“文件”菜单中的“新建”菜单，弹出“新建”对话框。

2) 选择“报表”选项，单击“向导”按钮，弹出“向导选取”对话框，选择“一对多报表向导”选项，单击“确定”按钮，如图 9-139 所示。

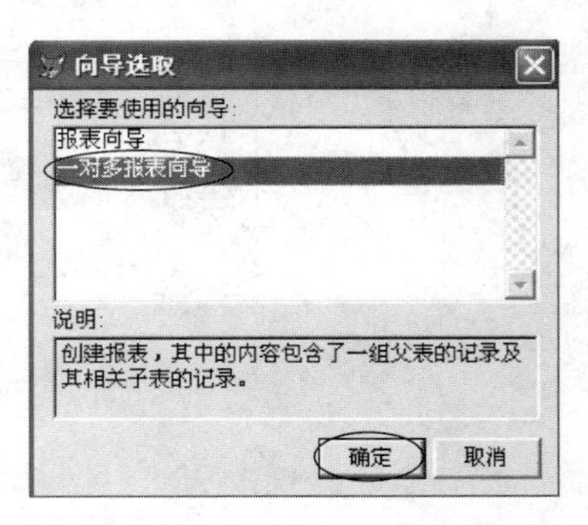

图 9-139　报表“向导选取”对话框

3) 在“从父表中选定字段”页中，选择 sjk 数据库中的 xs 表，选取 xs 表中所有字段，单击“下一步”按钮，如图 9-140 所示。

4) 在“从子表中选定字段”页中，选择 sjk 数据库

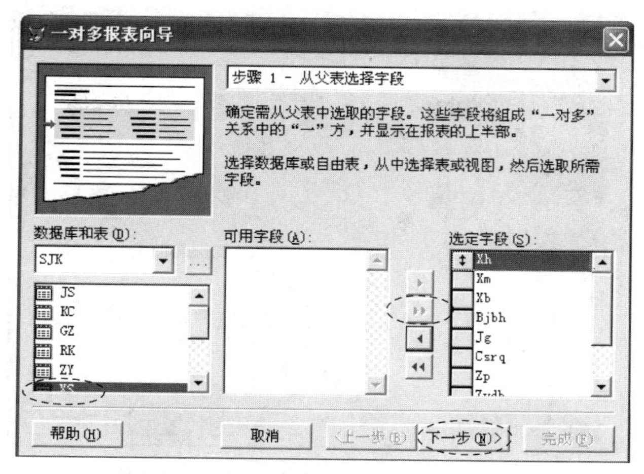

图 9-140　报表向导“从父表选择字段”页

中的 cj 表，选取 cj 表中 kcdh 和 cj 字段，单击“下一步”按钮，如图 9-141 所示。

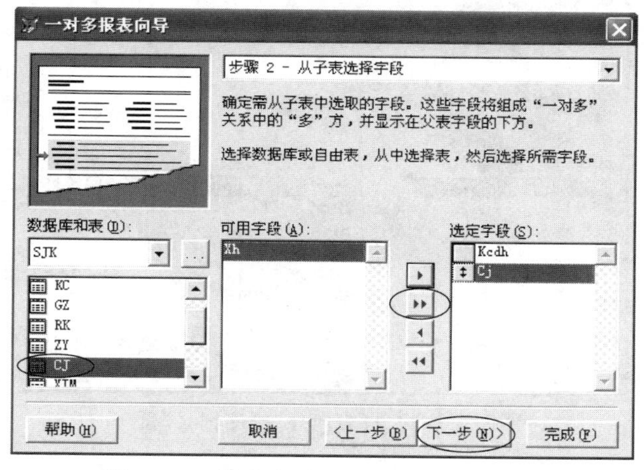

图 9-141　报表向导“从子表选择字段”页

5）在“为表建立关系”页中，选择 xh 字段，单击“下一步”按钮，如图 9-142 所示。

6）在“排序记录”页中，选择排序字段为 Xh，排序次序为“升序”，单击“下一步”按钮，如图 9-143 所示。

7）在“选择报表样式”页中，选择“账务式”，其余按默认设置，单击“下一步”按钮，如图 9-144 所示。

8）在“完成”页中，设置报表的标题为“学生成绩表”，选择“保存报表以备将来使用”选项，其余按默认设置，单击“完成”按钮，如图 9-145 所示。

9）选择主菜单的“文件”菜单下的“保存”菜单，在弹出的“另存为”对话框中的“保存报表为”文本框中输入报表名 bb_xscj，然后单击“保存”按钮。

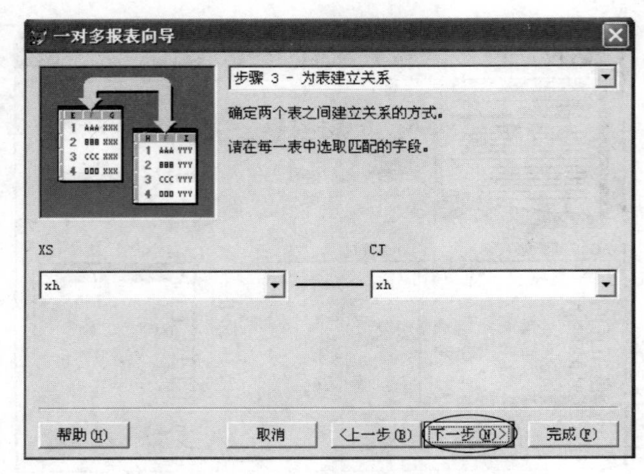

图 9-142 报表向导"为表建立关系"页

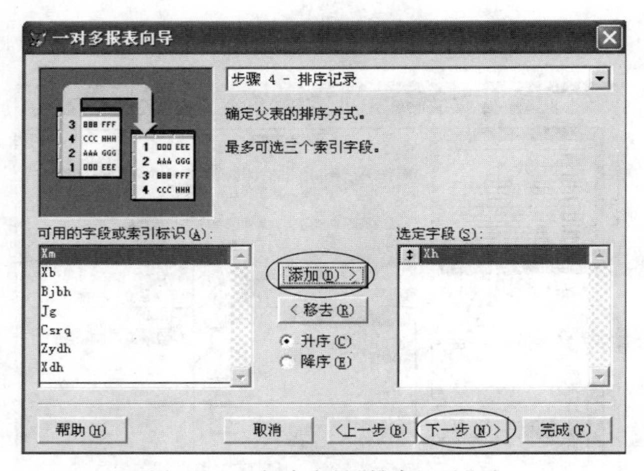

图 9-143 报表向导"排序记录"页

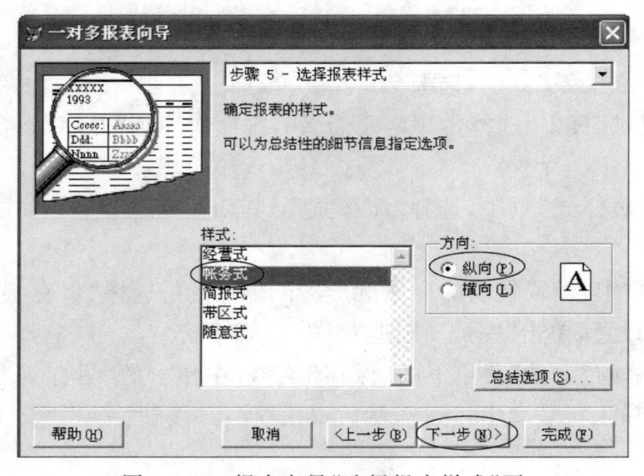

图 9-144 报表向导"选择报表样式"页

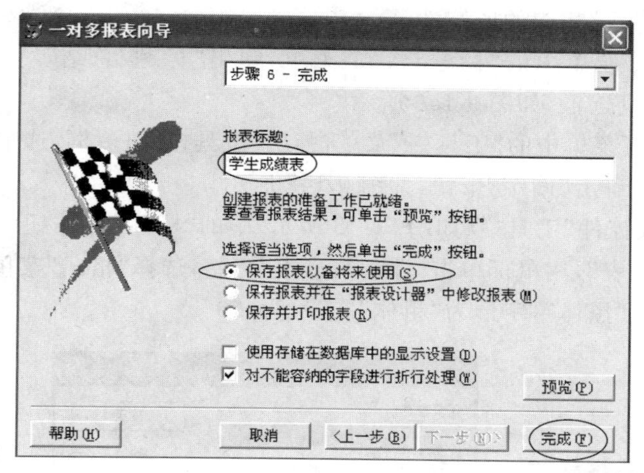

图 9-145　报表向导"完成"页

3. 使用快速报表创建报表

1) 选择"文件"菜单中的"新建"菜单,弹出"新建"对话框。

2) 选择"报表"选项,单击"新建报表"按钮,单击"确定"按钮。

3) 在报表上右击鼠标,在快捷菜单中选择"数据环境"菜单,弹出"数据环境设计器"窗口,在"数据环境设计器"窗口空白处右击鼠标,在快捷菜单中选择"添加"菜单,弹出"打开"表窗口,选择 sjk 数据库中的 js 表,添加到数据环境中。

4) 选择主菜单的"报表"菜单下的"快速报表"菜单,弹出"快速报表"对话框,全部按默认设置,单击"确定"按钮。

5) 选择主菜单的"文件"菜单下的"另存为"菜单,在弹出的"另存为"对话框中的"保存报表为"文本框中输入报表名 bb_ks,然后单击"保存"按钮。

实验 7.2　报表设计器

【实验步骤】

1. 利用报表设计器创建报表

1) 选择"文件"菜单中的"新建"菜单,弹出"新建"对话框。

2) 选择"报表"选项,单击"新建报表"按钮,单击"确定"按钮。

3) 在报表上右击鼠标,在快捷菜单中选择"数据环境"菜单,弹出"数据环境设计器"窗口,在"数据环境设计器"窗口空白处右击鼠标,在快捷菜单中选择"添加"菜单,弹出"打开"表窗口,选择 sjk 数据库中的 kc 表,添加到数据环境中。

4) 从"数据环境"窗口中将 kc 表的 kcdh 、kcm、kss、bxk、xf 字段拖放到报表设计器的“细节”带区中，生成相应的域控件。

5）选择“报表”菜单中的“标题/总结”菜单，弹出“标题/总结”对话框，选中“标题带区”和“总结带区”复选框，如图9-146所示。

6）选择“显示”菜单中的“工具栏”菜单，弹出“工具栏”对话框，选中“报表控件”和“报表设计器”复选框，单击“确定”按钮，如图9-147所示。

7）选择“报表控件”工具栏（如图9-148所示）中的“标签”A按钮，用鼠标单击标题带区，输入“课程信息表”，用鼠标单击“课程信息表”标签，选择“格式”菜单中的“字体”菜单，为标题设置字体为“黑体”，字形为“粗体”，字号为“20”。

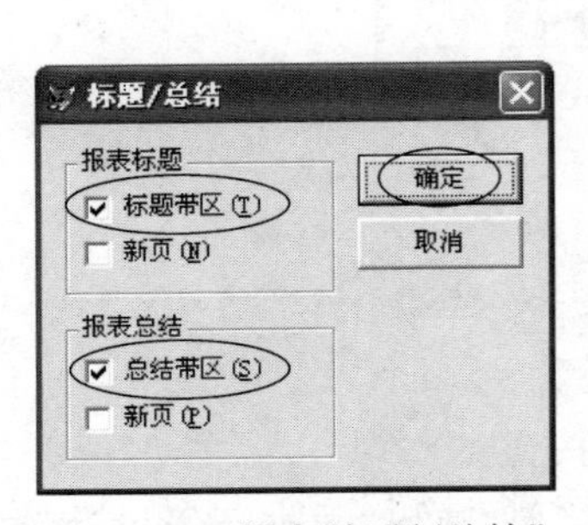

图9-146 报表“标题/总结”对话框

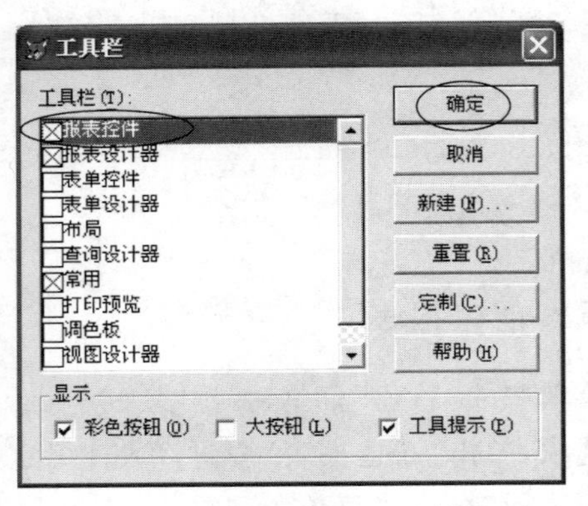

图9-147 “工具栏”对话框

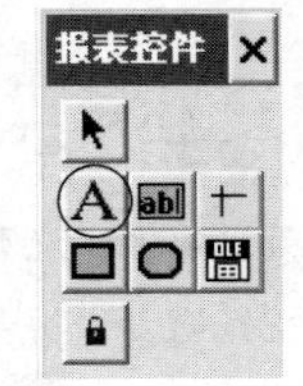

图9-148 “报表控件”工具栏

8）选择“报表控件”工具栏中的“线条”十按钮，在标题带区添加一条直线，选择“格式”菜单中的“绘图笔”菜单中的“4磅”来设置线的宽度。

9）在页标头带区添加4个标签，内容分别为“课程代号”，“课程名称”，“课时数”，“学分”。

10）选择“报表”菜单中的“数据分组”菜单，弹出“数据分组”对话框，如图9-149所示，设置分组表达式为kc. bxk，单击“确定”按钮。

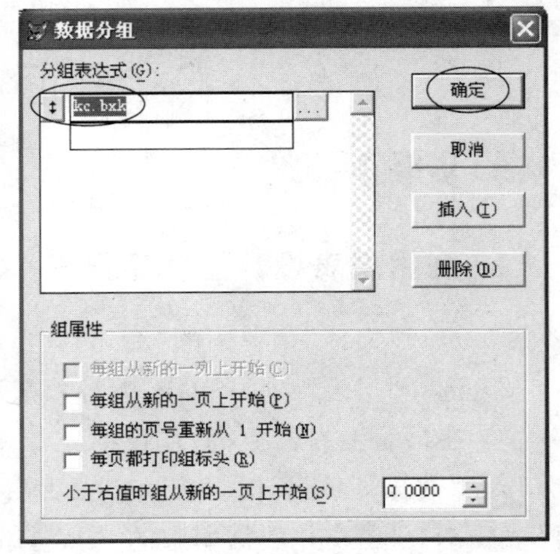

图9-149 “数据分组”对话框

11）在“数据环境”窗口中，在kc表上右击鼠标，选择“属性”菜单，打开报表设计器的属性窗口，如图9-150所示，选择属性窗口“对象”下拉组合框中的Cursor1对象，设置order属性为bxk（注：如果kc表没有设置基于bxk字段的普通索引，则order属性下拉列表中无基于bxk字段的索引名称的选择项，请在该步骤前设置基于bxk字段的普通索引）。

12）选择“报表控件”工具栏中的“域”abl按钮，在报表总结带区单击鼠标，弹出“报表表达式”对话框，如图9-151所示；在“表达式”文本框中输入"iif(kc. bxk,"必修课程","选修课程")",单击"确定"按钮。

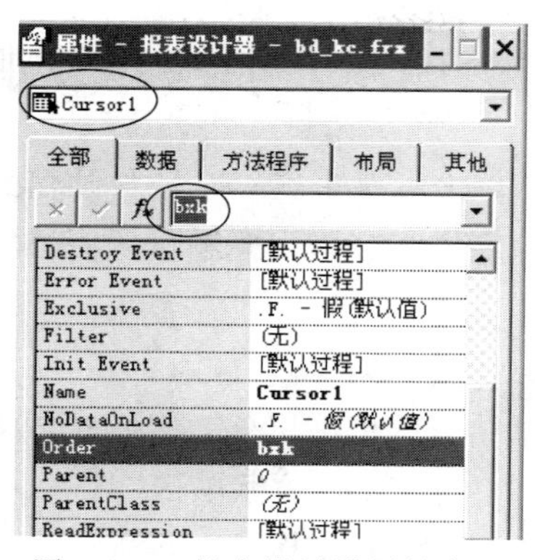
图 9-150　报表设计器属性窗口

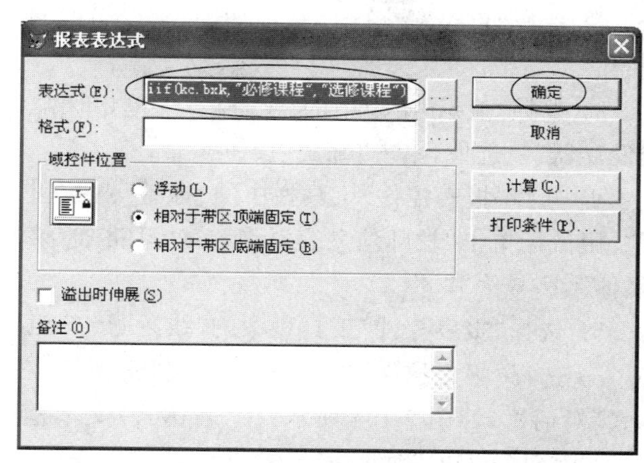
图 9-151　"报表表达式"对话框

13）选择"报表控件"工具栏中的"域" ab| 按钮,在报表组注脚带区单击鼠标,弹出"报表表达式"对话框,如图 9-152 所示;在"表达式"文本框中输入 kc. xf,用鼠标单击"计算"按钮,弹出"计算字段"对话框,如图 9-153 所示,选择"总和"选项按钮,单击"确定"按钮,在报表组注脚带区再添加一个域控件,表达式为"iif(kc. bxk,"必修课程","选修课程")+"合计学分:""。

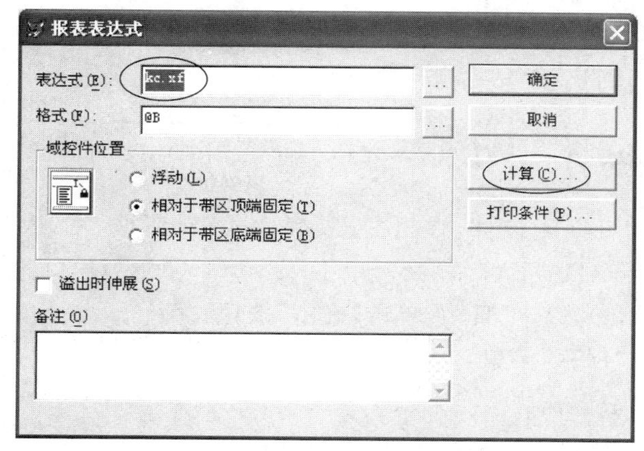
图 9-152　"报表表达式"对话框

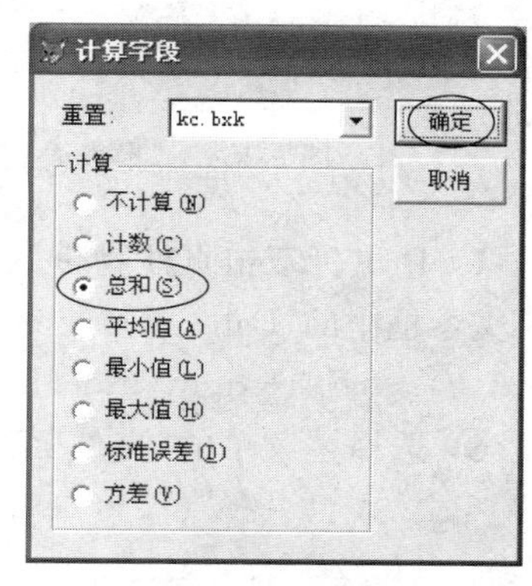
图 9-153　"计算字段"对话框

14）将报表组注脚带区的 kc. xf 字段域控件复制到报表总结带区,并添加一个标签,文字为"总学分:"。

15）单击工具栏中的运行按钮打印预览报表。

16）选择主菜单的"文件"菜单下的"另存为"菜单,在弹出的"另存为"对话框中的"保存报表为"文本框中输入报表名 bb_kc,然后单击"保存"按钮。

2. 利用报表设计器修改报表

1）选择"文件"菜单中的"打开"菜单,弹出"打开"对话框,更改"文件类型"为 frx,选择 bb_ks. frx 报表文件，单击“确定”按钮。

2）选择“报表”菜单中的“标题/总结”菜单，弹出“标题/总结”对话框，选中“标题带区”和“总结带区”复选框。

3）选择“显示”菜单中的“工具栏”菜单，弹出“工具栏”对话框，选中“报表控件”和“报表设计器”复选框，单击“确定”按钮。

4）选择“报表控件”工具栏中的“标签”A按钮，用鼠标单击标题带区，输入“教师信息表”，用鼠标单击“教师信息表”标签，选择“格式”菜单中的“字体”菜单，为标题设置字体为“黑体”，字号为“20”。

5）选择“报表控件”工具栏中的“线条”十按钮，在标题带区添加一条直线。

6）选择“报表控件”工具栏中的“域”abl按钮，在报表总结带区单击鼠标，弹出“报表表达式”对话框，如图 9-154 所示；在“表达式”文本框中输入“js. gh”，用鼠标单击“计算”按钮，弹出“计算字段”对话框，选择“计数”选项按钮，单击“确定”按钮，如图 9-155 所示。

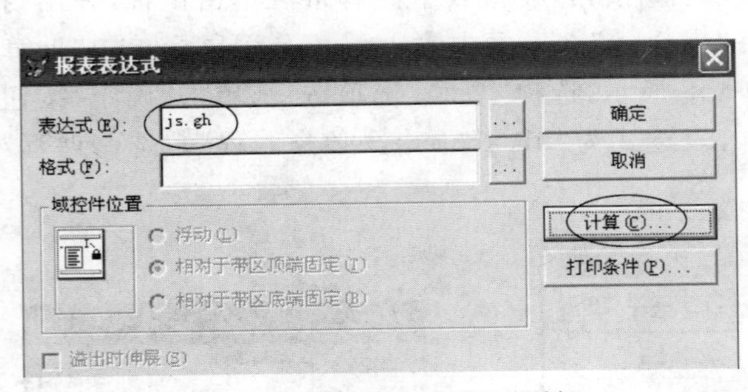

图 9-154 “报表表达式”对话框

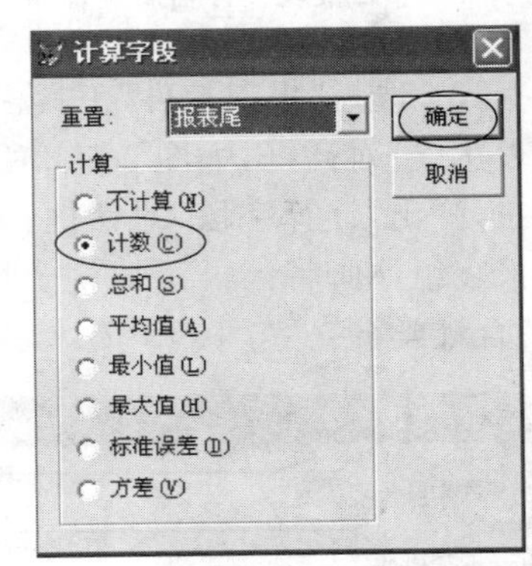

图 9-155 “计算字段”对话框

7）用鼠标双击页注脚带区左方的日期域控件，弹出“报表表达式”对话框，将“表达式”文本框中的“Date()”修改为“left(dtoc(DATE(),1),4)+"年"+substr(dtoc(DATE(),1),5,2)+"月"+right(dtoc(DATE(),1),2)+"日"”，单击“确定”按钮。

8）选择主菜单的“文件”菜单下的“保存”菜单，保存报表。

实验 8.1 一般菜单的设计

【实验步骤】

1）使用菜单设计器创建菜单栏的步骤。

① 在项目管理器中选择“其他”页面，然后选中列表框中的“菜单”项，再单击“新建”按钮，如图 9-156 所示。

② 单击“新建”按钮后弹出如图 9-157 所示的对话框，单击“菜单”按钮弹出如图 9-158 所示的界面。

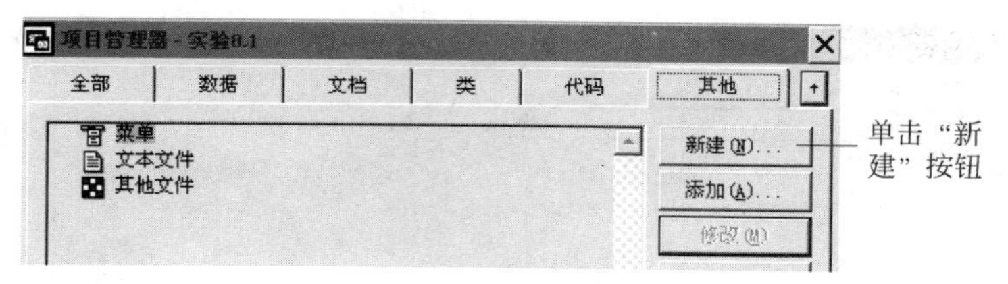

图 9-156 新建菜单栏

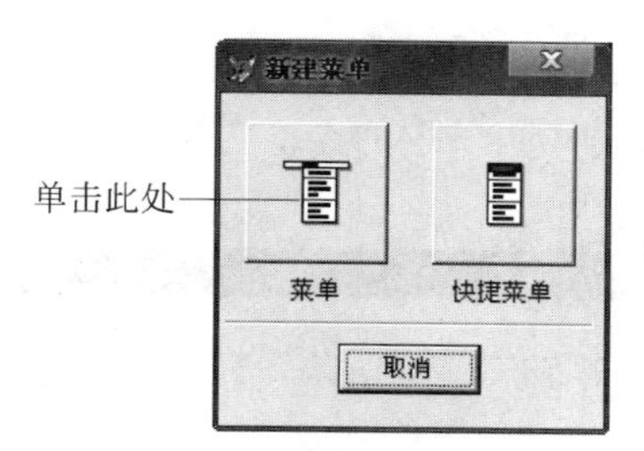

图 9-157 选择菜单类型

③ 如图 9-158 所示，单击“插入”按钮，在菜单名称对应的文本框中输入“基本情况”。

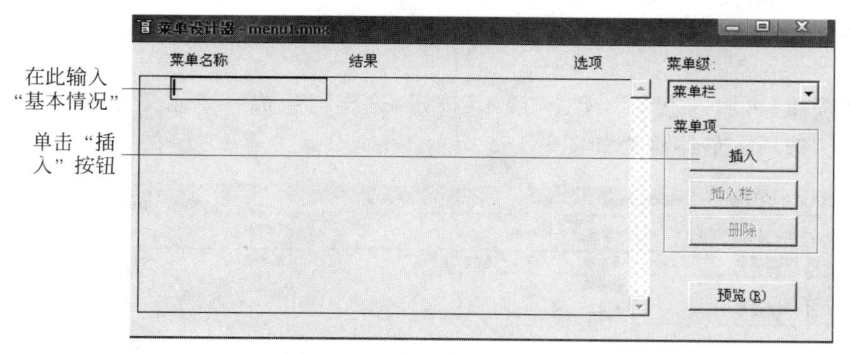

图 9-158 输入菜单栏选项

④ 在菜单设计器中的空白文本框中输入“退出”，画面如图 9-159 所示。

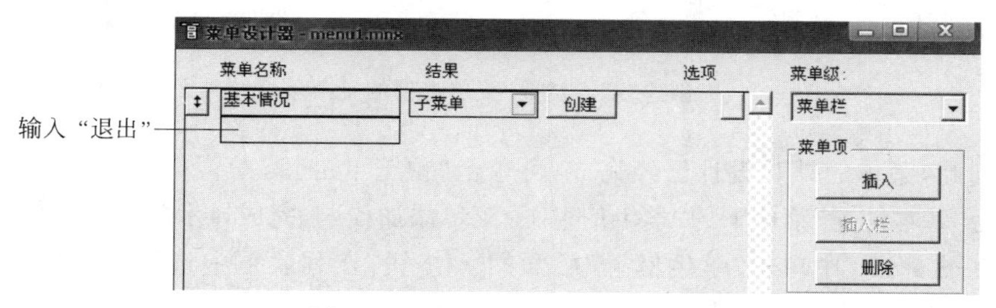

图 9-159 插入新的菜单栏选项

⑤ 在图 9-160 中用鼠标单击“基本情况”这一栏，使这一行被选中，然后单击这一行的“创建”按钮，出现如图 9-161 所示的画面。

⑥ 在图 9-161 中可以创建“学生信息”菜单项下的子菜单，首先输入“学生信息”，单

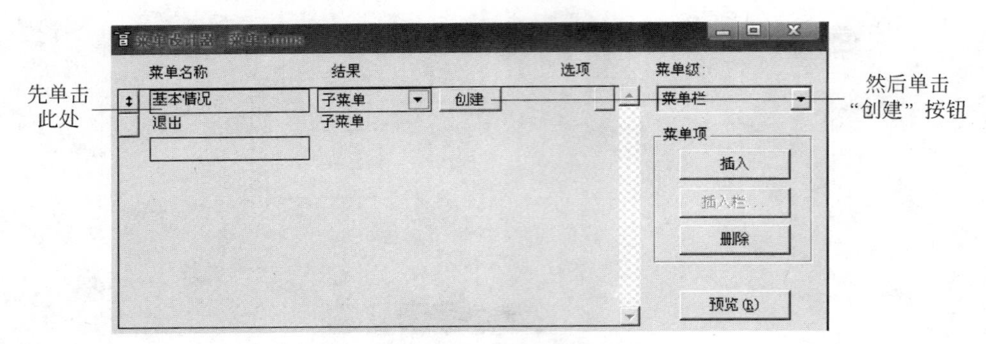

图 9-160　插入两个菜单选项后的页面

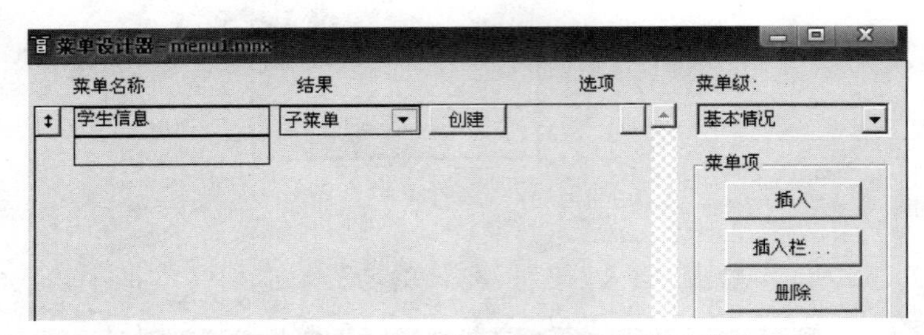

图 9-161　创建"基本情况"菜单选项的子菜单

击"插入"按钮；再输入"\－"，单击"插入"按钮，这样可生成一条水平线；按同样方法创建"教师情况"选项。最终画面如图 9-162 所示。

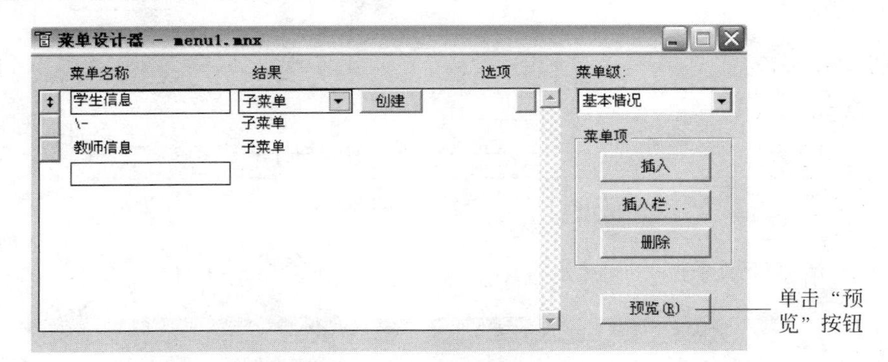

图 9-162　创建"基本情况"菜单选项的子菜单最终画面

⑦ 到此，菜单的外观设计已经完成，可单击"预览"按钮查看菜单效果。

2）为"基本情况"菜单下的"学生信息"子菜单添加代码，完成显示学生基本信息的功能。

① 在图 9-163 中单击"学生信息"后面的▼按钮，在列表框中选中"命令"选项，会看到如图 9-164 所示的画面。

② 在选项下面的文本框中输入：do form xs。为"学生情况"菜单选项添加运行 xs 表单的功能。

3）为"教师信息"菜单选项添加过程，实现显示教师信息的功能。

① 同样在图 9-164 中选中"教师信息"选项后面的▼按钮，在下拉列表框中选择"过

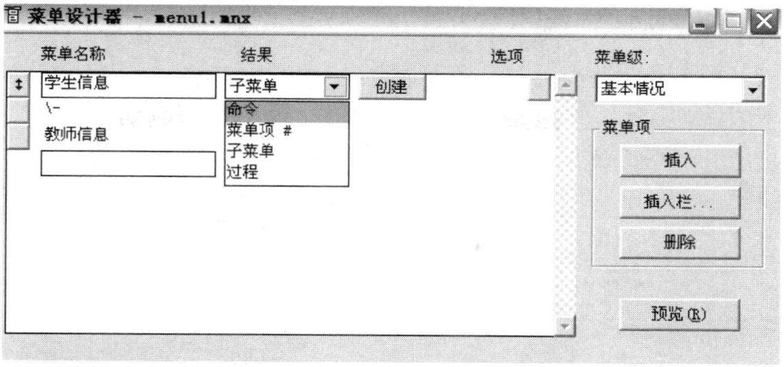

图 9-163　为“学生信息”添加命令

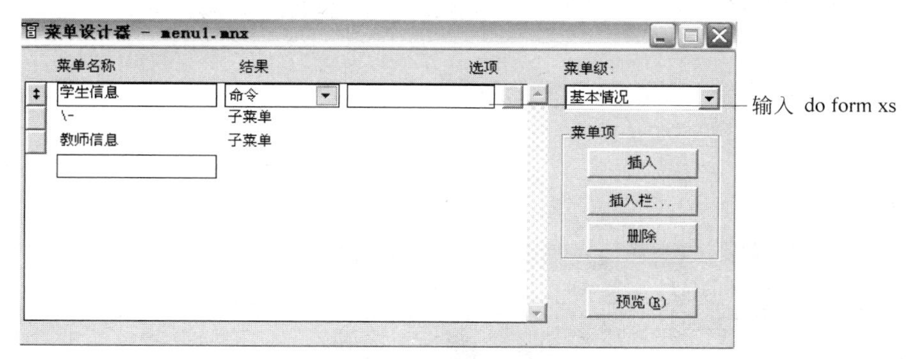

图 9-164　为“学生信息”添加调用表单命令

程”选项后，出现如图 9-165 所示的画面。单击“创建”按钮，出现图 9-166 所示的画面。

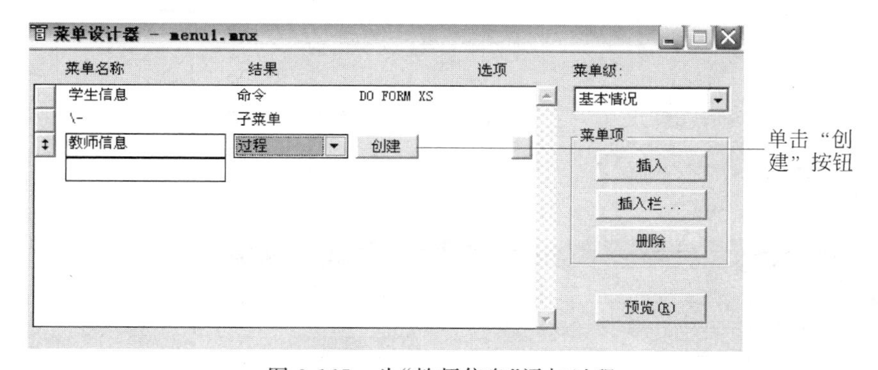

图 9-165　为“教师信息”添加过程

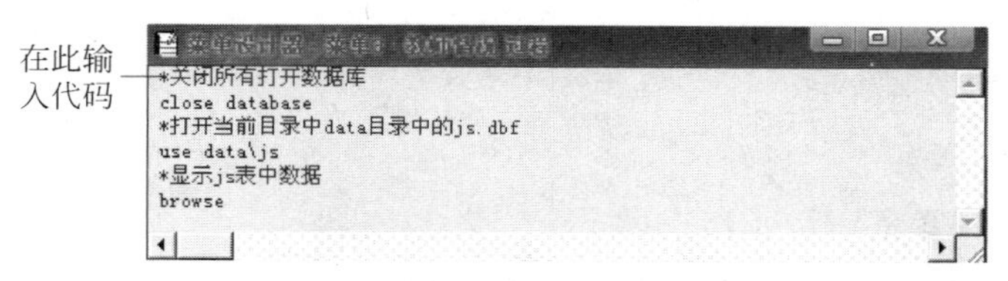

图 9-166　为“教师信息”添加过程代码

② 在打开的文本编辑器中输入代码。输入完成后单击 ☒ 关闭编辑器，同时单击工具栏上的 💾 按钮，保存所做的修改。

4）为菜单栏上的“退出”菜单选项添加系统命令。

① 在图 9-165 中单击“菜单级”下面的按钮 ▼，看到如图 9-167 所示的选项，在列表框中选择“菜单栏”一项，出现如图 9-168 所示的菜单栏画面。

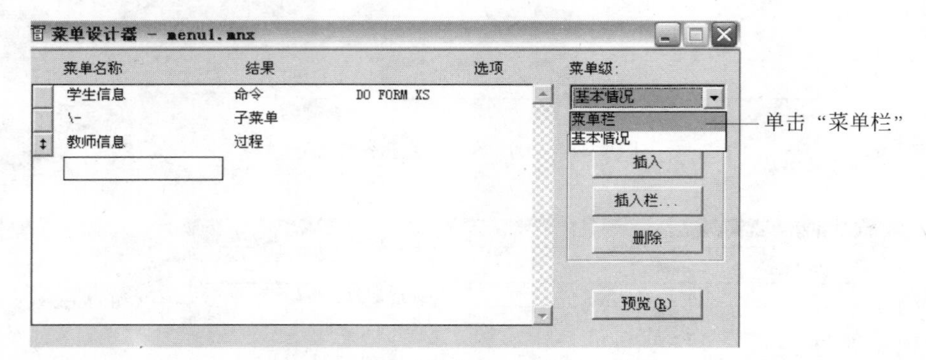

图 9-167　通过菜单级列表框选择菜单

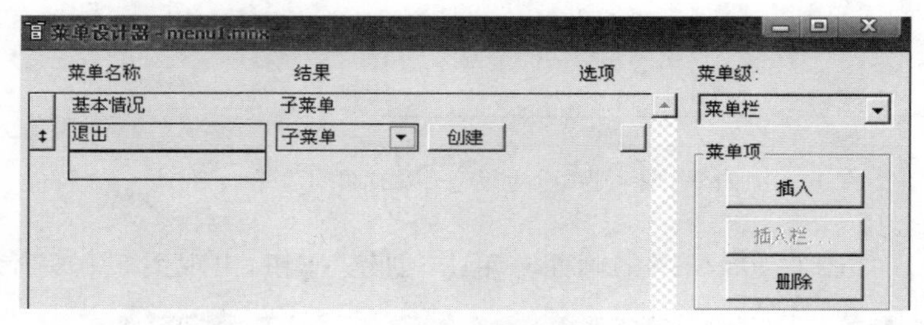

图 9-168　通过菜单级列表框选择菜单

② 在图 9-168 中单击“退出”选项后面的下拉列表框按钮 ▼，在列表框中选择“命令”选项，然后在文本中输入命令：SET SYSMENU TO DEFAULT。此命令可关闭自定义菜单，同时返回系统菜单，如图 9-169 所示。

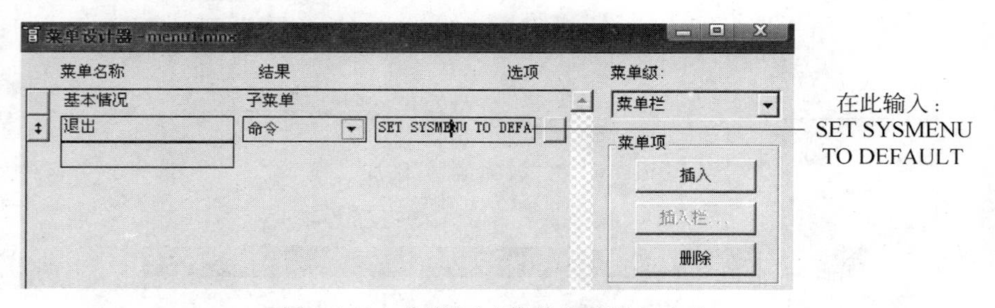

图 9-169　为“退出”菜单选项添加命令

③ 到此整个菜单的编程工作完成了。

5）运行菜单，查看效果。

单击菜单设计器右上角的关闭按钮 ☒，此时弹出对话框，询问是否保存修改，单击

"是"按钮,回到项目管理器,如图 9-170 所示。单击"运行"按钮会看到运行结果,如图 9-170 所示。

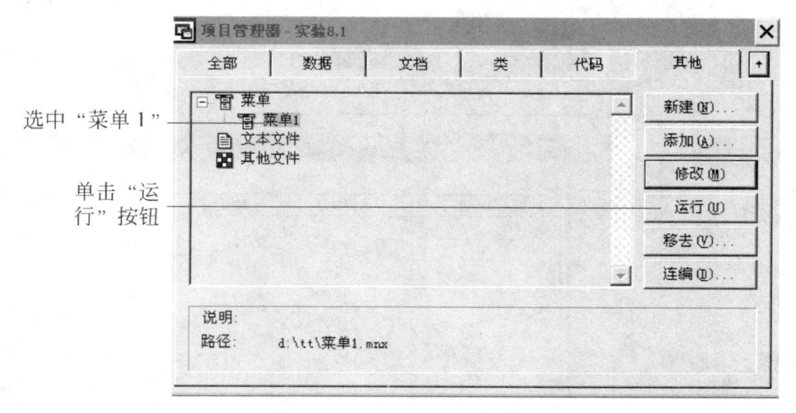

图 9-170 测试菜单程序

实验 8.2 快捷菜单和 SDI 菜单

【实验步骤】

1) 将实验素材中的名为 menu1.mpr 的一般菜单改为 SDI 菜单。

① 如图 9-171 所示,打开项目管理器,同时编辑菜单 menu1。

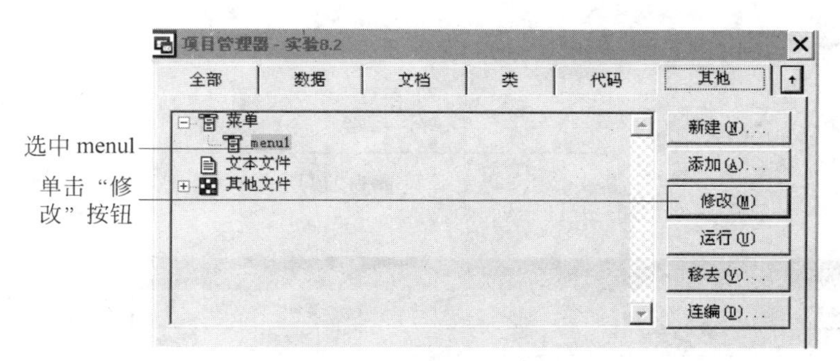

图 9-171 编辑菜单 menu1

② 在打开菜单设计器的同时,选择"显示"菜单下面的"常规选项",弹出如图 9-172 所示的画面。

③ 在图 9-173 中将"顶层表单"复选框选中,单击"确定"按钮。

④ 修改菜单中的"退出"选项的命令为:thisform.release,此命令作用是关闭表单,菜单修改完成后关闭菜单设计器并保存菜单,如图 9-174 所示。至此 menu1 菜单已经变为了 SDI 菜单。

⑤ 编译 menu1 菜单,生成 menu1.mpr 文件,在项目管理器中选中要编译的菜单,如

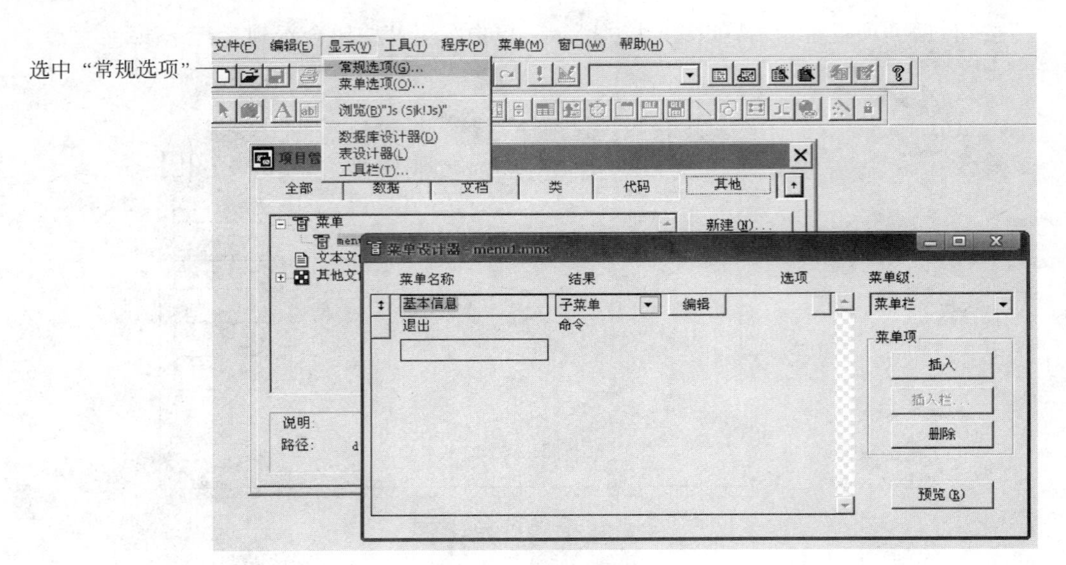

图 9-172　打开菜单设计器

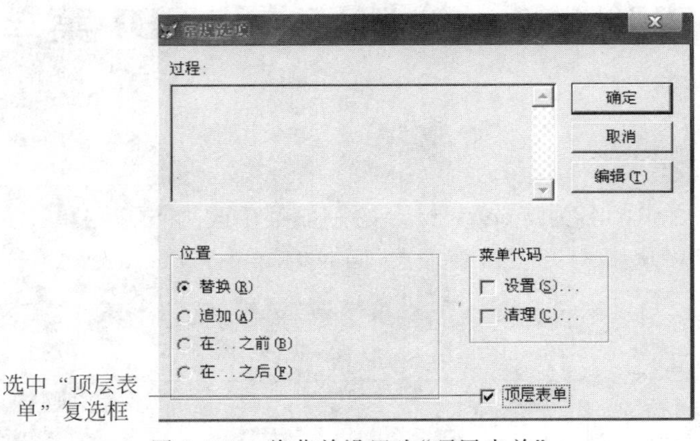

图 9-173　将菜单设置为“顶层表单”

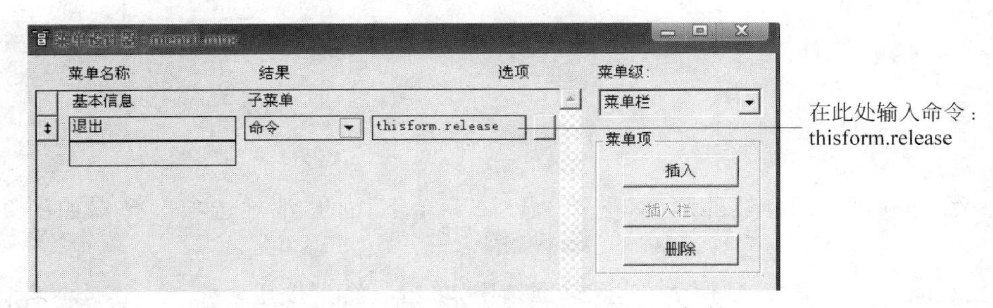

图 9-174　修改菜单中的“退出”选项命令

图 9-175 所示，当单击“连编”按钮时会弹出一个对话框，选择“重新连编”后，单击“确定”按钮即可，如图 9-175 所示。

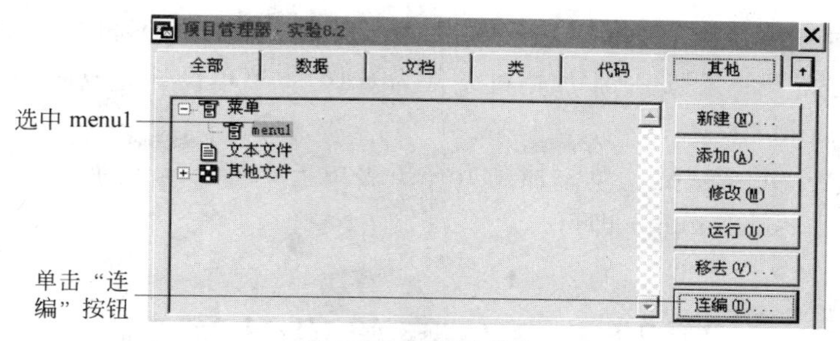

图 9-175　编译菜单

2）将 menu1. mpr 菜单添加到 form1 表单上。在表单 form1 的 init()方法中添加代码 do menu1. mpr with this,. t. 即可。

3）创建快捷菜单 smenu. mpr，并为菜单提供移动记录指针功能。

① 在新建菜单向导中选择“快捷菜单”按钮，弹出如图 9-176 所示的画面，在菜单名称下输入“上一条”和“下一条”两个菜单选项，同时输入相应的命令为 skip-1 和 skip，这两条命令用来向上移动记录和向下移动记录。

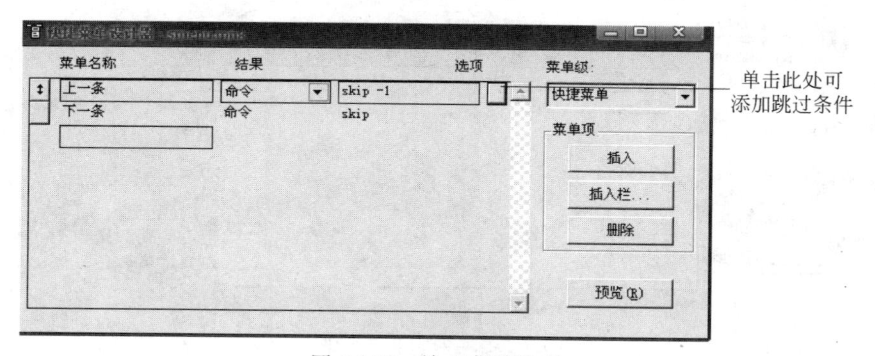

图 9-176　输入菜单选项

② 为菜单命令添加跳过命令，单击“上一条”后面的小按钮，弹出图 9-177 所示对话

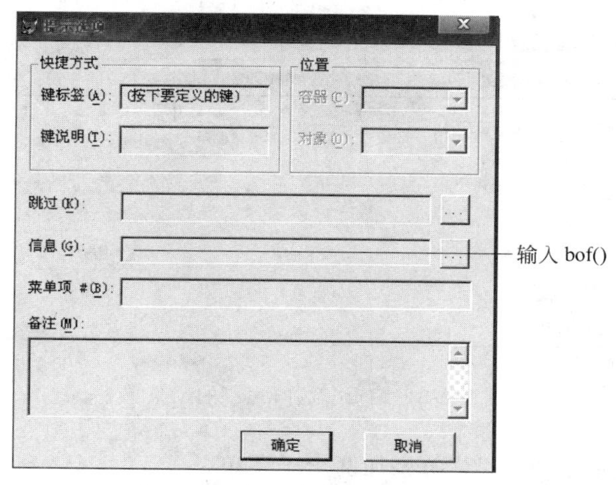

图 9-177　输入菜单选项跳过条件

框,在跳过后面输入 bof(),表示当记录指针移动到库首时,将不再执行此菜单的命令。用同样的方法为“下一条”选项添加跳过条件为 eof()。菜单设计完成后,要对菜单进行编译,生成 smenu. mpr。

4) 将 smenu. mpr 快捷菜单添加到 form1 表单上:在 form1 的 RightClick()方法中添加如下代码 do smenu. mpr 即可。

实验 8.3　菜单设计进阶

【实验步骤】

1) 在 VFP 中打开工程 JXGL,并进入菜单编辑界面,编辑菜单 menu,如图 9-178 所示。

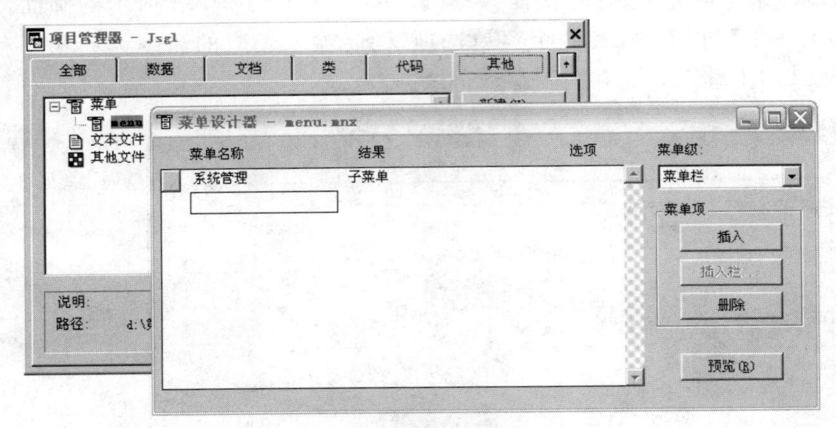

图 9-178　编辑菜单界面

2) 在“系统管理”菜单下添加“教师信息”菜单项,然后添加教师信息的 3 个子菜单。并在“浏览”和“统计”两个菜单项之间添加一横线。效果如图 9-179 所示。

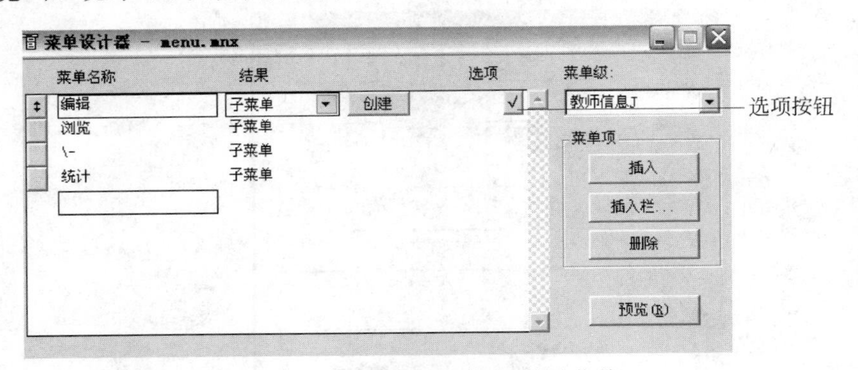

图 9-179　编辑“教师信息”的子菜单

3) 用同样的方法为“统计”菜单添加两个子菜单。

4）将“教师信息”菜单的子菜单“编辑”设为不可用：可单击“编辑”菜单后面的选项按钮打开如图 9-180 所示的画面。并在“跳过”一栏输入.t.。

图 9-180　设置菜单属性

5）为“工资”菜单设置快捷键 Ctrl+B：单击“工资”菜单后面的选项按钮，打开提示选项对话框，将光标移到“键标签”后面的文本框中，然后按 Ctrl+B 键，完成快捷键设置，效果如图 9-181 所示。

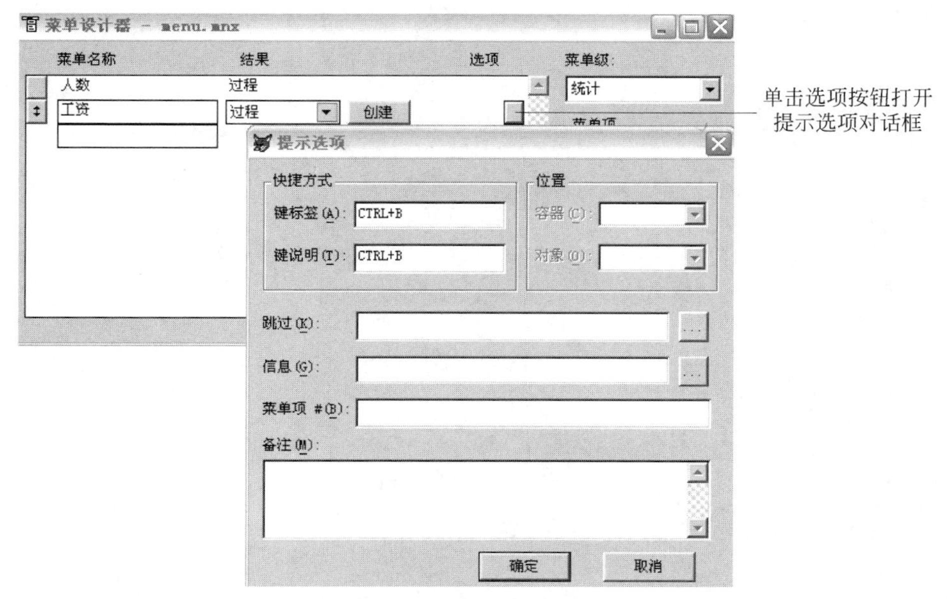

图 9-181　设置菜单快捷键

6）在图 9-181 所示画面中，将“工资”菜单后面的结果选为“过程”，然后单击“创建”按钮，打开一个文本编辑器，可在此输入代码，效果如图 9-182 所示。代码输入完成后，按

Ctrl＋W 键保存后退出代码编辑状态。

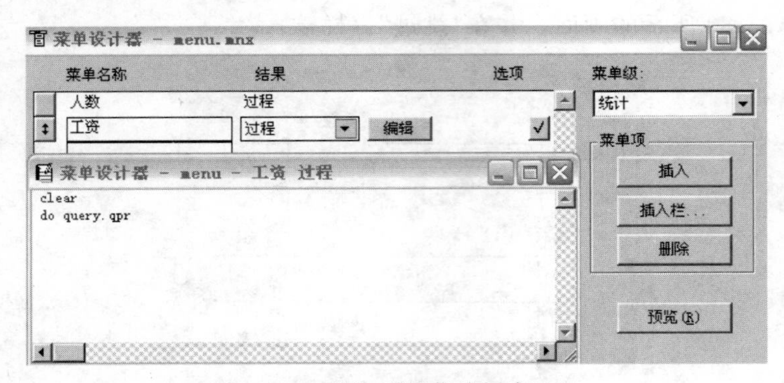

图 9-182　为“工资”菜单创建过程

第10章 习题解答

综合练习 1

一、选择题

1. B	2. B	3. A	4. D	5. B
6. C	7. C	8. C	9. D	10. B
11. D	12. A	13. C	14. A	15. B
16. A	17. D	18. B	19. D	20. C
21. B	22. C	23. A	24. B	25. D
26. C	27. B	28. A	29. C	30. A
31. D	32. B	33. B	34. C	35. B
36. B	37. B	38. D	39. A	40. C
41. A	42. A	43. B	44. C	45. B
46. D	47. B	48. C	49. B	50. C

二、填空题

1. 20090901
2. 124
3. NOT　AND　OR
4. x>=10　AND x<=20
5. −2
6. 1
7. 0
8. 3
9. −2
10. −3
11. 123　123
12. 21 字符
13. 15
14. .T.　.T.　.F.
15. PRIVATE
16. .DBC　.DCT　.DCX
17. MODIFY DATABASE
18. 自由表　数据库表
19. 999.99
20. MODIFY STRUCTURE
21. 32767　SELECT
22. 工作区的别名　表的别名
23. SHARED
24. 李刚

25. xb＄'男女'

26. EOF()

27. LAST

28. gen

29. ＜Ctrl＞＋＜Home＞或者＜Ctrl＞＋＜PgDn＞

30. CONTINUE

31. 逻辑删除

32. 实体完整性　参照完整性　实体完整性　参照完整性

33. 更新规则　插入规则

34. VALUES

35. 20

36. SELECT 0

37. 表

38. "CAPTION"

39. 32　21

40. .CDX　结构复合索引文件

41. STR(BJ)＋XB＋DTOC(CSRQ,1) 或者 STR(BJ)＋XB＋DTOS(CSRQ)

综合练习 2

一、选择题

1. C	2. B	3. B	4. D	5. A
6. B	7. B	8. D	9. A	10. C
11. A	12. C	13. A	14. C	15. B

二、填空题

1. STRUCTURE QUERY LANGUAGE；结构化查询语言

2. WHERE;GROUP BY;ORDER BY;INTO CURSOR;INTO TABLE 或者 INTO DBF

3. .QPR；虚

4. 数据库

5. 自动打开;不关闭

6. 1

7. DISTINCT

8. UNION;“副监考”；fjk

9. 0;0

10. COUNT(*) ;SUM(0.05 * (hsrq－jyrq－30))

11. SUM(xsqk.xssl);spxx.xsj * xsqk.xssl;AND;2

12. SUM(IIF(cj.cj＞＝60,kc.xf,0));kc.kcdh＝cj.kcdh;总学分＞＝80;
COUNT(*);SUM(IIF(cj.cj＜60,1,0));KC.kcdh 或 1

综合练习 3

一、读程序写结果

1. 7
2. 4
3. fedcba
4. 第一行 9 10,第二行 10 12
5. cj.dbf
6. 12　6

二、程序填空

1. i*(i+1),s+1/p,EXIT
2. PARAMETERS ch,i
3. i+1,a(i)=a(j),a(j)=t
4. a(row,i),a(i,col),max=min,flg=.f.

三、程序改错

1. 第 2 行 s=0 改为：s=1

第 5 行 DO WHILE t<1.0E-6 改为：DO WHILE t>1.0E-6

2. 第 9 行 LOOP 改为：EXIT

第 11 行 ch=LEFT(ch,i)+SUBSTR(ch,i+1) 改为：ch=LEFT(ch,i-1)+SUBSTR(ch,i+1)

3. 第 6 行 IF n1/n2=MOD(n1,n2) 改为：IF MOD(n1,n2)=0

第 9 行 ENDIF 改为：ENDFOR

综合练习 4

一、选择题

1. A
2. B
3. C
4. D
5. B
6. D
7. B
8. A
9. D
10. C
11. A
12. C
13. A
14. B
15. D
16. B
17. A
18. C
19. D
20. A
21. C
22. D
23. A
24. C
25. B

二、填空题

1. Setall　Xim
2. This.ActivePage=PageCount
3. Thisformset
4. PasswordChar
5. InteractiveChange　3 或 SQL　确定(\<Y)

6. Endcase and subs(xs. xh,1,2)＝nj　SQLSELECT

7. Label1. Caption　　8. 6

9. 文本框　　10. 属性

11. 下拉列表框　　12. 0.1

13. 通用　　14. T.

15. 0　99　　16. _SCREEN. CAPTION

17. ControlSource　　18. 无父

19. 集合　　20. ReadOnly

21. WordWrap　　22. 浅蓝色

23. Grid（表格）　　24. 2　"C"

25. THIS. parent. cmd2. Enabled＝. F. 或 Thisform. cmg. cmd2. enabled＝. f.

26. Setfocus　Gotfocus　　27. destroy

28. Read Events　　29. kcdh,kcm,kss　This. Value

30. SetFocus　　31. DataEnvironment

32. Interval

33. RowSource　spxx. xsj * xsqk. xssl　TableUpdate()

34. MESSAGEBOX　THISFORM. TEXT2. VALUE　EDIT1. VALUE

35. Enabled　　36. Shift

37. LineSlant　　38. 1　Value　RowSource

39. Buttoncount　This. Value　BackColor

40. RecordSourceType　　41. 组标头

42. PREVIEW　　43. 细节

44. 多栏报表　　45. 总结

第11章 VFP典型算法解析

```
***************Program1.prg**************
**输入日期数据的年份,判断该年是否为闰年**
CLEAR
INPUT "请输入年份：" TO nf
IF nf%4=0
  IF nf%100=0
    IF nf%400=0
      leap=.t.
    ELSE
      leap=.f.
    ENDIF
  ELSE
    leap=.t.
  ENDIF
ELSE
  leap=.f.
ENDIF
IF leap
  ?str(nf)+"年"+"是闰年"
ELSE
  ?str(nf)+"年"+"不是闰年"
ENDIF

**输入日期数据的年份,判断该年是否为闰年**
****************等价程序****************
CLEAR
INPUT "请输入年份：" TO nf
IF (nf%4=0 AND nf%100!=0) OR nf%400=0
  leap=.t.
ELSE
  leap=.f.
ENDIF
IF leap
  ?str(nf)+"年"+"是闰年"
```

```
ELSE
  ?str(nf)+"年"+"不是闰年"
ENDIF

******************* Program 2.prg********************
**输入两个正整数 m 和 n,求其最大公约数和最小公倍数    **
CLEAR
INPUT "请输入第一个正整数：" TO m
INPUT "请输入第二个正整数：" TO n
IF m<n
  t=m
  m=n
  n=t
ENDIF
a=m
b=n
DO WHILE (b!=0)
  t=a%b
  a=b
  b=t
ENDDO
?"它们的最大公约数为："+str(a)
?"它们的最小公倍数为："+str(m*n/a)

********************** Program 3.prg*********************
**求 Fibonacci 数列：1,1,2,3,5,8……的前40个数,即          **
**          F1=1            (n=1)                        **
**          F1=1            (n=2)                        **
**          Fn=Fn-1+Fn-2   (n>=3)                        **
CLEAR
F1=1
F2=1
FOR i=1 to 20
  ??F1,F2
  IF i%2=0
    ?                          && 每输出 4 个数,就换行
  ENDIF
  F1=F1+F2
  F2=F2+F1
ENDFOR

********************** Program 4.prg*********************
*******************判断正整数 m 是否是素数*****************
** 编程思想：如果 m 不能被 2~√m之间的任何一个整数整除,      **
```

```
** 则m就是素数.                                    **
CLEAR
INPUT "请输入一个正整数：" TO m
k=INT(SQRT(m))
FOR i=2 TO k
  IF m%i=0
    EXIT
  ENDIF
ENDFOR
IF i>k
  ?STR(m)+"是一个素数"
ELSE
  ?STR(m)+"不是一个素数"
ENDIF
```

```
************************Program5.prg************************
********************输出所有的"水仙花数"********************
* "水仙花数"是一个三位数,其各位数字立方和等于该数本身      **
*          例如：153=13+53+33,则153是一个水仙花数         ***
CLEAR
?"水仙花数有："
FOR n=100 TO 999
  i=INT(n/100)                 && 百位数字 i
  j=INT(n/10)-i*10              && 十位数字 j
  k=n%10                       && 个位数字 k
  IF (i*100+j*10+k)=(i*i*i+j*j*j+k*k*k)
  ??n
  ENDIF
ENDFOR
```

```
************************Program6.prg**********************
*****************输出1000以内的所有"完数"*****************
** 一个数如果恰好等于它的因子之和,这个数就称为"完数"    **
** 例如：6的因子有1、2、3,且6=1+2+3,则6是一个完数.      **
CLEAR
DIMENSION k(40)
FOR i=2 TO 1000
  n=0
  s=i
  FOR j=1 TO i-1
    IF i%j=0
      n=n+1
```

```
      s=s-j
      k(n)=j
    ENDIF
  ENDFOR
  IF s=0
  ?STR(i)+"是一个完数,它的因子是"
    FOR j=1 TO n
      ??k(j)
    ENDFOR
      ?
  ENDIF
ENDFOR
```

```
***********************Program7.prg**********************
***************用选择排序法对10个整数排序*****************
CLEAR
DIMENSION a(10)
**输入数据**
?"请输入 10 个数："
FOR i=1 TO 10
  INPUT STR(i)+"输入" TO a(i)
ENDFOR
**显示数据**
FOR i=1 TO 10
  ??a(i)
ENDFOR
**排序**
FOR i=1 to 9
  min=i
  FOR j=i+1 TO 10
    IF a(min)>a(j)
      min=j
    ENDIF
  ENDFOR
    t=a(i)
    a(i)=a(min)
    a(min)=t
ENDFOR
**输出**
?"排序结果如下："
FOR i=1 TO 10
  ??a(i)
ENDFOR
```

```
*************************Program8.prg**********************
*****************用冒泡排序法对10个整数排序****************
CLEAR
DIMENSION a(10)
**输入数据**
?"请输入 10 个数："
FOR i=1 TO 10
  INPUT STR(i)+"输入" TO a(i)
ENDFOR
**显示数据**
FOR i=1 TO 10
  ??a(i)
ENDFOR
**排序**
FOR i=1 to 9
  FOR j=1 TO 10-i
    IF a(j)>a(j+1)
      t=a(j)
      a(j)=a(j+1)
      a(j+1)=t
    ENDIF
  ENDFOR
ENDFOR
**输出**
?"排序结果如下："
FOR i=1 TO 10
  ??a(i)
ENDFOR

*************************Program9.prg**********************
*******输出以下的杨辉三角形(要求输出10行)*****************
*         1                                                  *
*         1   1                                              *
*         1   2   1                                          *
*         1   3   3   1                                      *
*         1   4   6   4   1                                  *
*         1   5   10   10   5   1                            *
*         ………………………                                      *
CLEAR
DIMENSION a(10,10)
**使第一列和对角线元素为 1**
FOR i=1 TO 10
  a(i,i)=1
  a(i,1)=1
```

```
ENDFOR
**从第三行起为其他各元素赋值**
FOR i=3 TO 10
  FOR j=2 TO i-1
    a(i,j)=a(i-1,j-1)+a(i-1,j)
  ENDFOR
ENDFOR
**输出杨辉三角形**
FOR i=1 TO 10
  FOR j=1 TO i
    ??a(i,j)
  ENDFOR
  ?
ENDFOR
```

读者意见反馈

亲爱的读者：

感谢您一直以来对清华版计算机教材的支持和爱护。为了今后为您提供更优秀的教材，请您抽出宝贵的时间来填写下面的意见反馈表，以便我们更好地对本教材做进一步改进。同时如果您在使用本教材的过程中遇到了什么问题，或者有什么好的建议，也请您来信告诉我们。

地址：北京市海淀区双清路学研大厦 A 座 602　　计算机与信息分社营销室 收

邮编：100084　　电子邮件：jsjjc@tup.tsinghua.edu.cn

电话：010-62770175-4608/4409　　邮购电话：010-62786544

教材名称：Visual FoxPro 实验指导与试题解析

ISBN：978-7-302-21509-7

个人资料

姓名：__________ 年龄：______ 所在院校/专业：______________

文化程度：__________ 通信地址：______________________

联系电话：__________ 电子信箱：______________________

您使用本书是作为：□指定教材 □选用教材 □辅导教材 □自学教材

您对本书封面设计的满意度：

□很满意 □满意 □一般 □不满意　改进建议__________________

您对本书印刷质量的满意度：

□很满意 □满意 □一般 □不满意　改进建议__________________

您对本书的总体满意度：

从语言质量角度看 □很满意 □满意 □一般 □不满意

从科技含量角度看 □很满意 □满意 □一般 □不满意

本书最令您满意的是：

□指导明确 □内容充实 □讲解详尽 □实例丰富

您认为本书在哪些地方应进行修改？（可附页）

____

____

您希望本书在哪些方面进行改进？（可附页）

____

____

高等学校计算机基础教育教材精选

书　　名	书　　号
Access 数据库基础教程　赵乃真	ISBN 978-7-302-12950-9
AutoCAD 2002 实用教程　唐嘉平	ISBN 978-7-302-05562-4
AutoCAD 2006 实用教程(第 2 版)　唐嘉平	ISBN 978-7-302-13603-3
AutoCAD 2007 中文版机械制图实例教程　蒋晓	ISBN 978-7-302-14965-1
AutoCAD 计算机绘图教程　李苏红	ISBN 978-7-302-10247-2
C++及 Windows 可视化程序设计　刘振安	ISBN 978-7-302-06786-3
C++及 Windows 可视化程序设计题解与实验指导　刘振安	ISBN 978-7-302-09409-8
C++语言基础教程(第 2 版)　吕凤翥	ISBN 978-7-302-13015-4
C++语言基础教程题解与上机指导(第 2 版)　吕凤翥	ISBN 978-7-302-15200-2
C++语言简明教程　吕凤翥	ISBN 978-7-302-15553-9
CATIA 实用教程　李学志	ISBN 978-7-302-07891-3
C 程序设计教程(第 2 版)　崔武子	ISBN 978-7-302-14955-2
C 程序设计辅导与实训　崔武子	ISBN 978-7-302-07674-2
C 程序设计试题精选　崔武子	ISBN 978-7-302-10760-6
C 语言程序设计　牛志成	ISBN 978-7-302-16562-0
PowerBuilder 数据库应用系统开发教程　崔巍	ISBN 978-7-302-10501-5
Pro/ENGINEER 基础建模与运动仿真教程　孙进平	ISBN 978-7-302-16145-5
SAS 编程技术教程　朱世武	ISBN 978-7-302-15949-0
SQL Server 2000 实用教程　范立南	ISBN 978-7-302-07937-8
Visual Basic 6.0 程序设计实用教程(第 2 版)　罗朝盛	ISBN 978-7-302-16153-0
Visual Basic 程序设计实验指导与习题　罗朝盛	ISBN 978-7-302-07796-1
Visual Basic 程序设计教程　刘天惠	ISBN 978-7-302-12435-1
Visual Basic 程序设计应用教程　王瑾德	ISBN 978-7-302-15602-4
Visual Basic 试题解析与实验指导　王瑾德	ISBN 978-7-302-15520-1
Visual Basic 数据库应用开发教程　徐安东	ISBN 978-7-302-13479-4
Visual C++ 6.0 实用教程(第 2 版)　杨永国	ISBN 978-7-302-15487-7
Visual FoxPro 程序设计　罗淑英	ISBN 978-7-302-13548-7
Visual FoxPro 实验指导与试题解析	ISBN 978-7-302-21509-7
Visual FoxPro 数据库及面向对象程序设计基础　宋长龙	ISBN 978-7-302-15763-2
Visual LISP 程序设计(AutoCAD 2006)　李学志	ISBN 978-7-302-11924-1
Web 数据库技术　铁军	ISBN 978-7-302-08260-6
程序设计教程(Delphi)　姚普选	ISBN 978-7-302-08028-2
程序设计教程(Visual C++)　姚普选	ISBN 978-7-302-11134-4
大学计算机(应用基础·Windows 2000 环境)卢湘鸿	ISBN 978-7-302-10187-1
大学计算机基础　高敬阳	ISBN 978-7-302-11566-3
大学计算机基础实验指导　高敬阳	ISBN 978-7-302-11545-8
大学计算机基础　秦光洁	ISBN 978-7-302-15730-4
大学计算机基础实验指导与习题集　秦光洁	ISBN 978-7-302-16072-4
大学计算机基础　牛志成	ISBN 978-7-302-15485-3
大学计算机基础　訾秀玲	ISBN 978-7-302-13134-2

大学计算机基础习题与实验指导　訾秀玲　　ISBN 978-7-302-14957-6
大学计算机基础教程(第 2 版)　张莉　　ISBN 978-7-302-15953-7
大学计算机基础实验教程(第 2 版)　张莉　　ISBN 978-7-302-16133-2
大学计算机基础实践教程(第 2 版)　王行恒　　ISBN 978-7-302-18320-4
大学计算机技术应用　陈志云　　ISBN 978-7-302-15641-3
大学计算机软件应用　王行恒　　ISBN 978-7-302-14802-9
大学计算机应用基础　高光来　　ISBN 978-7-302-13774-0
大学计算机应用基础上机指导与习题集　郝莉　　ISBN 978-7-302-15495-2
大学计算机应用基础　王志强　　ISBN 978-7-302-11790-2
大学计算机应用基础题解与实验指导　王志强　　ISBN 978-7-302-11833-6
大学计算机应用基础教程　詹国华　　ISBN 978-7-302-11483-3
大学计算机应用基础实验教程(修订版)　詹国华　　ISBN 978-7-302-16070-0
大学计算机应用教程　韩文峰　　ISBN 978-7-302-11805-3
大学信息技术(Linux 操作系统及其应用)　衷克定　　ISBN 978-7-302-10558-9
电子商务网站建设教程(第 2 版)　赵祖荫　　ISBN 978-7-302-16370-1
电子商务网站建设实验指导(第 2 版)　赵祖荫　　ISBN 978-7-302-16530-9
多媒体技术及应用　王志强　　ISBN 978-7-302-08183-8
多媒体技术及应用　付先平　　ISBN 978-7-302-14831-9
多媒体应用与开发基础　史济民　　ISBN 978-7-302-07018-4
基于 Linux 环境的计算机基础教程　吴华洋　　ISBN 978-7-302-13547-0
基于开放平台的网页设计与编程(第 2 版)　程向前　　ISBN 978-7-302-18377-8
计算机辅助工程制图　孙力红　　ISBN 978-7-302-11236-5
计算机辅助设计与绘图(AutoCAD 2007 中文版)(第 2 版)　李学志　　ISBN 978-7-302-15951-3
计算机软件技术及应用基础　冯萍　　ISBN 978-7-302-07905-7
计算机图形图像处理技术与应用　何薇　　ISBN 978-7-302-15676-5
计算机网络公共基础　史济民　　ISBN 978-7-302-05358-3
计算机网络基础(第 2 版)　杨云江　　ISBN 978-7-302-16107-3
计算机网络技术与设备　满文庆　　ISBN 978-7-302-08351-1
计算机文化基础教程(第 3 版)　冯博琴　　ISBN 978-7-302-19534-4
计算机文化基础教程实验指导与习题解答　冯博琴　　ISBN 978-7-302-09637-5
计算机信息技术基础教程　杨平　　ISBN 978-7-302-07108-2
计算机应用基础　林冬梅　　ISBN 978-7-302-12282-1
计算机应用基础实验指导与题集　冉清　　ISBN 978-7-302-12930-1
计算机应用基础题解与模拟试卷　徐士良　　ISBN 978-7-302-14191-4
计算机应用基础教程　姜继忱　　ISBN 978-7-302-18421-8
计算机硬件技术基础　李继灿　　ISBN 978-7-302-14491-5
软件技术与程序设计(Visual FoxPro 版)　刘玉萍　　ISBN 978-7-302-13317-9
数据库应用程序设计基础教程(Visual FoxPro)　周山芙　　ISBN 978-7-302-09052-6
数据库应用程序设计基础教程(Visual FoxPro)题解与实验指导　黄京莲　　ISBN 978-7-302-11710-0
数据库原理及应用(Access)(第 2 版)　姚普选　　ISBN 978-7-302-13131-1
数据库原理及应用(Access)题解与实验指导(第 2 版)　姚普选　　ISBN 978-7-302-18987-9
数值方法与计算机实现　徐士良　　ISBN 978-7-302-11604-2
网络基础及 Internet 实用技术　姚永翘　　ISBN 978-7-302-06488-6
网络基础与 Internet 应用　姚永翘　　ISBN 978-7-302-13601-9

网络数据库技术与应用　何薇	ISBN 978-7-302-11759-9
网络数据库技术实验与课程设计　舒后　何薇	ISBN 978-7-302-20251-6
网页设计创意与编程　魏善沛	ISBN 978-7-302-12415-3
网页设计创意与编程实验指导　魏善沛	ISBN 978-7-302-14711-4
网页设计与制作技术教程(第 2 版)　王传华	ISBN 978-7-302-15254-8
网页设计与制作教程(第 2 版)　杨选辉	ISBN 978-7-302-17820-0
网页设计与制作实验指导(第 2 版)　杨选辉	ISBN 978-7-302-17729-6
微型计算机原理与接口技术(第 2 版)　冯博琴	ISBN 978-7-302-15213-2
微型计算机原理与接口技术题解及实验指导(第 2 版)　吴宁	ISBN 978-7-302-16016-8
现代微型计算机原理与接口技术教程　杨文显	ISBN 978-7-302-12761-1
新编 16/32 位微型计算机原理及应用教学指导与习题详解　李继灿	ISBN 978-7-302-13396-4